KB047584

# 서울 도시계획 이야기 5

서울 격동의 50년과 나의 증언

손정목 지음

# 서울 도시계획 이야기 5

88올림픽과 서울 도시계획

주택 2백만 호 건설과 수서사건

청계천 복개공사와 고가도로 건설

남산이여!

# 차례

## 서울 도시계획 이야기 1권



## 서울 도시계획 이야기 2권

## 서울 도시계획 이야기 3권



## 서울 도시계획 이야기 4권

# 88올림픽과 서울 도시계획

## 1. 88올림픽 개최지 결정까지

### 민심돌리기 – 유치결정 발표까지

잠실벌을 계획적으로 개발하게 된 경위, 잠실대운동장 착공의 경위 그리고 세 사람의 박씨가 주동이 되어 88올림픽을 유치키로 하고 그것을 대내외에 발표한 경위는 이미 '서울 도시계획 이야기' 시리즈 3권의 「잠실개발과 잠실종합운동장 건립」에서 충분히 언급한 바 있으므로 여기서는 간략하게 짚어보기로 한다.

경기장 및 선수·임원 숙박시설 등 여러 가지 사전준비를 할 만한 방도가 없어 서울에서 개최키로 했던 1970년 제6회 아시안게임을 반납해버린 것은 국제적 망신이었다. 한국의 반납으로 1966년 제5회 대회에 이어 제6회 대회까지 치르게 된 태국 방콕시에 대해 한국정부는 25만 달러라는 벌과금적 부담금을 지불했다. 제6회 대회 내내 모든 경기장에서 퍼부어진 태국 관중들의 야유, 국제사회에서의 질책, 25만 달러의 부담금 등을 박정희 대통령은 오로지 침묵으로 참고 또 참아야 했다.

잠실섬을 육속화하는 공유수면매립지구 100만 평 토지를 중심으로 그 일대 340만 평의 광역을 개발하는 잠실지구 구획정리사업이 시작된 것은 1971년 6월부터의 일이었다.

"잠실구획정리지구 340만 평을 (종전과 같은 낡은 수법이 아닌) 계획적 수법으로 멋지게 개발하라. 그리고 그 한구석에 국제규모의 체육장 시설을 만들 것도 연구하라"라는 박 대통령지시가 내린 것은 1973년 9월 하순이었다. 이미 착공한 지 2년 남짓이 지난 잠실구획정리사업이 중단되었다. 잠실지구를 계획적 신시가지로 조성하는 계획이 세워졌고, 그 서북쪽 구석에 12만 평에 달하는 운동장 부지가 확보되었다. 잠실지구는 구획정리를 도시설계의 수법으로 개발한 대담한 실험장이 되었으며 그것은 그 뒤에 있은 많은 구획정리사업의 시범이 되었다.

구자춘 시장이 건축가 김수근을 은밀히 불러 대운동장 건설계획 수립을 위촉한 것은 1975년 3월이었다. 그리고 청와대 임방현 대변인이 잠실종합경기장 건설계획을 발표한 것은 1976년 9월 22일이었다. 그날 오후 구자춘 시장도 출입기자 회견을 가져 1982년에 개최되는 제9회 아시안게임 서울 유치에 대비, 1977~81년의 5년간 250억 원을 투입, 잠실 12만 평 부지에 10만 명을 수용하는 주경기장과 보조경기장 등 현대식 종합운동장을 건설하겠다고 발표했다.

국민 대다수가 끝이 보이지 않는 유신정권에 염증을 느끼기 시작하고 있었다. 스포츠내셔널리즘을 불러일으켜 국민의 관심을 정치에서 스포츠로 돌려보자는 의도를 갖춘 발표였다. 주경기장과 수영장이 착공된 것은 1977년 11월 28일이었다.

1974년 8월 15일에 일어난 육영수 여사 피격사건의 책임을 지고 대통령경호실장 자리에서 물러난 박종규가 제25대 대한체육회장 겸 대한

올림픽위원장이 된 것은 1979년 2월 15일이었다. 박종규는 실로 파격적인 인물이었다. 보통 일반인의 상식으로는 판단이 안 되는 인물이라는 뜻이다. 그는 사격의 명수로서 1970~84년의 15년간 대한사격연맹 회장으로 있었다. 그의 위력은 1978년 가을 서울에서 개최된 세계사격선수권대회를 성공적으로 수행함으로써 아낌없이 발휘되었다.

박종규는 대한체육회 회장으로 취임할 때부터 1988년에 개최될 제24회 하계올림픽을 한국에 유치한다는 꿈을 갖고 있었다. 그의 꿈은 네 사람의 부회장 중 두 사람을 외교관(대사) 출신으로 한 점에서 엿볼 수 있다. 이때 부회장이 된 김세원은 크메르·스웨덴 대사를 역임한 외교통이었고 조상호는 청와대 의전수석비서관, 이탈리아 대사 등을 역임한 사람이었다. 조상호는 영어회화능력이 뛰어나 1966년에 존슨 대통령이 내한했을 때 한·미 양국 대통령의 통역을 전담할 정도로, 당시 국내 영어회화의 제1인자로 알려져 있었다.

박종규 체육회장 명의의 「88서울올림픽 유치 정부지침 요청서」를 문교부장관에게 제출한 것은 그가 체육회장이 된 지 한 달이 지난 1979년 3월 16일이었다. 1979년 이른봄쯤에 "1988년의 제24회 올림픽을 한국에서 개최키로 하고 그 유치운동을 벌이자"고 생각한 사람은 박종규와 같은 엉뚱한 예외를 제외하면 대한민국 4천만 인구 중에 단 한 사람도 없었을 것이다. 1978년 말의 한국인 1인당 국민소득은 1,406달러였다.

1979년은 정말 어지러운 한 해였다. 유신독재정치에 대한 염증이 도처에서 싹트고 있었다. 우선 4월 3일에 신흥재벌 율산그룹의 신선호가 외환관리법 위반 및 거액을 횡령한 혐의로 구속되었다. 이른바 율산사건이라는 것이다. 신선호의 고향은 전라남도였다. 율산이 야당지도자 김대중과 관계를 맺고 있었고 그것이 율산을 몰락시킨 계기가 되었다는 풍설이 널리 퍼졌다.

김영삼이 제1야당인 신민당 총재로 선출된 것은 5월 30일이었다. 그리고 그는 6월 11일에 있었던 외신기자클럽 연설에서 북한 김일성과의 면담을 제의했다. 그리고 1주일 후인 6월 18일에 북한이 김영삼의 제의를 환영한다고 발표했다. 6월 29일에 카터 미국 대통령의 한국방문이 있었다. 카터가 서울을 떠나는 7월 1일까지의 2박 3일간은 긴장된 시간의 연속이었다. 그의 방한목적의 주된 내용이 '유신정권의 인권탄압에 대한 미국의 태도표명'이었기 때문이다.

신민당 김영삼 총재가 국회의사당에서 대정부질의를 벌인 것은 7월 23일이었다. 그는 이 질의에서 민주회복, 양심범 석방, 유신헌법 개정 특별위원회 설치, 사법권의 독립보장 등을 요구했다. 유신정권에 대한 정면도전이었다.

YH무역 여직공 200여 명이 마포에 있는 신민당사 4층에서 농성을 시작한 것은 8월 9일이었다. 유신정권은 노동자의 단체행위 일체를 금지하고 있었으니 이 사건은 큰 사건이었다. 1천여 명의 경찰병력이 마포 신민당사를 기습하여 농성 중이던 YH여직공들을 강제 해산시키고 172명을 연행해 간 것은 11일 새벽이었다. 이 강제해산·연행과정에서 한 여직공이 동맥을 끊고 4층에서 뛰어내려 자살을 했고, 신민당 당원 30여 명, 취재기자 10여 명이 중경상을 입었다.

신민당 국회의원 전원이 이 정부 처사에 반대하여 신민당사에서 농성을 시작한 것은 강제연행이 있은 지 이틀 뒤인 13일부터였고 28일까지 계속되었다. 여당(공화당·유정회) 국회의원 159명의 찬성으로 김영삼 신민당 총재의 국회의원 제명이 결의된 것은 10월 4일이었다. 본회의장에 경호권을 발동, 야당 국회의원의 접근이 방해된 상태에서 10여 분 만에 기습 처리된 것이었다.

3인의 박씨, 대통령 박정희·대한체육회장 박종규·문교부장관 박찬현이 청와대에서 자리를 같이한 것은 김영삼 신민당 총재의 국회질의, 즉 민주회복 등을 요구한 대정부질의가 있던 7월 23일 이후의 어느 날이었다. 이 3인의 박씨가 협의한 것이 '제24회(1988년) 올림픽 서울 유치운동 대대적 전개'였다. 정치문제에 쏠리고 있는 국민의 관심을 스포츠 쪽으로 돌리기 위한 방안이었다고 한다. 88올림픽을 서울에 유치한다는 것을 3인의 박씨가 합의했다는 것은 바로 박 대통령의 결심이 섰다는 것이었다. 절대권력자의 결심이 섰으니 그 후의 추진은 빨랐다.

발표는 유치도시인 서울시장이 하는 것이 원칙이었다. 미국 콜롬비아 대학에서 도시계획학을 전공하고 돌아와 청와대 제2정무비서관실에서 근무했던 이동이 서울시 시정연구관으로 부임한 것은 그해 10월 1일이었다. 그가 정상천 시장으로부터 받은 첫과업이 「제24회 올림픽 및 제10회 아시안게임 유치 공식발표문」 문안작성이었다. 그는 10월 3~5일 3일간 밤을 꼬박 새우면서 문안을 작성했다. A4 용지로 5장 정도나 되는 비교적 장문의 발표문 초안이 완성된 것은 10월 6일 새벽이었다.

1979년 10월 8일 오전 10시, 세종문화회관 대회의실에 내외신기자 1백여 명이 소집되었다. 박종규 대한체육회장, 김택수 IOC위원, 정주영 전국경제인연합회 회장, 박충훈 한국무역협회 회장, 김영선 대한상공회의소 회장 등이 배석한 자리에서 정 서울시장이 장문의 유치발표문을 낭독하고 이어서 일문일답이 교환되었다.

그러나 솔직히 말해서 이 시점에서는 실제로 1988년 올림픽이 서울에서 개최될 것을 기대하는 사람은 거의 없었다. 발표문을 낭독한 정상천 시장부터가 그러했고 그 자리에 배석한 중요인사들 또한 만찬가지였을 것이다. 발표를 한 자와 그 자리에 배석했던 자들의 심중이 그러했으니 국민 대다수 또한 그런 발표를 믿을 턱이 없었다. 그런 중대발표가 있었음에도 불구하고 민심은 수습되지 않았고 대다수 국민은 아무런 관심도 나타내지 않았다.

부산에서 학생시위가 시작된 것은 그로부터 일주일이 지난 10월 15일부터였다. 부산의 경찰력이 총동원되어 시위진압에 나섰다. 그러나 시간이 갈수록 시위대의 세력은 강해지고 격렬해졌다. 18일 새벽 0시를 기해 부산직할시 일원에 비상계엄령이 선포되었다. 부산에 계엄령이 선포된 18일에도 마산에서는 학생시위가 있었다. 마산·창원 일원에는 위수령이 선포되었다. 이른바 부마사태라고 불리는 대규모 항쟁이었다.

박정희 대통령이 중앙정보부장 김재규가 쏜 총탄에 맞아 서거한 것은 10월 26일 밤이었다. 제주도를 제외한 전국에 비상계엄령이 선포되었다. 1961년 5월 16일에 시작한 제3·4공화국은 이렇게 해서 막을 내렸다.

### 올림픽 유치의 소극론과 적극론 – 선택의 고민

1979년 10월 26일 밤에 일어난 사건 즉 이른바 10·26사건은 전혀 예고되지 않았던 일이었기 때문에 국정의 여러 측면에 적잖은 차질을 빚었다. 올림픽 유치 또한 예외가 아니었다. 유치를 획책했던 3인의 박씨 중 우두머리는 저 세상으로 가버렸고, 체육회 회장 박종규는 근신을 이유로 사실상 회장직무를 보지 않았다(1980년 5월 17일에는 김종필·이후락과 더불어 계엄사령부에 연행 구금되었다). 문교부장관 박찬현도 조만간에 바뀔 처지였으니 올림픽에는 관심도 없었다.

10·26 이후 40일이 지난 12월 6일에 실시된 통일주체국민회의 선거에서 그동안 국무총리로서 대통령권한을 대행해왔던 최규하가 제10대 대통령으로 당선되었다. 12일에는 부총리였던 신현확이 국무총리로 지명되었다. 그리고 14일에 단행된 개각에서 이화여대 총장이었던 김옥길이 문교부장관으로 임명되었다.

그런데 1979년 말에서 1980년대 전반기에 이르는 시기, 대통령 최규하도 문교부장관 김옥길도 올림픽 유치에 대해서는 아무런 관심도 배려도 없었다. 올림픽에 관심을 가질 만한 그릇이 못 되었다고 평하기보다는 최규하가 대통령에 당선된 지 6일 뒤, 취임식(21일)을 가지기도 전인 12월 12일에 군사쿠데타가 있었고, 그 쿠데타 이후 국정운영의 실권은 이른바 '신군부'가 장악하고 있었으니, 최규하·김옥길의 입장에서 올림픽 유치에 관심이나 배려를 나타낼 겨를이 없었다고 봐야 할 것이다.

이름만의 대통령 최규하가 8월 21일에 사임하고 신군부의 우두머리인 전두환이 대통령에 당선된 것은 1980년 8월 27일이었고 9월 1일에 취임식 거행, 9월 2일에 새 내각을 발표했다. 문교부장관은 연세대학교 교수출신의 철학박사 이규호가 임명되었다.

당시의 대통령 선거는 이른바 유신헌법의 규정에 따라 '통일주체국민회의'라는 관제기관에 의해 치러졌다. 이른바 '장충체육관 선거'라는 것이었다. 그리고 전두환을 제11대 대통령으로 선출한 당시의 통일주체국민회의 사무총장이 박영수였다. 9월 2일에 단행된 개각에서 박영수는 서울특별시장에 임명되었다. 체육관선거에 대한 논공행상이라는 것이 일반적인 평가였다. 그러나 그는 역대 임명직 시장 중에서 비교적 우수한 편에 속한다고 나는 생각한다(그의 인물됨에 관해서는 이 책 제4권의 「신무기 개발기지가 서울대공원으로」에서 소개한 바 있다).

박 시장은 부임한 직후부터 자주 시정연구관 이동을 찾았다. 이동의 부친 이호는 법무부장관·내무부장관을 각각 두 번씩 역임한 바 있었으니, 박영수가 존경해온 선배였을 뿐 아니라 이동의 인간됨에 대해서도 누군가가 귀띔을 해주었다는 것이다. 박 시장과 둘만의 자리를 가졌을 때 이동은 예외 없이 '서울올림픽 유치 불가론'을 피력했다. 서울에 올림픽을 유치한다는 것은 대단히 어려운 일이라는 것, 그리고 만에 하나 유치에 성공한다 해도 그것은 이득보다 손실이 더 많다는 것을 이유로 들어 상세히 설명했다.

이동이 제시했던 여러 이유들 중에서 유치운동 자체가 대단히 어려운 일이라는 것은 뒤에서 되풀이해서 설명이 된다. 다만 다행히 유치에 성공을 해서 "서울에서 올림픽을 치르게 되면 부득불 서울에의 집중투자가 이루어져야 하며 그 결과로 서울과 지방과의 빈부격차, 서울(수도권)에의 더욱 심한 인구집중을 유발하게 된다. 그것은 국토의 균형발전을 크게 저해하고 마침내는 서울(수도권)공화국의 형성을 가져오게 된다"라는 점을 강조했으며 박 시장도 인식을 같이했다는 것이다.

신군부가 집권하게 되는 "1980~81년 당시 올림픽 유치 소극론은 거의 지배적이었다"는 기술을 본 일이 있다. 그러나 "소극론이 지배적이었다"라기보다는, 대다수 국민에게 그 문제는 관심 밖의 일이었다. 신군부 집권 후에 전개된 그 숱한 사건들, 권력형 부정축재자 구속, 공무원·국영기업체 임직원 등 9천여 명 숙청·추방, 170여 개 정기간행물 폐간 등 언론통폐합과 언론인 숙청, 폭력배 등 6만여 명의 검거와 삼청교육대, 대학입시제도 개혁과 과외공부 금지 등 하루가 멀다하고 발표 실시된 이른바 국보위 통치는 '공포정치' 바로 그것이었다. 당시의 국민 대다수는 자신과 자신의 주변에 불똥이 떨어지지 않기만을 기원하는 나날이었다.

대한체육회 부회장 조상호가 26대 회장으로 추대된 것은 1980년 7월 14일이었다. 그는 유치운동을 적극적으로 전개해야 한다는 입장이었다. 그러나 그는 적극론·소극론으로 양분되어 있던 체육회의 의견을 묶어 유치를 위한 의견일치로 몰고 가기에는 역부족이었다. 국제올림픽위원회(IOC)가 "1988년 올림픽 유치신청 마감일이 11월 30일까지이니 그때까지 통보를 기다린다"는 통지를 보내온 것이 11월 5일이었다. 다음날 소집된 대한올림픽위원회(KOC) 상임위원회에서도 적극론·소극론으로 갈려 결론을 내리지 못했으나, "여하튼 유치신청서만이라도 제출해놓고 보자"는 것으로 의견의 일치를 보았으며 그 뜻을 주관부서인 문교부에 전달했다.

KOC의 유치신청서류를 접수한 문교부는 즉시로 공문을 보내 서울시의 의견을 타진했다. 문교부가 KOC의 의견에 따라 대통령의 결재를 받을 서류를 작성하고 있을 때인 1980년 11월 27일, 서울시는 "서울시가 당면한 경제적·재정적 여건을 감안할 때 올림픽이 개최될 시기까지는 필요한 제반시설이 도저히 구비될 수 없을 것으로 판단되므로 1988년 제24회 올림픽을 유치할 수 없음을 통보한다"는 공문을 KOC와 문교부에 송부했다. 올림픽 개최도시로서 제반시설을 갖추어야 할 책임을 진 서울시가 "개최시기에 맞추어 필요시설을 갖출 수 없다"는 입장을 분명하게 밝혔으니 이 시점에서 사실상 모든 것이 수포로 돌아간 것이라고 봐야 할 것이다.

이 서울시 공문이 대한체육회의 올림픽 유치 적극론자들을 크게 실망시킨 것은 당연한 일이었다. 체육회 회장 겸 KOC위원장이라는 입장 때문에 표면상은 중립적 태도를 보여온 조상호는 실망이라기보다는 오히려 분노가 치밀어오르는 것을 참을 수 없었다. 그는 가부간의 의견을 나타내지 않은 채 훌쩍 인도로 떠나버렸다. 마침 12월 3일부터 인도의 수도 뉴델리에서 아시아경기연맹(AGF) 총회가 개최되었다. KOC의 적극적 태도, 서울시의 소극적 태도 등을 비교한 행정보고서를 작성하여 이규호 문교부장관이 전두환 대통령에게 보고한 것은 11월 29일이었다.

문교부장관의 보고를 받았을 때 솔직히 전 대통령은 하계올림픽을 유치하는 일이 얼마나 어려운지, 또 서울시 간부들은 물론이고 많은 식자들이 왜 올림픽 유치에 소극론을 펴고 있는지에 관해 깊이 인식하지 못하고 있었다. 서울시에서 그것을 개최할 경우, 적잖은 체육시설과 외국인 선수·임원·관광객들을 위한 숙박시설을 새로 갖추어야 하는 일 외에도 무허가건물 정리, 도심재개발, 도시환경 정비 등 서울시가 겪어야 할 엄청난 어려움에 관한 인식을 하지 못한 것이다. 그가 남달리 갖추고 있는 것은 "하면 된다. 뜻만 있으면 안 될 것이 뭐가 있겠는가"라는 것뿐이었다.

문교부장관의 보고가 끝나자 전 대통령은 측근들을 소집하여 여러 의견을 청취해보지도 않고 바로 단안을 내렸다. "전임 박정희 대통령이 결심한 사안을 특별한 이유 없이는 변경할 수 없을 뿐 아니라, 이 역사적인 사업을 추진해보지도 않고 처음부터 패배의식 속에서 물러서서는 안 된다"라고 하면서 제24회 유치신청서를 기일 내에 제출하도록 지시했다는 것이다(『제24회 서울올림픽백서』, 283쪽).

그 다음날은 일요일이었다. KOC위원장 조상호는 인도의 뉴델리에 가 있었다. 문교부 - KOC - 뉴델리 - KOC를 거쳐 "대한민국의 서울시가 1988년 제24회 올림픽을 유치하여 개최할 의사가 있음"을 스위스 로잔 소재 IOC 본부에 전보로 연락한 것은 1980년 12월 2일 오후 1시 50분이었다.

그렇다면 당시 이른바 적극론·소극론이라는 것의 내용은 무엇이었던가를 고찰해보기로 하자.

"올림픽 유치운동을 적극적으로 전개하자"라는 것이 이른바 적극론이었다. 분명한 것은 그들도 결코 유치에 성공하리라는 생각을 하고 있는 것은 아니었다. 그저 운동을 전개해보고 성공하면 다행이고 설령 실패해도 잃는 것보다는 얻는 것이 더 많다는 입장이었다. 그들이 주장하는 '얻는 것'이란 무엇이었던가

① 널리 국제사회에 국가적 이미지를 높이는 계기가 되지 않는가.

② 설령 88올림픽 유치에는 실패하더라도 적어도 86아시안게임을 유치하는 데 도움이 되지 않는가.
③ 유치경쟁에서 탈락할지라도 유치 후보국가로서의 명예는 얻을 수 있지 않는가.
④ 유치신청서 제작 등 신청한다는 사실만으로도 경험축적의 기회가 되지 않는가.
⑤ 여러 나라가 유치를 희망하는 경우 양보권이라는 것을 활용할 수도 있지 않는가.
⑥ 올림픽 발상지인 그리스가 영구 개최지가 되어야 한다는 논의도 활발히 전개되고 있다. 이번에 유치신청을 하는 것이 경우에 따라서는 마지막 기회가 될 수도 있지 않는가.

반대로 소극론자로 불리는 측 즉 처음부터 승산이 없는 운동을 벌일 필요가 없다는 측의 의견을 정리해본다.

① 한국이 분단국가라는 사실, 국제적 종합경기대회를 개최한 경험이 거의 없다는 사실, 아직도 개발도상국의 대열에 있어 올림픽을 개최할 만한 재정능력을 갖추지 못했다는 사실 등을 국제사회가 모두 인정하고 있는데 굳이 신청서류를 제출한다면 국제간에 불신감만 초래할 것이 아닌가.
② 오기를 내어서 신청서류를 제출한다고 하자. 그 뒤에 소극적 태도로 나가면 오히려 국제사회에서의 신망만 잃게 되지 않는가.
③ 유치신청서를 제출하고 그것을 적극적으로 추진한다 할지라도 우리가 처해 있는 경제·사회적인 여건상 국민의 호응을 기대할 수가 없지 않는가.

이 소극론은 체육계 내부의 견해였다. 개최당사자인 서울시의 입장은 더욱 심각했다. 1980년 서울시는 주택보급률이 겨우 60% 정도, 정리되지 않고 있는 무허가불량건물이 15만 동이 넘었고, 지하철 2호선은 겨우 건설초기, 3·4호선은 착공도 하기 전이었다. 러시아워 때는 도심 곳곳에서 정체현상이 일어나고 있었고 도심 여러 지역이 슬럼화하고 있었다. 한강은 오염되었고 갈수기에는 강바닥을 드러내 악취를 풍기고 있었다.

겨우 잠실종합운동장은 건설 중이었지만 그것만으로 올림픽을 치를 수 없었다. 그 숱한 운동시설은 무슨 돈으로 건설할 것이며 선수촌·기자촌, 관광객 숙박시설은 누가 어떻게 조성할 것인가. 아무리 생각해도 계산이 서지를 않았다. 건전한 판단력을 갖춘 서울시 간부라면 그 회답은 당연히 노일 수밖에 없었다.

## 유치의사가 확정되기까지

1980년 12월 2일에 국제전보로 통보한 제24회 하계올림픽 개최희망 의사는 무사히 IOC본부에 접수되었다. 1980년 12월 초, 1988년의 제24회 하계올림픽 개최를 희망하여 IOC에 그 의사를 통보한 도시는 서울·나고야(일본)·멜버른(호주)·아테네(그리스)의 4개 도시였다. 아테네의 경우는 영구개최지로 결정해달라는 희망이었다. 만약에 4개 도시가 유치경쟁을 끝까지 벌였다면 그 경쟁의 모습과 결과는 전혀 달라졌을 것이다.

12월 15일 IOC본부는 4개 도시를 대상으로 모두 151쪽에 달하는 방대한 설문서를 보냈다. 1981년 2월 28일까지 그 답변서를 제출해야 하는 것이었다. 대회개최를 유치하게 된 경위, 신청도시와 소속한 국가의 소개, 대회운영 방침, 신청도시가 부담해야 할 조건, 경기장시설 사정, 언론매체, 영화제작, 종목별 국제경기연맹의 설문 등 아주 자세한 내용이었다.

12월 23일에 문교부 2명, 서울시 2명, 대한체육회 3명, 합계 7명으로 이루어진 유치대책 실무위원회가 소집되었고 설문답변서 작성의 구체적 방안이 논의되었다. 회의결과 답변서 작성을 위한 합동실무반을 구성하기로 했으며 그 책임은 문교부 체육국장이 맡고 KOC 전문위원실에서 공동작업키로 합의했다. 기본설문 답변서(영문 70부, 불문 50부), 경기기술면의 답변서(영문 100부, 불문 80부), 합계 3백 부가 모두 완성된 것은 12월 24일이었다. 한 트럭은 충분히 될 만한 양이었다. 2월 28일까지 스위스 로잔의 IOC본부에 도착되도록 하려면, 또 문서의 중요성 때문에 우편으로 보내기보다는 관계자가 직접 가지고 가는 편이 확실했다.

이 방대한 작업을 수행하는 데 서울시 직원이 참여하여 주된 역할을 하는 것은 당연한 일이었지만 서울시의 태도는 소극적이라기보다는 오히려 수동적이었다. 개최 당사자가 될 서울시가 그렇게 수동적일 수밖에 없었던 것은 각종 비용분담이 전혀 논의되지 않았기 때문이다. 유치운동을 전개하는 경우 그 비용은 얼마나 될 것이며 그것은 누가 부담하느냐, 유치가 결정될 경우 그 숱한 경기시설 조성비용 등은 누가 어떤 조건으로 부담하는가, 라디오·TV방송료, 영화제작 등으로 막대한 액수의 수입도 수반될 텐데 그 수입의 귀속은 어떻게 되는가 등 경제적·재정적 측면의 논의가 전혀 없는 상태에서 유치신청서류가 작성되고 있었다.

대한체육회는 재정적으로 독립된 단체가 아니었으며 문교부 또한 독자적인 재정주체가 아니었다. 올림픽은 비록 서울시 이름으로 유치하는 것이지만 사실상 범국가적인 행사였으니 당연히 중앙정부의 재정부담이 있어야 하는 것이었다. 지금까지 항상 그래왔듯이 이번에도 서울시 혼자서 모든 비용을 뒤집어쓸 수는 없었다. 그런 것이 전혀 결정되지 않는 상태에서 서울시가 적극적·능동적이 될 수 없었음은 당연한 일이었다.

IOC가 요구하는 설문답변서를 보내면서 동시에 개최신청금조로 10만 스위스프랑을 납입토록 되어 있었다. 일종의 공탁금이었다. 서울시는 그 돈을 부담하지 않겠다고 버텼다. "그런 항목은 예산서에도 없다. 당연히 중앙정부가 부담해야 한다"는 것이 서울시 주장이었다. 이 시점에서부터 국무총리실의 개입이 시작했다. 문교부가 "서울시를 설득해달라"고 국무총리실에 매달렸고 국무총리 행정조정실이 개입했다. 당시의 국무총리실은 서울시에 대한 감독책임을 지고 있었고 예산안·결산안 심의도 전관하고 있었다. 국무총리실의 지시에 의해 서울시 일반회계 예비비에서 지출된 10만 스위스프랑의 송금수표와 대통령의 친서로 된 중앙정부보증서, 그리고 한 트럭분의 답변서를 가지고 서울시 도지훈 기획관리관 등 2명이 로잔에 도착한 것은 2월 26일이었고, 당일로 관계서류 일체와 신청금을 접수시켰다.

2월 28일 마감일까지 서류를 제출한 것은 일본의 나고야와 한국의 서울 두 곳뿐이었다. 따라서 멜버른과 아테네는 자동탈락이 되고 말았다. IOC가 보낸 설문답변서를 작성하는 과정에서 큰 문제 하나가 생겼다. 1979년에 KOC가 정부에 제출한 올림픽 유치계획서에는 올림픽 개최를 위한 직접경비(경기장 건설비 등)를 2,500억 원으로 계상했는데, 국제경기연맹이 요구하는 시설계획에 맞추어 면밀히 계산해보니 6,200억 원이 소요된다는 것을 알게 된 것이다. 직접경비가 6,200억으로 증액되었다는 사실이 상부에 보고되자 올림픽 유치신청서까지 제출된 상황에서 올림픽 개최 불가론이 다시 강하게 대두되었다. 직접경비 외에 서울시가 환경정비 등을 위해서 지출해야 할 간접경비가 약 1조 원이나 된다는 계산이었다. 그렇게 방대한 경비를 무슨 재원으로 어떻게 지출하는가.

문제가 이에 이르자 KOC·문교부·서울시의 차원을 훨씬 넘는 과제가 되었다. 과연 개최할 수 있을 것인가. 모든 문제를 근원에서부터 재검토하자는 의견이 대두되어 부랴부랴 '올림픽유치추진위원회'라는 기구가 만들어졌다. 국무총리 남덕우를 위원장으로 국가안전기획부장·경제기획원장관·외무부장관·문교부장관·문화공보부장관·서울특별시장·대한체육회장·김택수 IOC위원 등 8명의 위원, 간사장은 국무총리 행정조정실장이 맡았다. 체육주관부서인 문교부가 지고 있던 책임을 국무총리실로 떠넘긴 것이었다.

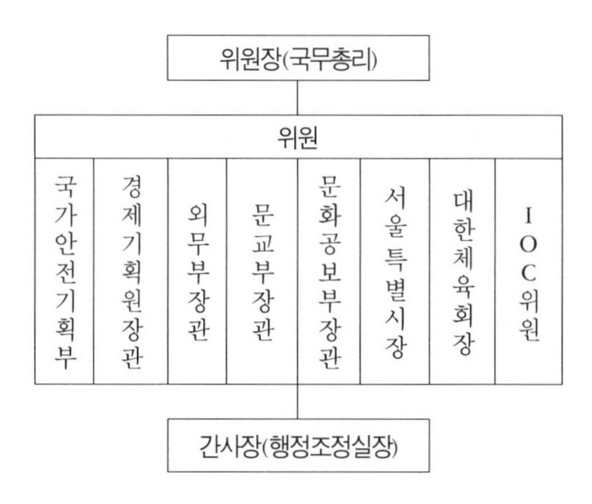


1981년 4월 16일에 개최된 제1차 회의에서는 다음과 같은 사항이 논의·협의되었다.

① 유치를 신청하게 된 경위, 소요경비, 실현가능성에 대한 의견교환.
② 막대한 소요경비, 그리고 공산권의 반대로 유치에 어려움이 많은 점.
③ 포기보다는 일본측의 요청으로 우리가 철회하는 방법도 고려해봄직하다.
④ 우선 이런 사정을 대통령께 보고드리고 새로운 지시를 받은 후에 다시 협의하자.
⑤ 다만 대외적으로는 올림픽 유치계획에 아무런 변화가 없는 것으로 한다.

제1차 회의결과를 보고받은 대통령은 이렇다할 지시를 하지 않았다. 그저 듣기만 했다는 것이다. 제2차 회의는 4월 27일에 있었다. 이번에는 이미 1977년부터 시작한 일본의 유치활동이 비교적 상세히 소개되었다. 일본정부와 체육단체에서 외국에 대표를 파견하여 순회교섭활동 중이라는 보고가 장내를 숙연케 했다. 결국 '명분 있는 후퇴론'으로 결론이 났다. "일본에 밀사를 파견키로 하자, 일본이 한국의 86아시안게임 개최를 적극 지원하겠다, 그리고 88올림픽 개최는 일본에게 양보해달라는 간곡

한 요청을 하도록 하자, 그러면 우리측이 마지못해 양보한다는 태도를 취하자"라는 것이 명분 있는 후퇴론이었다.

김택수 IOC위원의 추천으로 김집[1] KOC 상임위원이 일본에 파견되었다. 표면상으로는 밀사가 아니고 어디까지나 개인자격이었다. 요코하마 국립대학 의학부에 객원교수로 가 있었기 때문에 일본 체육계인사들과도 두터운 친분을 맺고 있었다.

김집을 맞은 일본 체육계의 태도는 의외로 냉담했다. "이미 세계 각국 체육계와 두터운 교섭이 진행 중이어서 나고야의 88올림픽 유치는 사실상 확실한 상태이다. 또 86아시안게임 서울개최의 지원도 약속할 입장이 아니다. 중국이 유치의사를 밝히게 될지 모르기 때문에 일본은 중립적일 수밖에 없다"는 것이었다.

김집의 일본파견은 실패로 돌아갔다. '명분 있는 후퇴'라는 기대가 수포로 돌아간 것이다. 제3차 대책회의가 5월 16일 저녁에 총리공관에서 개최되었다. 이 회의참석자는 국무총리·부총리 겸 경제기획원장관·문교부장관·문화공보부장관·서울특별시장·청와대 교육문화 수석비서관·국무총리 비서실장·안전기획부 제2차장·외무부 기획관리실장·대한체육회장·김택수 IOC위원·김집 KOC 상임위원 등이었다. 회의 벽두에 밀사자격으로 일본에 다녀온 김집의 보고가 있었다. 명분 있는 후퇴론이 실효성을 잃게 된 이상 국가적인 체면을 위해서도 배수진을 칠 수밖에 없다는 것이 지배적인 분위기였다. 다음과 같은 결론이 도출되었다.

첫째, 지난날 아시안게임을 중도 반납한 사례 등을 감안하여 적절한 명분 없이 올림픽 신청을 또 포기한다면, 스포츠계뿐 아니라 일반 외교

1) 1926년 대구 출생인 김집은 경북대학교 의과대학을 나온 소아과 의사였지만 본직인 의사보다는 체육에 더 흥미가 있었다. 경북체육회 부회장 등을 역임했다. 몸집은 컸지만 언제나 웃음을 띤 동안에 대인관계가 좋은 인물이었다. 경북에서 잠깐 공직생활을 한 나하고도 친분이 있을 정도로 교우관계가 넓은 친구였다.

면에서도 치명적인 국위손상이 될 수 있고 국민의 사기에 미치는 영향 또한 지대할 것이니, IOC총회에서의 표 대결 직전까지 최선을 다하면서 끌고 가기로 한다(현격한 표차로 참패가 예상되면 그 시점에서 대결을 회피토록 한다).

둘째, IOC가 요구하는 자료를 조속히 구비·제출토록 하며 IOC·NOC(각국 올림픽위원회 연합체)·ISF(각 경기별 국제기구) 대표들의 방한조사 시 정성을 다해 영접·안내한다.

셋째, 외무부는 각 재외공관을 통해 각국 IOC·NOC·ISF 위원과 접촉, 유치교섭을 성의 있게 전개한다.

넷째, IOC총회가 개최될 현지의 전시장 설치 등에 소요될 경비(1억 9천만 원), IOC 위원 등을 영접하는 경비 등 당면한 필요경비는 정부 예비비에서 지출 충당한다.

88올림픽유치운동 전개의지가 최종적으로 결정된 것이 1981년 5월 16일 야간회의였다. 이젠 국론이 통일된 것이니 적극론·소극론 등의 대립이 있을 수 없었다. 국론을 이렇게 몰아간 데는 제5공화국 전두환 정권을 탄생시키고 지탱해가고 있던, 이른바 신군부 두뇌들의 깊이 있는 연구와 불꽃 튀는 격론이 있었을 것임은 당연한 일이다. 올림픽 유치결정을 둘러싸고 당시에 흘러나온 두 가지 이유가 있다. 하나는 대북한대책, 다른 하나는 우민화정책이라는 것이었다.

당장 북한이 남침해오면 전쟁을 유리하게 전개할 자신이 없다. 남과 북의 전력을 비교하면 0.7 대 1 정도의 열세에 있다. 그런데 만약에 우리 쪽에서 올림픽을 유치하게 되면 적어도 그것이 끝날 때까지 북한의 침공은 있을 수 없다. 전세계의 이목도 두려울 뿐 아니라 소련·중국에 의한 강한 제지도 있게 마련일 것이다. 앞으로 7~8년간 올림픽 준비를 진행하면서 군비확충도 게을리하지 않으면 남침을 막을 수 있을 만한 전력을 갖추게 된다는 것이 올림픽 유치결정의 대북한 대책이론이었다.

'국풍(國風) 81'이라는 것이 있었다. 한국방송공사(KBS)가 주관하고 고려대학교 민족문화연구소가 후원하여 1981년 5월 28~6월 1일의 4일간, 여의도광장에서 전개되었던 가요와 춤 그리고 국악의 잔치였다. 제5공화국 출범과 함께 국민의 대화합을 이루고 아울러 민족문화 선양과 국민사기 진작을 위한다는 것이었다. 전국 각지의 이름 있는 특산음식점이 문을 열었다. 거나하게 한잔 하면서 모든 것을 잊어버리라는 잔치마당이었다.

프로야구는 1982년 3월 27일, 잠실야구장에서 치러진 MBC청룡 대 삼성라이온즈 전이 처음이었지만 역시 본격적인 프로화 작업이 개시된 것은 1981년 5월부터였다. 연극·영화의 제작과 관람에 자유화바람이 불게 된 것도 1981년부터의 일이다. 1980년 말부터 시작된 컬러TV 방영에 대비하여 연극·영화를 보호한다는 명목을 붙이기는 했으나 종전에는 상상도 할 수 없었던 나체와 섹스 장면이 허용되기 시작했다. 제작자의 의도를 살린다느니 공연윤리심사의 등급제 등 온갖 형용사가 동원되었지만 실제로는 관객의 눈을 즐겁게 함으로써 국민의 관심을 끌자는 것이었다. 이른바 3S정책, 즉 정치·경제면에만 지나치게 쏠리고 있는 국민의 관심을 Sex·Sports·Screen 등 3S에 돌림으로써 예민해질 경향이 있는 국민감정을 누그러뜨려보겠다는 정책이 제5공화국 초기부터 전개되었다는 점에 관해서는 반대의견을 가질 사람이 없다.

정권을 침탈하다시피 한 5공정권이 정통성이니 민주주의니 하는 문제에서 국민의 관심을 돌리기 위한 불가피한 정책이었다. 88올림픽 유치운동을 전개하고 그 유치에 성공하면 그것은 3S정책 최대의 성과가 될 수 있었다. 이 3S정책은 무한정의 쾌락을 추구하면서 20세기 후반기를 살아간 인류에게 영합하는, 세계 공통의 시책이기는 하나 많은 사람들은 그것을 우민화정책이라고 비난하기도 했다.

신군부가 올림픽 유치를 결정하게 된 결정적인 이유는 앞서 소개한 『올림픽 백서』에서 밝히고 있다. "사업을 추진해보지도 않고 처음부터 패배의식 속에서 물러서서는 안 된다"는 것이다. 사관학교에서부터 전진·불굴의 정신만을 배워온 군인 출신 집단의 발상, 밀고 나가면 안 될 것이 뭐가 있겠느냐, 한번 뚝심 좋게 밀어보자, 하면 된다라는 발상이 올림픽 유치를 결심하게 된 결정적인 이유였을 것이다.

대한민국 정부가 올림픽 유치를 최종적으로 결정한 그날, 1981년 5월 16일 밤늦게, 급히 시장공관으로 오라는 전갈을 받은 이동이 부랴부랴 달려갔더니 평소에 전혀 술을 마시지 않는 박 시장이 주기 띤 얼굴로 "방금 전에 올림픽을 유치하기로 결정을 봤다. 서울시가 당면해서 할 일이 무엇인가를 검토해보자"는 것이었다. 결정만 되면 민첩하게 행동에 옮기는 것은 박정희 정권 때부터 익혀온 습성이었다. 국무총리 행정조정실장을 우두머리로 각 부처 실무국장들로 구성된 실무대책위원회가 소집된 것은 3일 뒤인 5월 19일이었으며 홍보용 책자제작, 각 재외공관을 통한 외교적 교섭, IOC위원 등 유력인사 초청 및 영접 등 실무적인 대책이 깊이 있게 연구되기 시작했다.

## 나고야의 88올림픽유치운동

일본의 나고야가 유치의사를 밝힌 것은 이미 1977년의 일이었고 그때부터 맹렬한 유치운동을 사실상 전개하고 있었다. 지금도 그렇지만 1980년의 일본은 미국에 이은 세계 제2위의 경제대국이었고 한국과는 숫제 견줄 수도 없는 위치에 있었다. 1980년의 국민소득(SNA)총액을 찾아봤더니 일본은 9,090억 5,900만 달러로서 미국의 2조 2,980억 달러에 이어 세계 제2위였고, 한국의 총액 516억 6천만 달러보다 17.6배나 되었으니 코끼리와 강아지를 비교하는 것 같았다. 1인당 소득수준도 미국이 1만 달러, 일본이 7,729달러였는데 한국은 1,355달러에 불과했다(일본 총리부 통계국 편, 『국제통계요람』 1983년판).

일본은 이미 1964년에 제18회 하계올림픽을 도쿄에서, 1972년에 제11회 동계올림픽을 삿포로에서 개최한 경험이 있었다. 나고야는 일본열도 중 본주(本州)의 중앙에 위치하여 제철·자동차·석유화학 등 금속·기계·화학공업과 도자기·악기 등 중소기업으로 번영한 중부경제권의 중심도시로서 인구규모 면에서도 도쿄·오사카에 이은 제3의 도시권을 형성하고 있었다. 1964년에 도쿄가 하계올림픽을, 1970년에는 오사카가 만국박람회를 개최했으니, 88하계올림픽은 나고야의 차례라는 것이었다.

1977년부터 88대회 유치를 선언하고 나선 일본 체육계 유치운동의 중심에 있는 인물은 당시 IOC부회장인 기요카와(清川正二)[2)]였다. 국제올림픽위원회의 서열이 위원장 사마란치에 이은 제2인자였다. 뛰어난 체육인인 동시에 머리도 수재로 태어나서 일류대학을 우등으로 졸업하고 기업계에 들어가서는 경영능력이 뛰어나 대기업체의 사장·회장직을 거친 인물, 그런 인물은 아마도 1백만 명에 하나가 있을까 말까 한 존재일 것이다.

일본 체육계의 강한 요망 때문에 기업체 사장·회장자리는 일찍이 마감하여 상담역으로 물러났으며 체육계 일을 도와 1969년에 IOC위원,

---

2) 1913년에 나고야 근교인 아이치현에서 태어난 그는 나고야에서 중학을 다녔고 일본 유수의 명문대학인 도쿄상과대학에 진학했다. 그는 타고난 체육선수였는데 특히 수영에 뛰어나 19세 때인 1932년 제10회 L.A.올림픽에 출전하여 배영 100m 금메달, 다음 1936년의 제11회 베를린올림픽 때 역시 배영 100m에서 동메달을 획득했다. 대학졸업 후 일본 10대 종합무역상사의 하나인 가네마스고쇼에 들어가 상무·전무·사장·회장자리를 두루 역임했다. 영국·미국 등 해외지사 근무가 길었던 그는 특히 영어회화가 뛰어나 가히 영·미인과 다를 바가 없었다.

1979년에 부회장이 되었다. 그는 1976년에『아마추어 스포츠와 올림픽의 장래』라는 저서를 발간했을 정도로 국제 스포츠계의 전망과 대책에도 깊은 식견을 가져 IOC위원 중에서도 강한 발언권을 행사하는 존재였다. 미스이·미스비시·스미토모 정도의 규모는 아니었지만 가네마스고쇼 또한 10대 종합상사 중 하나였으니 세계적인 기업체였다. 세계적 규모의 종합상사를 이끌어온 그가 자기 고장이기도 한 나고야에 하계올림픽을 유치하는 데 동원한 운동방법은 세계 각국의 경제계를 공략하는 것이었다고 한다.

우리나라의 과거와 현실이 그렇듯 자본주의 나라들의 각종 경기단체는 경제인들이 하나씩 나누어 맡아 그 운영관리를 책임지는 것이 보통이다. 육상경기연맹은 한국전력이 맡고, 탁구경기연맹은 동아건설이 맡으며, 축구경기연맹은 (주)대우가 맡아서 운영하는 식이었다. 그러므로 공산권에 속하는 몇몇 국가들은 예외였지만 세계 대다수 국가의 경우, 체육계와 경제계는 사실상 불가분의 관계를 맺고 있었다. 일본의 기요카와가 착안한 것이 바로 그 점이었다.

유치의사를 밝힌 직후부터 일본경제계 거물들이 그의 지시에 따라 움직이기 시작했다. 가전제품업계의 소니와 내셔널, 자동차의 도요다와 닛산, 오토바이의 혼다, 카메라 시장의 캐논과 팬탁스 등. 지금도 그러하지만 1980년 당시의 일본제품은 범지구적인 판매망과 공급체계를 갖추고 있었다. 미국이나 유럽의 나라들처럼 일본경제계의 위력이 깊게 침투할 수 없는 나라들도 있기는 했지만 아시아·아프리카·라틴아메리카 등 저개발· 개발도상에 있는 국가들의 IOC·NOC·ISF 위원들의 대다수가 나고야 개최를 추천하는 데 명시적 또는 묵시적인 약속을 해주고 있었다.

지금은 많이 달라졌지만 1980년대까지만 해도 일본인들의 한국관·중국관은 대체적으로 형편없는 것이었다. 저희들끼리 만나면 한국인은 센

징(鮮人)이고 중국인은 짱꼴라였다. 그런 일본인들에게 서울의 올림픽유치운동이라는 것은 참으로 가소로운 일이었다. 일본제품의 수입과다로 항상 막대한 액수의 빚에 허덕이는 한국이었다. 기요카와가 종합상사 사장 출신이고 가네마스고쇼의 지점은 서울에도 있었기 때문에 한국경제의 실정, 서울시의 재정적·환경적 취약성은 너무나 잘 알고 있었다. 서울과의 경쟁에서 진다는 것은 처음부터 상상도 할 수 없는 일이었다.

그들은 1981년에 들면서부터 나고야 개최는 사실상 결정된 것이나 다름없다는 생각을 하고 있었다. 그들의 그와 같은 자세를 나타낸 대표적인 사례가 1981년 7월 30~8월 1일의 3일간, 이탈리아 밀라노에서 개최된 ANOC총회에서였다. 밀라노 ANOC총회는 131개 IOC회원국 전체가 망라된 전세계 스포츠 지도자가 대거 참석하는 국제회의이며, IOC총회에서 투표권을 행사하는 IOC 위원도 15명이나 참석했고, 위원장 사마란치까지 참석했다. 당연히 일본대표도 이 회의에 참석했지만 그들은 조상호 KOC 위원장의 연설이 미리 약속되어 있는 줄 몰랐고 따라서 아무런 준비도 하지 않고 있었다. 조 위원장보다 먼저 지명을 받아 단상에 올라간 일본대표는 간단한 인사와 함께 나고야의 지지를 바란다는 형식적 연설로 2~3분 만에 내려와 많은 스포츠계 인사들로부터 무성의하다는 빈축을 샀다.

그의 뒤를 이어 등단한 조상호 위원장이 사전에 충분히 준비된 내용, 서울의 올림픽 개최준비가 착실히 진행되고 있다는 점, 한국이 비록 분단국가이기는 하되 치안과 안보면에서 한치의 흐트러짐도 없다는 점, 올림픽은 결코 경제대국들만의 전유물이 아니고 아시아·아프리카 개발도상국에서도 개최되어야 한다는 점 등을 능숙한 영어로 약 10분 동안 연설함으로써 만장의 우레와 같은 박수를 받았다. 이 명연설로 국제스포츠계의 한국에 대한 인식이 크게 달라질 수 있었다.

## 바덴바덴의 기적

1981년 2월 하순에 한 트럭분의 설문답변서를 IOC본부 사무국에 접수시켰을 때부터 IOC본부 직원들은 한국에 대해 호의를 가지고 있었다. 한국 서울이 접수시킨 답변서의 분량이 일본 나고야의 것보다 두 배 가량이나 되어서 상대적으로 한국측의 성의가 돋보였기 때문이었다.

한국의 서울에서 과연 올림픽을 치를 수 있을까를 조사하기 위한 조사단의 방한이 잇달았다. 미·영 올림픽위원회 사무총장이 3월 28~4월 4일에 다녀간 것을 시작으로 여러 명의 IOC 위원들, 각 경기연맹별 조사단도 다녀갔다. 김포공항을 통해 들어올 때는 반신반의였지만 돌아갈 때는 그들 대다수가 비교적 만족스런 표정을 짓고 있었다. 첫번째 이유는 극진하고 융숭한 대접이었다. 손님들을 융숭하게 대접하는 것은 동방예의지국을 자처하는 한국인이 전통적으로 지닌 미덕이었다.

그들이 최초로 안내되어간 것은 건설 중인 잠실종합운동장이었다. 올림픽 메인스타디움이 될 이 시설은 규모에서뿐만 아니라 형태에서도 만족할 만한 것이었다. 다음에 안내되어간 것은 몽촌토성 일대였다. 제2의 경기시설복합체와 선수촌·기자촌이 들어설 자리라는 설명도 만족스러운 것이었다. 그들의 체한기간은 길어봤자 일주일 정도였다. 서울 변두리 고지대 등에 수없이 들어서 있는 무허가불량건물군을 볼 수도 없었고, 을지로 뒷골목 슬럼가를 볼 수도 없었으며, 한강변에서 풍기는 악취를 맡을 수도 없었다. 그들이 볼 수 있었던 숙박시설들, 롯데호텔·신라호텔·워커힐은 국제사회 어디에 내놓아도 손색이 없었다.

외국손님들에게 또 하나의 부산물이 있었다. 1980년 당시의 서울은 수도일 뿐 아니라 인구수 8백만을 넘는 세계적인 거대도시인 데 비해 나고야는 겨우 인구수 2백만을 약간 넘는 지방도시에 불과했다. 그들은 체육계의 대표자들이었지 결코 도시문제 전문가들이 아니었다. 도시가 얼마나 정비되어 있는가, 얼마나 좋은 환경조건을 구비하고 있는가를 알지는 못했다. 그들의 눈에 비친 것은 오로지 규모가 지닌 번영뿐이었다.

유치운동 전개의사를 굳힐 당시에 가장 염려했던 것은 IOC총회에서 표 대결을 벌인 결과 참패를 당하지 않을까 하는 것이었다. 82명의 IOC 위원 중 소련을 비롯한 공산권 13표와 일본의 2표는 처음부터 저쪽 표일 것이니 문제가 되지 않았다. 나머지 67명 중 어느 정도가 한국을 지지할 것인가.

외무부차관 김동휘 주재로 재외공관을 통하여 중간점검을 해보았다. 8월 10일 현재로 접촉이 가능했던 위원은 모두 60명이었으며, 그 중 서울에 대한 적극지원자가 5, 지지표명자가 16, 호의적으로 고려하고 있다는 자가 16, 중립이 18, 기타 5명이었다. IOC 위원 총 83명(위원장 포함) 중 과반수인 42표를 얻어야 유치가 가능했다. 그러나 우선 적극지지 및 지지표명이 21표나 된다는 것은 결코 절망적인 것은 아니었다. "표 대결 결과가 참패로 끝나지는 않는다. 충분히 붙어볼 만하다"는 전망이 선 것이었다.

그러나 그렇다고 해서 승산이 있는 것도 결코 아니었다. 유치대표단이 서울을 떠나기에 앞서 박영수 시장이 이동 연구관에게 지시한 역할은 경리책임을 맡으라는 것이었다. 이동의 입장에서 가장 자신이 없는 분야가 경리였다. 그는 건축을 거쳐 도시계획을 전공한 기술자였을 뿐 아니라 서울시에 근무하면서도 재정이니 경리니 하는 분야를 맡은 적이 없었다. 당시만 해도 그는 영어회화에 자신이 있었기 때문에 박 시장을 협조하는 섭외담당일 것으로 생각하고 있었다. 경리가 자기의 능력 밖이라는 주장을 하는 그에게 박 시장이 넌지시 "생각해보시오. 올림픽 유치에 실패하고 돌아가는 날 국내의 여론은 반드시 그 책임을 추궁하게 된다.

그렇게 되면 나 서울시장과 실무자인 자네가 희생양이 될 것이고 문제는 현지에서 얼마나 많은 돈을 어떻게 썼느냐가 초점이 될 것이야. 두 사람이 형무소에 들어가지 않으려면 자네가 경리를 맡아야 하는 거야"라는 것이었다.

나는 지금은 서울시립대학교 총장으로 있는 이동을 통해서 올림픽 유치에 얽힌 비화 여러 토막을 들을 수 있었지만 그가 경리책임자가 된 경위를 들었을 때가 가장 감동적이었다. 실패하면 책임을 지고 형무소에 들어갈 수도 있다는 각오, 그것이 바덴바덴으로 떠나는 한국대표단의 배수지진(背水之陣) 그것이었다.

1988년 제24회 하계올림픽 개최지를 결정하게 될 IOC총회는 1981년 9월 29일부터 10월 3일까지의 5일간 독일의 휴양도시 바덴바덴에서 개최하기로 되어 있었지만, 그에 앞서 IOC·ISF·ANOC 등 이른바 올림픽 회의가 22일부터 열리기로 되어 있었기 때문에 한국대표단도 9월 20일까지는 현지에 도착해야 했다. 공식대표는 박영수 서울특별시장, 조상호 KOC 위원장, 정주영 올림픽준비위원장, 이원경 KOC 상임고문, 유창순 무역협회 회장, 이원홍 KBS 사장(대변인) 등 6명이었지만 IOC 위원 김택수, 세계태권도연맹 총재 김운용, KOC 부위원장 전상진, KOC 명예총무 최만립, 민간유치 지원위원인 대우그룹 회장 김우중, 동아그룹 회장 겸 탁구협회 회장 최원석, KOTRA 사장 장성환, KAL 사장 조중훈 등 경제계 인사 15명, 그리고 국무총리 행정조정실장 이선기, 행조실 제1조정관 이연택, 외무부 정보문화국장 김재성, 서울특별시 시정연구관 이동 등 실무지원단 21명, 일반지원자 16명, 여성지원자 15명, 보도요원 16명 등 100명 가까운 인원이 바덴바덴에 모였다.

일반지원자 중에는 1936년 베를린올림픽 마라톤 우승자 손기정, 전 대한체육회 회장 박종규 등도 있었다. 나고야 유치를 위한 일본측 대표·

지원단의 수는 한국보다 훨씬 더 많았다. 한국은 보도요원만 해도 국립 영화제작소 감독 2명까지 포함해서 모두 16명이었는데, 일본은 취재기자만 49명이나 되는 대부대였다. 하계올림픽 유치경쟁만이 아니었다. 1988년 2월에 개최될 동계올림픽 유치경쟁까지 겹쳐 인구 10만도 안 되는 조그만 온천도시 바덴바덴은 때아니게 외국인들이 모여들어 갑자기 활기를 띠었다.

『88올림픽 유치활동자료』라는 것이 작성되어 각자에게 배부되어 있었다. 바덴바덴에 모인 각자에게 고유의 임무와 활동지침이 시달되어 있었다. "당신은 중·근동지역을 맡으시오. 어느 나라의 ISF 위원·NOC 위원·IOC 위원과 어떻게 접촉해서 어떤 운동을 전개하시오"라는 등의 매우 구체적인 지침이었다. 아시아·아프리카·유럽·북미주·중남미·오세아니아 등의 지역별로 운동요원도 그 방법도 각각이었다.

IOC총회 회의장 근처의 작은 건물을 세내어 대책본부 사무실을 설치했다. 이연택 제1행정조정관이 간사장(총리 행정조정실장)을 보좌하고 그 밑에 총괄·정보·섭외·홍보·전시·경리의 6개반으로 된 실무지원반이 구성되어 있었다. 매일 아침마다 평가회의가 소집되어 대표단원 각자의 전날 활동상황이 보고·분석·종합되는 한편 그날의 활동지침이 시달되었다. 또 대표단 각자의 활동비는 경리반장 이동의 책임하에 지출되었다. 여기서 '책임하에'라는 것은 일일이 영수증을 받고 지불되었으며 가능한 것은 정산서까지 요구되었다는 뜻이다.

특기할 점 두 가지가 있었다. 전시관 경쟁에서 압승한 것이 그 첫째였다. 9월 22일 11시에 88올림픽 유치신청 5개 도시(하계: 서울·나고야, 동계: 캐나다 캘거리·스웨덴 팔룬·이탈리아 코티나단페초)를 소개하는 전시관이 바덴바덴 구 철도역사에서 열렸다. 한국은 문화공보부 주관 아래 치밀한 준비를 거친 결과를 공개하였으며 효과적인 공간사용, 내용의 다양성과 화려함 등으로 다른 네 나라를 압도했다. 특히 비디오를 통한 한국 소개, 화려한 한복 차림의 대한항공 스튜어디스들의 안내 및 선물배포, 손기정옹의 즉석사인 등으로 관심을 끌었다. 반면에 일본은 이 전시관에 비중을 두지 않았으니 그 무성의함이 역력했다. 한국의 전시관이 스포츠를 중심으로 문화·예술 등 다채로운 내용으로 꾸며진 데 반해 일본 전시관은 나고야 시의 모습을 사진으로 담았을 뿐이었으니 발길을 멈출 만한 요소가 없었다. 세상에 공짜 좋아하지 않는 백성은 없다. 관람객 모두에게 부채·장고·담뱃대·마패·배지 등 선물이 아낌없이 제공되었으니 개관 직후부터 관람객이 줄을 이었고 바덴바덴 거리에 갑자기 한국바람이 불 정도가 되었다.

두번째가 제안연설과 그에 이은 질의응답이었다. 9월 29일 오후 4시 30분이 한국 차례였으며 일본의 차례가 끝난 바로 다음이었다. 박 서울시장의 인사가 약 3분간, 조상호 KOC위원장의 제안연설이 15분간 있은 후 국립영화제작소가 제작한 16분짜리 영화가 상영되었다. 이어 30분간에 걸친 질의응답이 있었는데 KOC측은 약 150개의 예상질문 및 답변을 치밀하게 준비해두었을 뿐 아니라 각 대표별로 그 답변을 분담시켜 예행연습까지 해놓고 있었다. 6명의 공식대표 중에서 조상호·이원경·유창순의 3명은 유창하게 영어를 구사할 수 있었으니 교대로 답변대에 나섰다. 일본이 질의응답 때 다케다 IOC 위원의 보좌역 히라이가 주로 답변을 도맡아한 것과 매우 대조적이었다. 13명의 IOC 위원 및 ISF 대표들의 질문과 그 응답 중 2개가 주목할 만한 내용이었다. 훗날 두고두고 화제가 된 2개 질의응답을 그대로 소개하면 다음과 같다.

카메룬 IOC위원 R. Essombe의 질문: 아프리카 대륙과 서울은 거리가 멀어서 항공료 부담으로 참가할 수 없는 나라가 많을 것으로 전망되는데 그에 대한 해결방법은 없는가?

이원경 대표의 답변: 그것은 매우 중요한 문제로서 우리가 사전에 대한항공사측과 협의한 바가 있다. 우리는 모든 국가가 빠짐없이 참가할 수 있도록 최선을 다하겠으며 항공료는 차터레이트(전세요금)로 가장 값싼 요금을 적용하겠다. 선수촌 숙박비는 15달러 수준으로 할 것이다.

국제체조연맹 회장 티토프(소련)의 질문: 한국측은 올림픽 준비를 위하여 정부의 재정적 지원을 받는다고 했는데 ≪재팬 타임즈(*Japan Times*)≫에 의하면 한국정부는 일본에 60억 달러의 재정차관을 요청하고 있다고 하며, 9월 11일에 있은 한일각료회담 때 그 교섭이 잘되지 않은 것으로 보도되고 있다. 이런 상태인데 정부의 지원을 기대할 수 있겠는가? (그동안 "한국은 경제사정이 어려워 60억 달러의 대일차관을 교섭중에 있다. 그런 주제에 도저히 올림픽을 치를 수 있는 입장이 아니다"라는 흑색선전이 돌고 있었다. 일본측이 흘린 중상이었으며 티토프 대표의 이 질문은 일본측의 사주에 의한 것이었다.)

유창순 무역협회 회장의 답변: 국제경제사회에서 주고받는 것은 상례가 되고 있다. 특히 한국과 일본은 정치경제적으로 특수한 관계이다. 양국간의 무역관계를 보면 지난 20년간 한국은 약 2백억 달러의 무역적자를 보고 있다. 일본에 대한 경제협조 요청은 무역적자를 보충하는 의미도 있다. 앞으로의 5년간 60억 달러의 경제차관은 현재의 경제규모로 볼 때 결코 큰 액수가 아니다. 만약에 이 질문이 서울의 올림픽 개최능력 유무와 관련된 질문이라면, 1964년에 일본이 올림픽을 개최했을 때의 국민소득은 현재 한국의 절반밖에 되지 않는 약 8백 달러였으며 그 당시 일본의 수출액은 겨우 2백억 달러였다. 더욱이 올림픽은 1988년에 개최되는 것이다. 우리는 그때가 되면 현재의 경제력보다도 2배가 될 것이니 올림픽 개최능력에는 아무런 문제가 없다.

해박한 경제지식을 바탕으로 한 유창순 대표의 이 답변이 청산유수로 흘러나오자 장내는 갑자기 숙연해졌다고 했다. 지금도 그렇듯이 당시 세계 어느 나라도 일본과의 무역에서 적자를 보지 않고 있는 나라는 단 하나도 없는 실정이었다. 사실 이 답변으로 질의응답은 맥이 풀리고 말았을 뿐 아니라 그때까지 의사결정을 못하고 망설이고 있던 부동표의 상당수가 한국지지 쪽으로 돌았다고 한다.

IOC총회에서의 개표 결과가 발표된 것은 9월 30일 오후 3시 45분경이었으며 한국시간으로는 밤 11시 45분이었다. TV카메라에 비춰진 사마란치 위원장이 잠깐 머뭇거리는 듯하더니 "하계올림픽 쎄울"이라고 발표했다. 그 순간 박 시장이 벌떡 일어서서 만세를 불렀고 한국대표단은 서로 부둥켜안은 채 눈물을 흘렸다. 한 차례의 흥분이 가신 뒤 장내를 진정시킨 사마란치 위원장이 52 대 27이라는 투표결과를 발표했다. 바로 기적의 현장이었다.

일본은 나고야 유치를 위해서 약 500만 달러의 거금을 썼다고 한다. 그같은 거액의 투자에다가 상대가 지난날 그들의 식민도시에 불과한 서울이었다. 그들은 60표 정도는 무난하다고 판단했고 한국이 아무리 추적해와도 반드시 10표 이상의 차이는 난다는 계산을 하고 있었다. 그와 같은 계산이 오만을 낳았고 전시관이니 제안설명이니 하는 결정적인 장면에서 준비부족을 낳았다.

한국의 입장은 처음부터 비장했다. 일본과의 표 대결에서 지고 돌아갔다가는 김포공항에서부터 뭇매를 맞을지도 모른다는 절박감이 있었다. 그와 같은 절박감이 철저한 저자세를 낳았다. 오만방자함과 철저한 저자세가 누구도 상상할 수 없었던, 거꾸로의 현상을 낳은 것이다. 바로 기적이었다. 나는 밤늦게 TV화면을 통하여 "쎄울" 하는 소리를 들었다. 도저히 믿을 수 없는 장면이 비춰지고 있었다. 그 순간, 내가 평생을 몸바쳐온 서울의 도시계획, 그 많은 문제들, 광주대단지사건의 현장 등이 내 머리를 스쳐가고 있었다. 내 두 눈에서 뜨거운 눈물이 흘러내렸다.

그들 유치대표단이 귀국한 것은 10월 4일 오후 5시경이었다. 공식대표 6명을 비롯한 20여 명 중진들은 김포공항에서 청와대로 직행했다. 전두환 대통령 내외가 마련한 환영다과회에 참석, 축배를 들기 위해서였다.

예나 지금이나 대통령이 공신들에게 나누어주는 최대의 선물이 국무총리니 장관이니 하는 직책이었다. 유창순·이원경·조상호 등 이른바 바덴바덴의 공신들은 전두환·노태우로 이어진 제5·6 공화국 때 줄줄이 장관 또는 국무총리라는 영직을 맡았다.[3)]

올림픽을 개최하면 국위가 선양될 뿐 아니라 경제적으로도 크게 플러스가 된다는 것을 실증한 것은 1984년 LA대회였다. 소련을 비롯한 동구권국가가 참가하지 않았던 데다가 중앙정부의 재정지원이 전혀 없는 상태에서 치러졌지만 대성공이었다. 각 경기별 관람자가 예상외로 많아 관람료 수입이 크게 늘어났고 막대한 TV방영료까지 합쳐진 때문이었다.

이 LA대회 성공을 계기로 그 뒤부터 올림픽 유치경쟁은 훨씬 더 치열해졌고 저개발 및 개발도상국 IOC위원들에 대한 금품매수설이 풍설로 나돌기 시작했다. 그와 같은 풍문은 1998년의 나가노 동계대회, 2000년의 시드니 하계대회를 거쳐, 2002년의 솔트레이크 동계대회 유치운동 때에 절정에 달해 마침내 2000년에는 IOC위원회 자체조사가 벌어져 몇몇 위원의 축출·제명, 경고조치 등이 단행되었다. 그리고 올림픽 유치를 둘러싼 이와 같은 풍조가 언제부터 생겨났는가에 대한 반성의 소리도 있었는데, 88하계대회 유치를 둘러싼 서울·나고야의 유치운동이 그 시발이었다는 의견이 지배적이었다고 한다.

"일본은 나고야 유치를 위해서 500만 달러의 거금을 썼다"고 했는데 서울측은 처음부터 끝까지 깨끗한 유치운동을 벌였는가에 관해서는 의

---

| 3) 유창순(劉彰順) | 국무총리 | 82. 1 ~ 82. 6 |
|---|---|---|
| 이원경(李源京) | 체육부장관 | 82. 4 ~ 83. 10 |
| | 외무부장관 | 83. 10 ~ 86. 8 |
| 이선기(李宣基) | 동력자원부장관 | 82. 1 ~ 82. 6 |
| 이원홍(李元洪) | 문화공보부장관 | 85. 2 ~ 86. 8 |
| 조상호(曺相鎬) | 체육부장관 | 87. 7 ~ 88. 12 |
| 이연택(李衍澤) | 총무처장관 | 90. 3 ~ 91. 12 |
| | 노동부장관 | 92. 6 ~ 93. 2 |

문의 여지가 있다. 이 점을 알기 위해 당시에 서울시가 현지에서 쓴 경리 장부를 찾아봤으나 찾을 수가 없었다. 어떤 개인이 깊이 간직하고 있다는 것이었다. 일본 나가노 동계대회 때의 경리장부는 대회 직후에 소각해버려 남아 있지 않다고 전해져서 국제사회의 화제가 되기도 했다.

문제는 서울시가 쓴 공식적인 경비가 아니라고 생각한다. 올림픽준비위원장이 왜 대표적 재벌기업 회장인 정주영이어야 했는가, 바덴바덴 현지에는 정주영 외에도 김우중 대우그룹 회장, 최원석 동아그룹 회장, 장성환 무역진흥공사 사장, 조중훈 KAL 사장, 배종렬 한양주택 회장 등 이른바 재벌그룹 회장들과 중역들 다수가 체재하고 있었는데 과연 그들이 담당한 역할이 무엇이었던가를 통해 공식화할 수 없는 접촉의 대체적인 윤곽은 더듬을 수 있을 것 같다.

현대그룹 명예회장 정주영이 작고한 것은 2001년 3월 21일 밤 10시였는데 그의 사망소식을 전한 모든 매스컴은 예외 없이 그가 88올림픽 유치에 끼친 공적을 높이 평가하고 있었다.

## 2. 86·88 양대행사와 서울 도시계획

### 86아시안게임 서울개최 결정

88올림픽보다 2년 앞서 개최될 86아시안게임 유치경쟁도 88올림픽 유치경쟁과 병행해서 진행되었다. 제10회 아시안게임 유치를 신청한 도시는 서울, 이라크의 바그다드, 북한의 평양 등 3개 도시였다.

이라크가 대회유치를 신청한 것은 1980년 9월 8일이었는데, 그로부터 겨우 2주일밖에 지나지 않은 9월 22일에 이라크 공군기가 이웃나라

이란을 공격한 탓에 이란·이라크전쟁이 일어나 언제 끝날지 전망이 서지 않는 상태였다.

한편 북한도 한국과의 경제력 대비에서 이미 상대가 되지 않을 뿐 아니라 당시 아시아경기연맹(AGF)에 가입되어 있던 32개 국가 중 공산주의 국가의 수가 겨우 6~7개 국가뿐이라서 처음부터 경쟁상대가 되지 않았다. 특히 1981년 9월 30일 IOC총회에서 '88올림픽 서울개최'가 결정된 이후는 86아시안게임 서울개최도 거의 기정사실이 되어가는 형세였다. 1986년 제10회 아시안게임 개최지를 결정하는 AGF총회는 바덴바덴 결정이 있은 지 2개월 정도가 지난 1981년 11월 25일부터 인도의 뉴델리 아쇼카호텔 회의장에서 개최되었다.

25일 10시부터 개최된 집행위원회 석상에서 이라크의 유치신청 철회에 관한 전문이 접수되었다. 이어 북한도 "서울·평양 2개 도시 중 어느 한 도시에서 열리게 되는 경우에 일어날지 모르는 복잡한 문제를 꺼려 제3국에서 개최되기를 희망하여 유치신청을 철회하니 대한올림픽위원회도 동일한 조치를 취해주기를 바란다"는 공한을 접수시켰다. 이에 대해 말레이시아 올림픽위원회 위원장인 동시에 AGF부회장인 함자(D. Hamjah)가 "북한이 유치신청을 철회하면서 대한올림픽위원회도 동조해 달라고 요구한 것은 철회의 전제조건이냐 단순한 희망사항이냐"를 질문했더니 집행위원 자격으로 참석해 있던 북한체육회 김덕준이 "희망사항"이라고 답변했다.

다음날 오전 9시에 개최된 AGF총회에는 32개 회원국 96명 대표 중 26개 회원국 68명 대표만이 참석한 가운데 진행되었다. 의제가 86아시안게임 개최국 결정에 이르자 싱(D. Singh) AGF회장이 "어제 진행된 집행위원회에서 이라크와 북한의 개최신청 철회를 확인하였으며 현재는 한국만이 유일한 개최신청국임"을 선언하자 표결에 붙이는 절차를 생략,

북한대표를 제외한 만장일치의 의사임을 박수로 통과시켰다. 86아시안 게임 개최결정은 그렇게 끝이 났다.

## 양대행사가 남긴 엄청난 발자취

86·88 양대행사를 개최키로 결정해놓은 1981년 가을, 서울에서의 올림픽 준비는 겨우 주경기장이 될 잠실종합운동장 건설이 한창 진행되고 있을 정도였다. 수영경기장과 더불어 1977년 11월 28일에 착공된 이 주경기장은 골조공사가 끝나가고 있었다.

1976년 12월 31일, 실내체육관 착공으로 시작된 잠실종합운동장 건설은 1979년 4월 18일 실내체육관 준공, 1980년 12월 30일 실내수영장 준공, 1982년 7월 15일 야구장 준공, 1984년 9월 29일 주경기장 준공으로 완성을 보았다. 주경기장 건설에만 만 6년 10개월이 소요된 것이다. 종합운동장 건설의 총비용은 시비 219억 원을 포함하여 모두 1,025억 원이 소요되었다(『백서』, 387쪽).

서울시에 올림픽준비기획단이라는 임시기구가 설치된 것은 올림픽 유치가 결정된 지 20여 일이 지난 1981년 10월 23일이었으며, 1983년 4월 22일자 대통령령 제11107호로 정식기구가 되었다. 올림픽과 관련된 직접업무(기획·홍보·관광·설비·토목·조경)를 담당하는 기구였다. 직접업무는 이렇게 올림픽기획단이 전담했지만 간접업무 즉 서울의 모습 가꾸기 사업, 도시환경, 교통망, 조경 등은 서울시 관계 국·과, 구청·사업소 등은 물론이고 가히 범국가적 범정부적 사업이었던 것이다. 과연 어떤 일을 어떻게 했는가. 생각나는 대로 정리하면 다음과 같다.

한강종합개발

1960년대 이후의 급격한 도시화·산업화로 한강은 급증하는 도시하수와 처리 안 된 공장폐수의 방류로 수질이 극도로 오염되었으며 강바닥은 건설골재의 무계획적 채취로 요철(凹凸)이 심하여 뜻하지 않은 인명피해까지 발생하고 있었다. 또한 무성한 잡초와 오염된 진흙더미가 곳곳에 노출되어 도시경관의 측면에서도 더 이상 방치될 수 없는 상태였다. 한강개발사업은 "서울지역내 한강의 골재와 고수부지 활용방안을 검토할 것"이라는 1981년 10월 23일자 대통령지시의 형태를 빌려 시작되었다. 여러 차례의 수리모형시험을 거친 후 1982년 9월 28일에 착공된 이 사업의 내용을 요약해본다.

① 저수로 정비

서울의 동쪽 시계에서 서쪽 시계까지 장장 36km에 달하는 전체 흐름의 물깊이를 2.5m로 고르게 했다. 그것을 위해 6만 6,486㎥의 저수로(低水路)를 굴착하였으며 지천의 바닥이 가라앉지 않도록 보강하는 지천하상 유지공사, 강 속의 각종 송유관·통신케이블 등을 옮기는 작업, 안전도가 우려되는 일부교량의 교각보강공사 등이 병행 실시되었다. 저수로 정비과정에서 채취된 모래와 자갈 등의 골재는 개발사업의 재원으로 활용되었다. 저수로 정비작업의 일환으로 양안의 제방도 조성되었으며 3개의 도선장, 8개의 선착장도 아울러 마련되었다.

② 수위유지시설(수중보)

저수로 정비로 한강의 물은 아주 잘 흐르게 되었다. 강바닥에 높낮음이 없어져 흐름에 막힘이 없어졌기 때문이다. 물이 잘 흐르면 수위가 낮아지고 그 결과는 취수장에서의 취수곤란, 바닷물 역류에 의한 생태계

변동, 하천구조물 노출에 의한 미관상 문제 등을 일으키게 된다. 한강의 수위를 고르게 유지시키기 위한 수중보 건설은 이런 문제들을 해결함은 물론이고, 유람선의 운항을 가능케 하는 등 강의 아름다움을 돋보이게 하기 위한 작업이기도 하다.

수중보는 상류인 잠실과 하류인 신곡에 각각 한 곳씩 설치되었는데 그 구조는 고정보(固定洑)와 가동보(稼動洑)로 나뉘고 생태계 보전을 위한 어도(魚道)도 마련되었다. 두 곳 수중보 중 잠실수중보는 국내에서 처음 선보이는 R.C.D(Roller Compacted Dam Concrete)공법이었는데 이는 미국 일본 등 선진국에서도 댐공사에 활용되기 시작한 최신공법이었다. 또 하류에 건설된 신곡수중보는 도심을 흐르는 한강의 수위를 일정하게 유지하여 강 이용도를 높임은 물론 바닷물의 역류를 방지하는 시설이기도 하다.

③ 둔치(고수부지) 정비와 시민공원 조성

연안에 따라 흉하게 쌓여 있던 자연퇴적지를 돋우고 다듬어 연안둔치 총 693만㎡(약 210만 평)에 체육공원 9개소를 조성했고 자동차 진입도로, 지하보도 등 접근시설 77개소를 만들어 시민의 휴식처로 활용했으며, 뚝섬과 광나루에는 88만㎡의 유원지도 조성했다. 또한 초지 383만㎡를 조성하여 낚시터, 자연학습장 등으로 활용케 하였으며 잠실지역에는 13만㎡의 대형주차장과 자전거도로 84.6km, 산책로 8.4km도 개설했다.

④ 올림픽대로 건설

올림픽대로는 한강의 남쪽연안을 따라 서울의 동서를 연결하는 자동차 전용 고속화도로이며, 김포공항에서 올림픽경기장까지의 논스톱 주행을 가능케 하여 86·88국제행사에 대비함은 물론 동서간 교통체증 해소를 목적으로 건설되었다. 암사동에서 염창동까지의 26km는 종전의

4차선도로를 8차선으로 확장하거나 4차선도로를 신설했고, 양화대교에서 행주대교까지 10km 구간은 없었던 제방을 쌓아 6차선도로를 신설했다. 이 도로공사에는 길이 2,070m의 노량대교를 비롯 모두 5개의 교량이 신설되었으며, 6개소에 입체교차로가 신설되고 5개소는 개량되었다.

⑤ 분류하수관로와 하수처리장

한강 수질오염을 방지하기 위해서는 분류하수관로와 하수처리장 건설이 필수적이었다. 한강종합개발은 한강변에 총 54.6km에 달하는 대형 분류하수관로를 설치하는 한편 새로 안양·난지·탄천 등 3개 하수처리장을 건설, 종전의 중랑과 합쳐 4개 처리장으로 종말 처리토록 계획했다.

1982년 9월 28일 착공되어 1986년 9월 10일에 준공되기까지 4개년간에 걸쳐 4,198억 원의 자금과 420만 명의 노동력이 투입된 한강개발사업은 한강의 모습을 전혀 새롭게 바꾸었으며, 그렇게 바뀌진 강의 연안에서 86·88 양대행사를 화려하게 치를 수 있었다.

도심부재개발도로·교량·상수도·하수도 등 서울의 하부구조가 어느 정도 정비된 것이 1970년대 말이었으니 1980년 당시의 서울거리는 아직도 1960년대 그대로였다. 건물은 낮고 낡았으며 구불구불한 골목길에 주차장도 녹지공간도 갖추어지지 않았다. 1971년의 소공동 재개발을 시작으로 도심재개발이 제도로서 확립되기는 했으나, 1980년 당시는 아직도 그 실적이 미미하여 종로·을지로·태평로·마포로 등 간선가로변의 거의가 지은 지 30~40년 이상이 되는 낡고 낮은 건물군으로 채워져 있었다.

1982년 12월 31일자 법률 제3646호로 도시재개발법을 개정했는데 이 개정에서 다음과 같은 것이 규정되었다.

① 종전까지는 그저 '재개발사업'이라 한 것을 '도심지재개발사업'및 '주택개량재개발사업'으로 구분했다. 즉 도심지재개발이라는 낱말이 법률상 용어로 처음 등장한 것이다.
② 재개발사업 시행자로 토지개발공사가 새로 지정되었다. 그리고 이미 규정되어 있던 주택공사와 더불어 재개발사업을 담당하는 '공사'로 기능하게 된다.
③ 종전까지는 지방자치단체장이 지정한 재개발 신청기간이 경과한 후 1년이 지나야만 제3개발자에게 재개발을 대행시킬 수 있었는데, 그 기간을 1개월로 단축했다.

이 법률개정이 있은 지 약 1개월 남짓이 지난 1983년 2월 8일에 전두환 대통령의 서울시청 연두순시가 있었다. 그 자리에서 서울시는 도심부 재개발에 관하여 다음과 같은 사항을 보고하고 재가를 받았다.

① 마포로, 태평로, 종로, 을지로, 한강로 등 중요 간선도로변 42개 지구와 중요 도심지역(종로·중구) 53개 지구 등 모두 95개 지구(43만 7,455㎡)를 재개발촉진지구로 지정하여 그 중 71개 지구를 아시안게임 이전, 나머지 24개 지구는 88올림픽 이전까지 완료될 수 있도록 지도·계몽 및 시행을 촉구한다.
② 도심재개발지역에서는 건물의 고도제한 조치를 해제한다.
③ 건폐율을 현행 45%에서 50%로, 용적률을 670% 이하에서 1,000% 이하로 늘리기로 한다.
④ 재개발지역 내의 백화점, 위락시설, 극장 및 관광호텔의 신·개축을 허용한다.

지금도 그렇겠지만 1970~80년대의 경우 대통령 재가를 받는다는 것은 바로 중앙정부의 방침이 된다는 것이었다. 서울시는 이같은 방침에 따라 한 가지씩 차례로 제도화해가고 있었다(1983. 5. 4 건축조례 개정, 동 6. 18 서울시공고 제330호 건폐율 조정 등).

다행히 1981년을 시작으로 한국경제에는 기적이 일어나고 있었다. 국제경제면에서 그 누구도 예측하지 못했던 현상, 즉 국제기름값 하락, 국제금리 하락, 그리고 엔고원저 현상이었다. 이른바 3저 현상이라고 한다. 1980년 말 한국인 1인당소득은 1,592달러였다. 그런데 1988년 말에는 4,040달러였다. 1981~88년의 8년 동안 국민경제 규모가 3배 가까이 신장한 것이다(1985년 불변가격). 그와 같은 경제의 급성장은 엄청나게 많은 사무실 공간을 요구하게 되었고 그것은 당연히 재개발·고층화를 촉구했다.

1982년 말까지 재개발 실적은 겨우 22개 지구(9만 6,386㎡)였는데 1986년 아시안게임 전에는 71개 지구(31만 7,194㎡) 완료, 88올림픽 전에는 22개 지구를 더하여 93개 지구(42만 6,490㎡)의 사업이 완료되었다. 을지로·태평로·다동·무교동·서린동·도렴동·공평동 등 사대문 안과 서울역 앞의 양동, 마포로 일대의 모습이 크게 달라졌다.

불량지구재개발은 비만 도심부에만 국한되는 것은 아니었다. 중심시가지를 벗어나 변두리로 나가면 산허리마다 무허가건물이 무리를 지어 가히 무허가건물의 바다를 이루고 있었다. 주민조합이 토지를 제공하고 건설업체가 사업비 일체를 부담하는 합동재개발방식이 처음으로 실시된 것은 1983년 9월 26일, 강동구 천호1구역 재개발에서였다.

그리고 다음해 1월 24일자로 '합동재개발사업 세부시행지침'이 마련됨으로써 그 시행이 가속화되어 1984년에 10개, 1985년에 9개, 1986년에 24개 구역으로 늘어났다. 세입자들의 저항 등 적잖은 난관에 부딪히기도 했지만, 여하튼 86·88 양대행사에 앞선 이 방식의 재개발로 금호·옥수지구 등 한강변 무허가집단지구의 모습을 크게 바꿀 수 있었을 뿐 아니라 마침내는 서울시내 무허가불량지구를 근원적으로 해소해버리는 결과를 가져왔다.

86·88 양대행사는 그 밖에도 가락지구 구획정리사업, 아시아공원 및 선수촌 건설, 올림픽공원 및 선수촌 건설, 가락동농수산물도매시장 건

설, 용산전자상가 조성과 도심부 부적격시설 이전, 관광버스터미널 조성, 목동 신시가지 조성, 지하철 2·3·4호선 건설 촉구, 가로·주차장 확충, 가로명 제정 및 안내표지판 설치, 조경을 비롯한 잡다한 도시환경 정비 등 실로 엄청난 발자취를 남겼다. 그 발자취를 더듬으면서 "해야 하는 것은 반드시 해치운다"는 겨레의 저력을 다시 한 번 확인할 수 있었다. 그들 주요사업의 공사기간·착공·준공일자를 정리하면 다음과 같다.

| | |
|---|---|
| 가락지구 구획정리사업 | 1982. 3. 20~88. 12. 22 |
| 아시아공원·선수촌 건설 | 1983. 9~86. 5. 30 |
| 올림픽공원·선수촌 건설 | 1983. 4~88. 9 |
| 농수산물도매시장(가락동) | 1982. 4. 13~85. 6. 19 |
| 용산전자상가 조성 | |
| 용산관광버스터미널 | |
| 목동신시가지 조성 | 1983. 4. 8~88. 10 |
| 지하철 2호선 완전개통 | 1984. 5. 22 |
| 지하철 3·4호선 개통 | 1985. 10. 18 |
| 가로명제정위원회 발족 | 1983. 8. 20 |

## 3. 올림픽공원 조성

### 올림픽 개최예정지와 몽촌토성

잠실대교가 건설되기 전, 자동차로 잠실·송파지구로 가려면 광진교를 건너야 했다. 다리를 건너서 남쪽으로 방향을 틀면 눈앞에 전개되는 나지막한 구릉들의 연속, 고고학을 공부하는 사람들이 10여 개가 넘는 구릉의 연속을 가리켜 '방이동·가락동 고분군'이라 부른다는 것을 알게 된 것은 1980년대가 되어서의 일이다.

내가 이 일대의 지역을 도면 위에서 처음 만난 것은 1968년 3월 초순의 일이었다. 내가 건설부 중앙도시계획위원으로 위촉되어 처음 회의에 출석한 것이 1968년 3월 초순이었고 그날 상정된 안건 중의 하나가 '서울시 성동구 중곡구획정리지구 확정의 건 및 그 지구 내에 들어가는 용마산 자연공원 일부해제의 건'이었다. 즉 "성동구(현 광진구) 중곡·능·군자동 등 일대 300여 만㎡를 구획정리지구로 지정했다. 그리고 그 지구 내에 자연공원으로 지정되어 있는 용마산 기슭의 일부가 편입되겠으니 그 부분의 공원용지 지정을 해제해달라"는 내용이었다. 당시의 서울시 도시계획과장 윤진우의 상황설명이 있었다.

이봉인이라는 고참위원이 있었다. 교통부 시설국장을 지낸 철도토목의 권위자였고 1959~60년에 서울시 도시계획위원회 상임위원도 지낸 분이었다. 윤 과장의 상황설명이 끝나자 이봉인 위원이 "그 지대는 그 옆 서울컨트리골프장과 합쳐서 먼 훗날 올림픽을 개최하게 될 때 경기장 용지로 예정되어 있는 자리요. 그 일대를 구획정리해서 주택이 들어서게 되면 언젠가는 유치하게 될 올림픽은 어디에서 개최할 셈이오?"라고 물었다. 그곳이 올림픽경기장 예정지라는 것은 몇몇 도시계획 원로들간에 합의가 있었을 뿐이고 공식적으로 결정된 내용이 아니었다.

당연히 윤 과장도 그런 합의가 있었다는 것을 알지를 못하고 있었다. 당황한 윤 과장이 엉겁결에 "다음 회의 때까지 올림픽후보지를 선정해서 가지고 오겠습니다"라고 대답했다. 다음 회의 때 윤 과장이 제시한 곳이 잠실섬 건너, 당시의 성동구 둔촌동·가락동·오금동 일대 100만 평 가까운 광역의 땅이었다. "현장에 가보았느냐"는 질문에 "현장에 가보지 않았습니다만, 현지 출장소장 보고에 의하면 허허벌판으로 대단히 좋은 지역이라고 합니다"라는 것이었다.

당시의 그 지역은 아득한 변두리였고 도시계획적 측면에서는 버려진 곳이나 다름없었다. 또 당시의 그 누구도 분단국가인 한국에서 올림픽을 치르는 앞날이 기다리고 있을 줄 짐작하지 못했다. 그러나 그렇다고 올림픽 개최예정지가 없어서도 안 되는 일이었다. 윤 과장이 이 지역을 제시했을 때 "어차피 버려진 땅이나 마찬가지이니 올림픽 예정지로나 지정해두자"는 정도의 가벼운 생각을 했고 그것을 받아들인 도시계획위원들 역시 그런 정도의 생각이었다.

그리고 건설부 도시계획과는 사무적으로 정리해둘 필요가 있었으니 윤 과장이 제시한 그 일대 260만 7천㎡(약 80만 평)의 땅을 '국립종합경기장 후보지'로 지정했다. 1968년 4월 12일자 건설부고시 제212호였다. 그로부터 11년이 더 지난 1979년 5월 8일자 건설부고시 제150호로 이 용지는 '국립경기장후보지'에서 '국립종합경기장'으로, 후보지라는 딱지를 떼어버렸다.

1973년 가을부터 1974년 초에 걸쳐 나는 서울시 도시계획국장으로서 지금의 송파지구 일대에 자주 드나들었다. 잠실 구획정리사업을 계획하고 독려하기 위해서였다. 그 나들이에서 나는 이른바 올림픽경기 개최예정지를 여러 번 바라보았고 그 중간에 위치한 언덕에 올라가본 일도 있었다. 그 언덕은 높이가 50m도 안 되어 아담하고 아름답기는 하나 남북의 길이가 700m가 넘고 동서의 길이도 500m가 넘는 꽤 규모가 큰 것이었다. 언덕 위에 기와집 한 채가 있었으며 집 주위는 채소밭이었다. 언덕의 땅 주인을 조사해봤더니 대규모 건설회사인 대림산업㈜이 70% 정도, 외무부 고관이었던 이범석이 약 30% 정도를 소유하고 있었다.

그 언덕이 백제 초기, 한때는 도성이었을지도 모를 정도의 중요한 성터이고 그 이름을 몽촌토성이라고 부른다는 것을 알고 있는 시청간부는 단 한 사람도 없었다. 아마도 1970년대 말까지, 한국 고대사나 고고학을 연구하는 극소수의 학자들을 제외하고 그 언덕에 대해서 알고 있는 사람은 거의 없었을 것이다.

한창 잠실지구 매립공사가 진행 중이던 1972년인가 73년의 일이었다. "잠실을 메울 토사가 크게 부족하니 언덕을 허물어 그 흙으로 메우면 어떻겠느냐"라고 진언하는 자가 있었다. 매립업자(잠실개발주식회사)들의 강한 희망이었고 언덕의 지주들도 찬성한다는 것이었다. 담당국장인 내가 부하들을 불러 의견을 물었더니 "어차피 올림픽경기 때는 허물어버릴 것인데 망설일 필요가 뭐 있느냐"라는 의견이 대부분이었는데, 유독 과장 한 사람이 반대를 했다. "아마도 보통 언덕이 아닌 것 같다. 잘 알지도 못하고 허물어버렸다가 역사상 유서가 깊은 토성이거나 하면 그 책임을 누가 질 것이냐"라는 의견이었다.

결국 언덕을 허물지 않는 대신에 쓰레기를 가져다 메우기로 했다. 다행히 당시의 쓰레기는 연탄재가 주성분이었다. 그리하여 잠실지구의 일부는 약 2년간 쓰레기로 메워진 것이다. 지금에 와서 생각해보면 등골이 오싹해지는 비화 한 토막이지만 당시만 하더라도 공무원은 무식했고 역사학자들은 무능하고 주변머리가 없는 무리들이었다.

하마터면 허물어졌을지도 모를 그 언덕이 고원성(古垣城)이라는 이름으로 처음 역사책에 등장한 것은 『고려사』 권112, '조운흘(趙云仡)'전이었다. 고려왕조 말년에 벼슬을 살던 조운흘이라는 분을 소개하는 글에서 "우왕 6년(1380)에 벼슬을 사퇴하고 물러나 광주고을 고원강촌에서 살았다"고 했고 그 뒤에 복직한 경위, 그리고 조선왕조가 된 후에도 "강릉대도호부사·정당문학 등의 벼슬을 거친 후 73세가 되던 해에 광주땅 고원성에서 병사했다"고 기술되어 있다.

그런데 조운흘이 죽은 지 약 70년이 지난 조선왕조 성종 때 편찬된 『동국여지승람』 권6 광주편에는 우선 산천조에 몽촌과 그 주봉인 망월

봉을 소개한 데 이어 인물조에 역시 조운흘을 소개하여 "말년에 광주땅 몽촌에서 살았다"고 기술했다. 이상의 기록들을 통해 이 언덕이 있는 일대는 고려시대에는 고원마을·고원성, 조선왕조 때는 몽촌마을이라 불렸고 특히 언덕만을 지칭할 때는 망월봉이라고도 했음을 알 수가 있다.

몽촌이니 망월이니 하는, 아주 낭만적인 이름으로 불렸듯이 한강 남안 아담한 언덕마을이었던 이 일대는 그 풍치가 뛰어나서 조선왕조 세종·성종 때의 풍류인 학자 서거정이 별장을 꾸며 거처하면서 여러 수의 시를 남기고 있다(『신증동국여지승람』 권 6 광주편). 또 숙종 때의 문신이며 우의정까지 지낸 김구도 그 말년에 이 언덕 위에 거처했을 뿐 아니라 화려한 무덤까지 남기고 있다. 또 김구의 증손으로 정조 때 우의정·좌의정을 지낸 김종수도 말년에는 몽촌에 거처했을 뿐 아니라 숫제 그 호를 몽촌 또는 몽오라고 했다는 것이다.

## 몽촌토성 사적지 지정과 발굴조사

원(垣)이라는 한자가 '흙으로 만든 울타리'라는 뜻이니 고려시대 이 언덕의 이름이 '고원성'이었다는 것은 이미 그때에도 이곳이 옛날 토성이었음을 알고 있었던 것이다. 그러나 고려·조선의 1천 년간에 걸쳐 이곳이 백제시대 초기의 성터였음을 알려주는 자료는 전해지지 않는다. 조선총독부가 1917년에 실시한 「고적조사보고서」에 이리토성(二里土城)이라는 이름으로 이 성터의 위치와 규모가 간단히 소개되고 있다. '이리토성'이라 한 것은 당시의 이곳 마을이름이 이리(二里)였기 때문이다.

이 토성을 답사하여 몽촌토성이라는 명칭을 붙인 최초의 학자가 한국국사학의 태두 이병도였다. 그는 1939년의 5월과 9월 두 차례에 걸쳐 각각 하루씩 이곳을 답사하여 그 답사기를 잡지 ≪진단학보≫ 제11권(진단학회, 1939년)에 발표한 바 있다. 당시의 진단학회라는 것이 찬조회원까지 합쳐도 겨우 50명도 안 되었을 뿐 아니라 그 기관지인 ≪진단학보≫도 발행부수가 적어 일반인의 눈에 띌 수가 없었다. 그리고 무엇보다도 이 토성은 그 이름을 처음으로 붙여 학계에 소개한 이병도 본인의 관심에서 그 비중이 아주 빈약했던 것이다.

오늘날의 한국 국사학을 흔히 '이병도 사학'이라 할 만큼 한국사 특히 고대사부분에 남긴 그의 발자취는 거의 절대적인 것이다. 그리고 그 연구성과는 1955년에 초판 간행된 『국사대관』(보문각)과 1959년에 초판 간행된 『진단학회 한국사, 고대편』(을유문화사)에 집대성되어 있다. 그런데 이 2권의 책, 그리고 그 이후에 발간된 그의 저서 어느 구석에도 몽촌토성이란 낱말은 발견할 수가 없다. 이병도의 관심이 그 정도밖에 안 되었으니 1939년 이후 1970년대 말까지의 40년간, 몽촌토성은 기나긴 겨울잠을 잘 수밖에 다른 방법이 없었던 것이다.

88올림픽 서울개최가 결정되었던 1981년 10월 초까지만 해도 몽촌토성의 존재를 알고 있는 고고학자·역사학자들은 손가락으로 꼽을 정도의 소수였다. 그들 중 몇몇이 어느 날 TV를 보고 있으니 올림픽경기장 건설후보지라는 것이 소개되고 있었다. 몽촌토성을 중심으로 한 일대의 땅이었다. 백제시대의 유물이 틀림없을 몽촌토성이 올림픽 때문에 헐리게 될지도 모른다는 것은 놀라운 사실이 아닐 수 없었다. 즉각 이병도[4]에게 연락되었다. 빠른 시일 내에 조성공사가 진행되어야 할 올림픽경기

---

4) 1896년에 태어난 이병도는 서울대학교 문리대 학장, 대학원장, 문교부장관 등을 거쳐 이미 85세의 노령이었지만 그 발언권과 영향력은 아직 남아 있었다. 그가 길러낸 수백 명 제자들이 전국 각 대학에서 국사학 교수로 있었다. 학술원 종신회원이었을 뿐 아니라 국정자문위원이기도 했다. 제5공화국 당시의 국정자문위원은 전직 대통령·국무총리 등 원로정치인 10여 명으로 구성되어 국정수행상 적잖은 비중을 차지하고 있었다.

장 용지 안에 몽촌토성이란 유적지가 포함되어 있다는 것은 즉각 문화공보부와 서울시에 알려졌고 문화재위원회가 소집되었다. 몽촌토성(1만 236평)이 사적 제297호로 지정된 것은 1982년 7월 22일이었다. 일단 사적으로 지정되었으니 토성자리는 보수되어 보존되었다.

86·88 양대행사를 주관하기 위해 체육부라는 중앙행정기구가 생긴 것은 1982년 3월이었고, 초대장관에는 제5공화국 정권의 실질적인 제2인자 노태우가 취임했다. 그때까지 정무장관 자리에 있다가 신설된 체육부를 맡은 것이다. 몽촌토성이 사적으로 지정되자 가장 당황한 것은 서울시와 체육부였다. 올림픽을 치르기 위한 여러 시설이 들어가야 할 땅의 일부가 사적으로 지정되어 전혀 손을 댈 수 없게 되었을 뿐 아니라 그 수리·복원도 책임지게 되었기 때문이다. 부랴부랴 서울대학교 박물관에 토성의 정확한 규모를 알기 위한 발굴조사가 의뢰되었다.

1983년에 우선 규모를 알기 위한 발굴조사가 실시된 데 이어, 1984년에는 4개 구역으로 나누어 그 각각을 서울대·숭실대·한양대·단국대가 맡아 성의 축조방법과 내부시설물 확인을 위한 발굴조사가 이루어졌고, 1985년에는 서울대에 의해 전반적인 유구 분포상황 조사와 3개 문지(門址)에 대한 발굴조사가 실시되었다(이 발굴조사는 1987~88년까지 계속되어 그 각각의 보고서가 발간되었다). 그러나 우선 1983년의 제1단계 조사결과에 따라 사적 몽촌토성의 규모는 13만 3,623평(44만 1,765㎡)으로 확정되었으며, 그 복원공사와 병행하여 경기장 시설공사의 추진도 가능하게 되었다. 경기장 공사 기공식이 거행된 것은 1984년 4월 29일이었으며 선수촌·기자촌 공사도 차질없이 진행되었다.

## 올림픽공원 건설

종합경기장 용지 안에 몽촌토성이라는 역사유물이 들어 있다는 것이 알려지자 처음에는 큰 충격이었다. 그러나 항공촬영으로 얻어진 상세도면을 펴놓고 검토해본 결과 그 위치가 동북쪽 구석이라는 점, 전체 80만 평 중 겨우 5분의 1밖에 차지하지 않는다는 점, 어차피 아름다운 공원으로 조성해야 할 것이니 몽촌토성이라는 반(半)자연의 언덕과 성내천이라는 수경(水景)이 오히려 큰 혜택임을 알게 되는 데 많은 시간이 걸리지 않았다. 천만다행이었다.

'국립경기장 단지계획'이 현상공모된 것은 1983년 4월 25일이었다. 사방이 넓은 계획도로로 둘러싸인 국립경기장 용지 50만 평(167만 4,500㎡) 안에 들어갈 각종 경기장(체조·펜싱·탁구·자전거·수영)과 각급 체육학교의 배치, 몽촌토성을 포함한 공원·녹지시설, 교통계획 등을 내용으로 하는 것이었다.

한국의 건축·도시계획의 역사상 1982~85년의 4년간만큼 현상설계라는 것이 많이 실시된 시대는 없었으며 아마 앞으로도 없을 것이다. 그렇게 많은 현상설계 중 '국립경기장단지계획'이라는 것은 그것이 지니는 기념비적 성격면에서, 50만 평이라는 규모면에서, 사적지 보존·건물배치 등 복합적인 내용면에서 매우 매력적이었을 뿐 아니라 국제간현상이기도 해서 모두 70건이 응모신청을 했다. 내국인 66, 외국인 1, 내외국인 합동 1, 재외동포가 2였다.

그러나 6월 30일에 마감해놓고 보니 겨우 13점밖에 접수되지 않았다. 실제로 작품구상을 해봤더니 건축물 배치·연결도로·조경이 주된 내용이었으니 특징 있는 뚜렷한 핵심이 잡히지 않았던 것이다. 접수된 작품을 보면 '도토리 키 재기' 그것이었다.

7월 15일에 심사가 있었다. 학계 11명, 공무원·체육계 8명, 언론인 1명 모두 20명이 심사에 참여했으며 1·2·3차에 걸쳐 투표를 했다. 1차 투표에서 6점을 선정, 2차투표에서 그 중 3점을 골라냈다. 3점을 놓고 3차투표까지 실시했지만 과반수 득표를 한 작품이 없었기 때문에 결국 당선작을 내지 못하고 말았다. 처음부터 뛰어난 작품이 없었을 뿐 아니라 거의 모든 응모작이 사적으로 지정된 토성을 침범해서 시설을 배치한 것이 결정적인 흠이었다.

당초에 발표했던 현상공모 요강에 '당선작 1점 2천만 원, 가작 2점 각 1천만 원'의 상금을 제시하고 있었는데 당선작을 내지 못한 때문에 "1천만 원 상금의 가작을 3점으로 늘리는 한편 별도로 3점의 입선작을 골라 시상하도록" 했다. 학계와 언론계 심사위원들이 강하게 희망한 때문이었다. 가작과 입선작 각 3점씩은 다음과 같다.

<가작>

한양엔지니어링

건축설계연구소 삼정+우보기술단(주)

바이들플랜컨설팅(Weidle Plan Consulting)

<입선작>

서울건축컨설턴트

강건희+김기철

천일기술단(주)+환경그룹

20명으로 구성된 심사위원 중 학계 11명에 관해서는 뒤에 언급할 기회가 있겠지만 서울대학교 교수 이광노, 건축가 김수근, 홍익대 교수 김형만, 한양대 교수 강병기 등 이른바 현상설계 심사의 단골손님들이었다. 내가 흥미롭게 본 것은 8명의 공무원·체육계 심사위원의 이름이었다. 서울시 부시장 이상연(위원장), 서울시 시정연구관 이동, 서울시 올림픽기획단 단장 심계섭, 총리실 제1행정조정관 이연택, 체육부 기획관리실장 최일홍, 올림픽조직위원회 사무차장 최예섭, 문화재관리국장 김종섭, 대한체육회 부회장 김집 등 8명은 86·88 양대행사 또는 몽촌토성이 포함된 올림픽경기장을 주관할 실무책임자들이었으니 그 관심이 이만저만이 아니었을 것이다. 당선작을 내지 않게 되었으니 그렇다면 누구에게 설계를 맡길 것인가.

여하튼 매력 있는 작업이었으니 로비라는 것이 적잖게 있었지만 '서울대학교 환경대학원 부설 환경계획연구소'에 맡기기로 결정되었다. 총괄책임자는 강홍빈이었다. 행정수도 계획을 담당했고 독립기념관 마스터플랜의 가이드라인을 담당했던 팀이었다. 총괄진행이 이필수, 연구위원으로 황기원·양윤재 등의 이름이 소개되어 있다. 행정수도 계획 때부터의 낯익은 이름들이다.

계획을 맡아하겠다고 희망한 사람들 중에는 현상설계에서 가작 또는 입선한 인물도 있었다. 상식적으로는 그들 중 누군가에게 맡겨야 하는 것이 온당함에도 불구하고 현상설계에 응모하지 않았을 뿐 아니라 심사에도 관여치 않았던 강홍빈에게 돌아간 데는 두 가지 이유가 있었다. 첫째는 '잠실지구 도시설계'였다. 서울시 건축지도과의 의뢰를 받아 강홍빈 팀이 1982년에 실시한 잠실지구 도시설계 용역보고서(4권)가 1983년 봄에 발간되어 많은 계획가의 눈에 띄었다. 당시 서울시내 여러 지구를 대상으로 실시되었던 도시설계 용역 중에서 강홍빈이 주관한 잠실지구 보고서의 부피가 가장 두터웠을 뿐 아니라 내용도 매우 알차다는 평가를 받고 있었다. 특히 그것이 잠실이었다는 점에 큰 이점이 있었던 것이다.

둘째는 강홍빈의 학벌이었다. 당시 이 계획을 의뢰했던 체육부 고관한 분이 강홍빈에게 "좋은 학벌을 지녔으니 그에 걸맞은 작업을 기대한다"라고 했다는 것이다. 당시의 청와대·체육부·서울시 고관들의 입장에서는 앞으로 세계 각국에서 모여와서 시설의 장·단점을 평가하게 될 IOC·NOC·ISF 관계자들에게 "설계를 맡은 책임자가 하버드에서 도시설계로 석사, MIT에서 도시계획으로 박사를 받은 신진계획가"임을 뽐내고 싶은 생각이 있었음은 충분히 추측할 수 있는 일이었다.

강홍빈이 작업을 한 것은 정확히 1983년 9월에서 1984년 3월까지의 6개월간이었다. 1945년생이니 이 작업을 했을 때는 겨우 삼십대 후반의 젊은 나이였다. 그의 첫 작품인 행정수도는 실현되지 못했을 뿐 아니라 계획내용이 공표도 되지 못한 채 잠적되어버린 데 반해, 실현될 것이 틀림없는 올림픽경기장 계획작업은 신바람이 났을 것이다. 1986년 경기장 건설이 끝나 종합경기장은 그의 계획대로 올림픽타운 또는 올림픽공원이라는 이름으로 불리게 되었다. 그는 잡지 《공간》이 꾸민 7월호 특집 '서울올림픽시설'에서 올림픽타운을 소개하고, "1983년 현상설계를 실시하였으나 당선작이 없어 서울대학교 환경대학원의 환경계획연구소에서 기본계획과 기본설계를 수립했다. 전체 마스터플랜은 필자가 총괄하였으며"라고 쓰고 있다(33쪽). "필자가 총괄하였으며"라고 한 데서 득의에 찬 그의 자랑을 느끼게 해준다.

계획의뢰를 받은 강홍빈이 한 일의 첫째가 몽촌토성 발굴조사를 담당한 학자들과 만나 그 조언을 듣는 것이었다. 그의 기억에 의하면 발굴단원 간부진의 하나였던 서울대학교 고고미술사학과 최몽룡 교수가 "몽촌토성이 해자(垓字)로 구획되어 있다"고 알려줬다는 것이다. 최몽룡이 강홍빈에게 이야기한 내용을 찾아보았더니 1985년에 발간된『몽촌토성발굴조사보고』에 다음과 같이 기술되어 있다.

성 외곽으로 돌아가는 해자는 1983년도 조사시 서북벽과 동벽 하단에서 확인되었다. 서북쪽에서는 현 지표하 2.8m지점에서 회청색 뻘이 나타났고 동쪽에서는 현 지표하 3.2m 깊이에서 뻘층이 나타나서 해자의 존재가 확인된 것이다(『몽촌토성발굴조사보고』, 발굴조사단, 1985, 54쪽).

몽촌토성이 해자로 경계되어 있다는 발견은 이 계획에서의 결정적 단서가 되었다. 성내천과 해자로서 토성과 경기장 시설지역을 확연히 구분할 수 있었을 뿐 아니라, 성내천 - 해자의 연결에다 인공호수까지 배치함으로써 훌륭한 수경이 창출될 수 있었다. 경기장시설·각급 체육학교의 배치와 도로·주차장 등의 교통체계는 여섯 점의 가작·입선작 중에서 장점만 고르면 되는 일이었다.

그렇게 성안된 마스터플랜을 2개의 위원회, 정부관련기관 공무원들로 구성된 '실무조정반'과 각계의 전문가 28명으로 구성된 '자문위원회'에서 심의를 했지만 그것은 형식이고 절차에 불과했다. 이들 위원회의 심의를 거쳐 확정된 마스터플랜은 곧 바로 실시설계로 이어졌다. 실시설계자는 주로 1983년 현상설계의 입선자들로서 체조·수영장·자전거는 공간연구소(대표 김수근), 역도는 서울건축(대표 김종성), 펜싱은 강건희 및 김기철, 조경은 우보기술단 및 삼정건축, 토목은 환경그룹과 천일기술단이 맡았다. 정말로 기가 막히는 배분이 이루어진 것이었다.

마스터플랜이 의도한 바의 충실한 반영과 실시설계팀끼리의 조정을 위하여 각 설계팀의 대표로 구성된 실시설계단이 마련되었으며 그 단장을 강홍빈이 맡았다. 약 2년 반의 공사기간과 1천억 원의 공사비를 들인 올림픽타운이 완성되어 그 우아한 모습을 드러낸 것은 1986년 6월 말이었다. 내가 여기서 우아하다는 표현을 쓴 것은 몽촌토성을 포함한 종합경기장의 모습을 한마디로 표현하면 우아하다는 말이 가장 적절하다고 생각하기 때문이다. 이 시설의 명칭은 그 모습 그대로 올림픽공원으로

올림픽공원 전경(모형).

바뀌어 오늘에 이르고 있다. 아마도 아득한 훗날까지 지금의 모습 그대로 이어져갈 것이라 생각한다.

도쿄에 이어 아시아에서 두번째, 아직 개발도상국의 범주에서 벗어나지 못하고 있던 한국의 수도 서울에서 올림픽을 치른다는 것은 정말로 벅차고 힘겨운 일이 아닐 수 없었다. 그러므로 적잖은 시행착오를 겪었고 과잉투자의 사례도 있었다. 그 숱하게 많은 일들 중에서 몇 가지를 추려서 참고로 하고자 한다.

## 4. 남기고 싶은 이야기 1 – 상징조형물, 평화의 문

### 당선작 선정

대통령이 연도 초에 각 부처를 순시하고 그 순시 때 지시사항이라는 것을 남기는 것은 제3공화국 시절부터의 관례였다. 그리고 그 지시내용도 해당부처가 미리 대통령 비서실에 "이번 순시 때는 이와 같은 내용을 지시해주시오"라고 통고해두는 것 또한 관례였다. 아마 지금도 그러하리라고 추측한다.

1984년 2월 7일에 문화공보부 연두순시가 있었고 그때 전두환 대통령은 "우리 세대에 단 한 번밖에 없는 올림픽행사이므로 후손에게 길이 길이 남겨줄 기념비와 체육시설의 기념판 등 상징조형물을 만들어 전승할 수 있는 방법을 강구해보시오"라고 지시를 내렸다.

지금도 그러하겠지만 당시의 대통령 연두순시 때의 지시사항이란 엄청난 효력을 지니고 있었다. 그 지시가 어느 부처소관의 내용인가, 누구의 책임하에 추진되어야 하는가, 그 비용은 누가 부담하는가 등, 매우 신중하게 논의되어야 할 사항이었다.

비록 문화공보부 순시 때의 지시사항이기는 하나 올림픽 상징조형물 작성의 주관부처가 문공부가 되어야 하는가부터가 문제였다. 지시가 있은 지 만 2주일이 지난 1984년 2월 21일에 상징조형물에 관한 최초의 회의가 열렸다. 청와대 교육문화수석비서관 손제석이 소집한 것이었다. 청와대 문화공보부담당 비서관, 총리실 제1행정조정관, 체육부 국제체육국장, 올림픽 조직위원회 기획국장, 서울시 올림픽기획단 단장 등이 모였으며, 올림픽경기장 기본계획·설계를 담당한 서울대 환경계획연구소의 강홍빈 박사가 배석했다.

상징조형물을 세울 것인가 아닌가, 사업추진의 책임부서를 어디로 하는가, 건립위치는 어디로 하는가, 기념비의 종류를 무엇으로 하는가 등을 내용으로 하는 회의는 그로부터 8일 후인 2월 29일에, 국무총리실 제1행정조정관 이연택 주재하에 또 한 번 열렸다. 그렇게 두 차례의 회의에서 대체로 다음과 같은 결론이 내려졌다.

첫째, 상징조형물은 설치하며 그 사업은 서울시가 주관한다. 둘째, 건립위치, 작품의 형태 및 주제, 작품설계 및 제작자 선정, 제작진행 등을 심의하는 자문위원회를 구성, 위원들의 합의로 추진함으로써 널리 국민적 합의가 이루어진 것으로 한다. 셋째, 조형물 제작설치의 재원은 선수촌아파트를 처분할 때 입주희망자들로부터 받게 될 기부금과 시비 및 문화공보부의 공익자금으로 충당한다.

이렇게 해서 이 업무일체는 청와대 교문수석실 및 문화공보부를 떠나 서울시가 주관하게 되었다. 서울시는 이 업무를 올림픽기획단이 아닌, 내무국 문화과에서 담당했다. 대통령이 문화공보부 순시 때 지시한 내용이고 청와대 교문수석비서관이 주재한 때문이었다. 당시는 아직 문화관광국이라는 것이 없었고 문화과는 내무국에 속해 있었다.

올림픽이나 박람회를 개최한 도시에서 그 개최를 기념함과 아울러 행사의 열기를 더 높일 목적으로 상징조형물을 건립한 것은 파리의 에펠탑이 그 시초였다. 1889년에 개최된 만국박람회를 기념할 목적으로 건축가 A. G. 에펠의 건의로 건립한 높이 300m의 철골탑은 1889년 만국박람회의 명성을 온 세계에 떨쳤을 뿐 아니라, 1900년 제2회 올림픽의 상징물도 되었으며, 오늘날에 이르기까지 파리관광의 주상품이 되고 있다. 이 에펠탑 이후로 구미각국 여러 도시에 올림픽 및 박람회의 상징물이 태어났으며 그 거의가 그 도시 관광의 명소가 되어왔다. 비교적 유명하여 널리 알려진 올림픽 상징조형물을 열거하면 다음과 같다.

역대 올림픽의 상징조형물

| 개최년도 | 개최지 | 유 형 | 기능 | 규모(높이 m) |
|---|---|---|---|---|
| 1900(제2회) | 파리 | 탑 | 전망대·휴게실 | 300 |
| 1920(제7회) | 앤트워프 | 대문 | 메인스타디움 입구 | 너비 12~14<br>높이 15~17 |
| 1928(제9회) | 암스테르담 | 탑 | 성화대·마라톤중계 탑 | 50 |
| 1932(제10회) | 로스엔젤레스 | 대문 | 메인스타디움 입구·성화대 | 40 |
| 1952(제15회) | 헬싱키 | 탑건물 | 전망대·프레스센터 등 | 85 |
| 1972(제20회) | 뮌헨 | 탑 | TV중계탑 | 290 |
| 1976(제21회) | 몬트리올 | 탑 | 전망대·TV중계탑 | 65 |

건립추진위원회를 구성하는 것부터가 작은 일이 아니었다. 건축·조각·미술·조경·도시설계·문화정책 등 여러 분야가 망라되었으며(17명), 청와대·총리실·체육부·조직위원회 등 유관기관 실무자(8명)도 포함되었다. 모두 25명으로 구성되었고 서울시 부시장 이상연이 위원장이 되었다. 25명 위원으로 일이 될 것 같지가 않아 소위원회를 구성키로 했으며 그 인선 등 일체는 위원장에게 일임되었다. 본 위원회 25명, 소위원회 9명의 인선에 강홍빈이 깊이 관여했다. 올림픽공원의 기본계획·설계를 주관하면서 이상연 부시장의 깊은 신임을 얻고 있었기 때문이다. 그리하여 이유택 문화과장과 강홍빈 둘이서 실무수행의 중추적 역할을 담당했다.

이화여대의 이어령(문화정책), 서울대학교 미술대학의 민철홍(공업디자인), 같은 대학의 최만린(조각), 한양대학교 오휘영(조경), 미술평론가 유준상, 서울예술전문학교 사진과 교수 김광부, 서울신문 논설위원 송정숙, 그리고 강홍빈과 서울시 올림픽기획단 단장으로 소위원회가 구성되었으며 강홍빈이 간사를 맡았다. 소위원회의 회의는 매주 금요일 오후 2시 개최를 원칙으로 했으며 위원회의 운영전반을 간사와 올림픽기획단장이 협의해서 결정키로 일임했다. 이 소위원회는 상징조형물 이외에 시내 20개 주요가로 및 47개 대형건축물에 설치할 환경조형물에 관한 내용, 주경기장 성화대 기둥모양 등에 관해서도 논의했다. 또 그 구성원도 약간씩 바뀌었다.

상징조형물은 올림픽공원 입구의 선린광장(3만 3,600㎡)에 건립키로 했으며, 건립비용은 50억 원 이내 작품설계는 공모키로 결정했다. 상징조형물이라는 것 자체가 국내 최초였으니 공모지침서도 전문가가 맡아서 작성토록 했다. 강홍빈·오휘영·최만린 등 셋이서 공모안을 작성했으며 이유택 과장이 배석했다. 작품은 예비공모에서 선정된 5명과 건립추진위원회에서 추천한 지명작가 5명 등 10명에게 의뢰한 작품 중에서 최우수작가·우수작가 각 1명씩을 선정하고 최우수작가에게 올림픽조형물을, 우수작가에게 아시안게임 조형물을 설계 또는 제작케 한다는 작품공모지침과 그 추진일정 등 계획일체가 성안된 것이 1984년 10월 15일경이었다. 19일의 전체 위원회에서 심의 의결되었으며 대통령에게도 지체없이 보고되었다.

공모지침이 발표된 것은 1984년 12월 중순이었고 1985년 2월 28일에 예비응모가 마감되었다. 26명의 예비응모자 중에서 5명이 선정되었고 거기에다 건립위원회에서 지명한 5명과 합한 10명 작가의 작품이 접수된 것은 1985년 8월 7일 10:00~17:00, 세종문화회관 4층에서였다.

최우수작가·우수작가에게는 작품실시설계권은 물론 경우에 따라서는 제작권까지 부여키로 했으며 그 밖의 작가에게도 3백만 원씩의 수고비가 약속되어 있었으니 작품제출을 포기한 작가는 하나도 없었으며 10명 전원의 작품이 8월 7일 17시까지에 모두 접수되었다.

강홍빈이 올림픽공원을 설계했을 때 정문이라는 것이 없었으며 그는 그것을 매우 아쉽게 생각하고 있었다. 그리하여 상징조형물을 공모하게 되었을 때 되도록이면 그것이 경기장 정문의 기능을 가지는 건축물이기를 간절히 바랐다고 한다. 그리하여 '설계공모지침서'를 작성하게 되었을 때 그와 같은 바람을 암암리에 표시하는 노력을 했다. 암시를 하지 않으면 경기장 분위기와는 전혀 거리가 먼 조각작품이 많이 들어올 것을 염려했기 때문이었다. 과연 어떤 문장으로 그와 같은 암시를 했을 것인가를 알기 위해 당시의 공모지침서를 찾아보았다. 암시가 있었다고 생각되는 '설계지침' 일부를 소개하면 다음과 같다.

3. 설계지침

가. 주제 및 기조

(1) 주제

올림픽개최의 역사성과 세계 속의 한국을 주제로 한다.

(2) 기조

88서울올림픽의 대회이념인 '화합과 전진'을 표현의 기조로 삼도록 한다.

나. 설계범위

(1) 조형물의 위치

선린원 내의 장소 중 식별성, 주변환경과의 조화 등을 고려하여 임의로 선택한다.

(2) 올림픽경기장 기본계획 및 실시설계와의 관련

이미 완성된 선린원의 동선, 형태, 하부구조, 레벨 등의 기본윤곽은 유지하는 것을 원칙으로 하되 필요한 경우 올림픽경기장 기본계획 및 설계책자에서 제시된 기본윤곽을 유지하는 정도에서 광장의 포장, 식재 또는 일부 형태의 변경을 제시할 수 있다. 이 경우 변경부분에 대한 내용을 설명서에 반드시 명기하여야 한다.

(3) 설계의 범위(생략)

(4) 건설비

상징조형물의 총공사비는 50억 원 이내로 한다.

다. 기타 설계상의 고려사항.

(1) 양식

조각, 건축, 회화, 조경 등 조형예술과 환경설계 분야가 유기적으로 통합된 종합예술품이 되게 한다.

(2) 기능

상징조형물로서 박물관, 전시관 등의 내부기능은 포함하지 않은 구조물 또는 구조물군으로 한다.

(3) 주변공간과의 조화

대상지 주변에 건립될 올림픽조직위 건물(15층), 몽촌토성 그리고 현재 계획중인 체육박물관과 기능적, 시각적 조화를 이룰 수 있도록 배려하며, 특히 '선린원'의 진입, 기념광장과는 혼연일체가 되도록 계획한다. (이하 생략)[5]

접수된 작품이 심사된 것은 접수된 지 한 달이 지난 9월 10일이었으며, 심사위원 15명 중 관계부처 공무원이 아닌 사람은 강석원(그룹가 소장, 건축가), 송종석(연세대학 교수, 건축전공), 안영배(서울시립대 교수, 건축전공), 오덕성(충남대학 조교수, 건축전공), 오웅석(대한건축사협회 회장, 불참), 윤도근(홍익대학 교수, 건축전공), 이광로(서울대학 교수, 건축전공, 위원장), 이정덕(고려대학교 교수, 건축전공), 이해성(한양대학 교수, 건축전공) 등 9명이었다.

나는 이 9명의 심사위원들 이름을 보고 대단히 의아하게 생각했다. 첫째는 왜 전원이 건축전공이냐 하는 것이다. 응모작품의 거의가 건축작품이었다는 것을 추측케 해주고 있다. 둘째는 송종석·안영배·윤도근·이광로·이정덕·이해성 등으로 소속학교를 적절히 안배한 것은 이해가 가는데 왜 충남대학교 오덕성 교수가 포함되었는가라는 점이다. 1955년 생인

5) 설계지침 중 밑줄은 내가 친 것이다. "경기장 정문의 기능을 가진 것을 희망한다"라는 암시였다고 생각되었기 때문에 밑줄을 쳐봤지만 그것은 어디까지나 나의 주관에 불과하다.

오덕성은 이 심사가 이루어졌을 때의 나이가 겨우 30세밖에 되지 않았으며 중앙·지방 할것없이 거의 알려지지 않았다. 셋째는 심사위원 9명 중 송종석·안영배는 서울대학교 건축학과 제9회 동기생이고, 오웅석은 그 1년 선배, 이정덕은 그 2년 후배이며 이해성과 오덕성은 한양대학교의 사제간이었으니 건축학계의 내막이나 서열 같은 것을 조금이라도 아는 사람이었다면 그와 같은 편파적 인선은 하지 않았을 것이라는 점이다.

강홍빈은 1985년 2월에 대한주택공사 주택연구소장으로 취임했을 뿐 아니라, 그를 가까이 했던 서울시 이상연 부시장도 같은 시기에 대구직할시장에 임명되었기 때문에 1985년 3월경부터는 올림픽상징조형물 업무와 거리를 두게 되었다.

주관부서였던 서울시 문화과가 작품심사를 오전 10시부터로 정한 것은 갑론을박으로 오후 늦게까지 갈 것을 예상한 때문이었는데, 실제의 심사는 의외로 빨리 끝나 오후 1시경에는 최우수작·우수작을 선정할 수 있었다. 이렇게 심사가 빨리 끝날 수 있었던 것은 작품의 수준에 현격한 차이가 있었기 때문이었다. 즉 최우수작·우수작과 그 밖의 작품들 간의 격차가 너무나 컸던 것이다.

최우수작은 건축가 김중업의 작품으로서 1만여 평의 부지에 세워질 조형물은 사찰입구의 일주문과 고유 건축양식의 지붕선을 살린 대문형태로 크게 2개의 기둥과 지붕으로 구성되었으며, 통로를 사이에 두고 대칭을 이루고 있었다. 조형물은 높이 24m, 너비 70m로 철골트러스 및 철근콘크리트로 건립되며 기둥은 가로 3.5m, 세로 36.8m이며 흰색과 청색돌을 번갈아 줄무늬로 붙여 우리 민족이 지난 5천 년간 수많은 고난을 겪으면서도 이를 꿋꿋이 이겨내며 쌓아올린 민족정신과 문화업적을 상징토록 했다.

두 기둥 사이에 너비 10m의 통로를 두었으며 통로의 양쪽 벽면에 참가국의 국기와 이들 나라들로부터 신청받은 상징물을 동판으로 붙이고 통로 위쪽으로 올림픽마크를 붙이게 된다. 기둥내부에는 계단을 설치, 이 조형물 위에 올라가 몽촌토성과 올림픽경기장 주변 전체를 조감할 수 있도록 했다. 지붕은 너비 36.8m, 높이 9m로 양쪽이 대칭을 이루고 있으며 지붕 한 개의 무게만도 360톤이나 되어 우아하고 웅장한 모습의 날개 모양으로 하늘을 향해 날아오르는 기상을 형상화하고 있었다. 또 지붕 천장에는 용의 모습 등을 그려넣도록 설계되어 있었다.

우수작은 조각가 김세중의 작품으로 88올림픽과 5대륙을 상징하는 88m 높이의 원기둥 5개를 반원형으로 돌리고 그 앞에 지구모양의 구체를 배치한 것이었다.

심사가 끝나 산회할 때 심사결과에 대한 기밀유지가 신신당부되었다. 조형물 설치를 지시한 대통령의 재가가 나기 전에는 어떤 발표도 할 수 없다는 이유 때문이었다.

## 건립될 때까지의 우여곡절

서울시 관계자는 9월 10일에 끝난 상징조형물의 심사결과를 9월 19일에 발표할 예정을 세워 그렇게 예고했다. 발표일을 19일로 정한 것은 그때까지는 염보현 시장이 청와대로 가 대통령 재가를 받을 수 있을 것이라는 확신이 있었기 때문이었다. 그런데 어떻게 된 일인가. 9월 15일 새벽에 배달된 《조선일보》의 제1면과 11면에 조형물 최우수작·우수작의 내용이 사진과 더불어 대대적으로 보도되어버렸다. 마침 일요일 아침이었다. 대통령도 국무총리도 문화공보부장관·체육부장관도 청와대 교육문화 수석비서관도 모두가 88조형물 당선작, 86조형물 당선작이라는 것을 《조선일보》를 통해 처음으로 접하게 되었다.

서울시 간부들과 관계직원들의 입장이 말이 아니게 되었다. 입장이 딱하게 된 것은 서울시 관계관들만이 아니었다. 서울시의 공식발표를 기다려 전혀 손을 쓰지 않고 있다가 ≪조선일보≫의 특종기사를 접하게 된 신문·방송·잡지사 기자들의 입장도 마찬가지였다. "왜 윗분들에게 보고도 하지 않고 일방적으로 발표해버리느냐" "9월 19일에 발표하겠다고 예고를 해놓고 왜 조선일보에만 자료를 줘서 특종보도를 하게 하느냐"라는 비난이 쏟아지자 서울시의 태도가 굳어져버렸다. "심사를 한 일은 있으나 두 작품을 당선작으로 발표한 사실은 없다. ≪조선일보≫ 기사는 아마 작가(김중업)를 통해서 임의취재한 결과를 보도했을 것이다"라는 것이 서울시의 공식태도였다.

한편 두 작품에 대한 비판의 소리가 일기 시작했다. "상징성이 약하다" "기념비적 성격이 적다" "미래지향적이 아니다"라는 의견이었다. 그렇게 비판하는 소리는 하루가 다르게 조금씩 강도를 더해갔다.

일체의 보도를 삼가고 있던 서울시가 최초의 반응을 보인 것은 ≪조선일보≫의 보도가 있은 지 4일이 지난 9월 19일이었다. 9월 20일자 ≪한국일보≫는 '86·88상징조형물 선정보류'라는 제목 아래 서울시가 지난 10일에 있은 심사위원회에서 김중업·김세중의 작품을 1·2위로 선정, 1위 작품을 88조형물로 2위 작품을 86조형물로 하기로 하고 "고위층 재가를 받으려 했으나 두 작품 모두가 두 대회를 상징하는 데 부족한 점이 많아 재가가 보류되었다"라고 한 데 이어, 김중업 작품에 대해서는 "전체적인 조형미는 우수하지만 88올림픽의 상징성이 부족하"고, 김세중의 작품에 대해서는 "88m나 되는 원기둥을 지하구조물 없이 세운다면 가벼운 지진에도 무너질 위험이 크다"라고 하여 두 작품의 선정이 보류된 이유를 설명했다.

김중업의 작품을 1위, 김세중의 작품을 2위로 선정한 것부터가 문제를 안고 있었다. 두 사람 중 하나는 한국건축계를 대표하는 작가요 다른 하나는 한국미술계를 대표하는 인물이었다. 1928년 생인 김세중은 1950년에 서울대학교 미술대학을 제1회로 졸업, 그후 서울대학 미술대 교수, 미술대학 학장, 미술협회 회장을 거쳐 1985년에는 한국현대미술관 관장으로 있었다. 즉 김중업을 1위로 김세중을 2위로 한 것은 흡사 건축이 앞서고 미술이 뒤진 것 같은, 매우 민감하고 미묘한 결정이었던 것이다.

1985년 10월 4일에 열린 상징조형물 건립소위원회는 격론을 벌인 끝에 두 가지 결정을 내렸다. 첫째, 86조형물로 내정된 김세중의 작품(88탑)은 원래 88대회 조형물로 구상된 것이므로 86아시안게임 조형물로서는 부적합할 뿐 아니라 아시안게임의 역사상 상징조형물을 설치한 선례가 없으므로 결국 86조형물은 세우지 않기로 한다. 둘째, 김중업의 작품 88문 또한 88올림픽상징물로는 빈약하여 상징성을 결여하고 있으므로 백지화하기로 하고 김중업·김세중 두 분에게 의뢰하여 두 분의 합작으로 새 작품을 제출해주기를 바란다는 것이었다.

이같은 결정이 두 작가에게 통보된 것은 10월 15일이었고 서울시 관계자의 주선으로 두 작가가 만난 것은 그 다음날이었다. 자존심이 강하기로는 온 나라 안을 통틀어 열 손가락 안에 들 만한 사람들의 만남이었다. "서로 개성이 다르고 추구해온 분야가 다른 두 사람의 합작은 곤란하다"라는 것이 만남의 결론이었다. 그에 더하여 김세중은 "이 문제에서 물러서겠으니 다시는 찾지 말아달라"는 말을 남기고 퇴장해버렸다. 원로 예술가로서의 자존심에 강한 상처를 입었다는 것이었다. 김세중은 그로부터 약 8개월 후인 1986년 6월 24일에 병으로 사망했다. 향년 58세였다.

상징조형물에 관한 회의를 처음 했을 때 어떤 분이 천년만년 후에도 남기기 위해 조형물의 재료를 티타늄으로 하면 어떻겠느냐고 했다는 이야기도 있다. 대통령에 대한 강한 충성심 때문에 나온 발언이었다. 어느 시대에도 지나치게 강한 충성심을 나타내는 사람은 반드시 있는 법이다.

김중업의 작품 88문에 대해 "상징성이 결여되었다"라는 비판은 결국 "작품의 규모가 작다"라는 것이었다. 대통령께서 모처럼 지시하신 내용이고 또 88행사의 의의를 길이 후세에 전하기 위해서는 웅장하고 거대한 조형물을 세워야 한다는 의견이었다. 언제나 비판의 소리는 크게 마련이고 그것은 멀리 울려퍼지게 마련이다. 그렇게 88문을 가리켜 "작다 더 키워라"라고 하는 기준에 파리의 에펠탑이 있었다. 1900년에 이미 300m 높이의 탑도 세웠는데 그로부터 88년이나 지난 시점에 겨우 24m 높이라면 너무 초라하지 않느냐는 것이었다.

김중업이 "국보 1호 남대문 크기의 3배나 되는데 무엇이 작다는 거냐"라는 반론을 폈지만 그것이 통하지 않았다. 결국 작품의 기조는 그대로 두고 크기를 키우기로 합의했다. 쌀이나 옥수수를 뻥튀기하듯이 건축작품의 뻥튀기를 했다. 규모의 확대를 지시받았을 때 김중업 사무실의 실무자들, 특히 이 계획안의 설계를 주도했던 곽재환 실장이 강하게 만류했는데도 불구하고 김중업이 밀어붙였다는 것이다. 이 시점에서는 서울시 간부, 건립위원회 위원들, 그리고 설계자 김중업 등 모두가 제정신이 아니었던 것이다.

뻥튀기한 결과가 발표된 것은 1985년 12월 27일 16시, 서울시 기획상황실이었다. 부시장 등 관계관이 배석한 자리에서 작가 김중업이 설명을 했다. 올림픽공원 진입광장 1만 평 부지에 세워질 이 조형물은 당초의 작품보다 전체적인 규모를 약 4배로 늘렸다. 문의 높이와 너비가 각각 91m, 양 날개의 끝 길이는 140m이며, 문 위에 직경 12m의 원형통 5개로 올림픽 마크를 설치하는 한편, 기둥 벽면에 마라톤·자전거경기 등 8개 경기내용을 부조(浮彫)하여 올림픽에 대한 상징성을 부각시킨다는 것이었다.

작품을 이렇게 키우는 경우, 그 전체 규모는 남대문의 20배, 파리 개선문의 5배, 북경 천안문의 15배, 인도 타지마할 사원의 1.5배나 된다. 연면적 2,400평 규모인 기둥내부는 올림픽기념박물관·도서관·소극장·전시장·전망대 등이 들어서게 되며 조형물 앞 광장은 올림픽기간에 기념퍼레이드·야시장·민속놀이 등을 위한 장소로 활용된다는 것이었다.

서울시가 각 신문사 편집국장, 방송사 보도국장에게 미리 로비를 해두어서 이 작품은 크게 보도되었다. 당시의 ≪조선일보≫와 ≪중앙일보≫를 봤더니 모두가 1면에서 크게 다루었고 ≪중앙일보≫는 천연색 사진으로 그 모습을 소개했다. 1985~86년경 이 나라 많은 사람들이 86·88 열병에 걸린 듯 무엇엔가에 도취되어 있었지만 그렇다고 모두가 도취되어 있었던 것은 결코 아니었다.

높이 91m, 양 날개 끝 길이가 140m, 남대문의 20배, 북경 천안문의 15배나 되는 괴물과 같은 것이 건립된다는 보도를 접하자 찬성하는 사람들보다 걱정하고 반대하는 사람들이 훨씬 더 많았다. 먼저 시청 내부에서부터 회의론·반대론이 일어났다고 한다. 에펠탑과 같은 철골탑이 아니다, 철근콘크리트로 본체를 만들고 세라믹타일을 붙인다는데 어떻게 관리하느냐, 타일의 박리현상으로 지나는 사람들이 상할 수도 있지 않느냐. 강풍이 불었을 때 과연 견딜 수 있느냐.

1922년 평양에서 태어나 일본 요코하마 고등공업학교에서 건축을 전공한 김중업은 이미 6·25가 일어나기 전인 1940년대 후반기부터 두각을 나타내기 시작했다. 그가 서울대학교 건축과의 전임강사가 된 것은 1947년이었다. 1952년에 유네스코 주최로 열린 베니스 국제예술가대회에 참석한 것이 계기가 되어 세계적 거장 르코르뷔제를 만날 수 있었으며 1956년에 귀국할 때까지의 3년 남짓을 르코르뷔제 사무실에서 지냈다. 그는 이 나라에서 르코르뷔제에게서 사사(師事)하고 지도를 받은 최초의, 그리고 유일한 존재였으며 그의 자존심의 원점이 바로 그것이었다.

1956년의 명보극장, 1958년의 서강대학교 본관, 1959년의 주한 프랑스대사관 등을 설계했을 때 그는 이 나라 건축계의 제1인자였다. 그리고 1960년대에 들면서 김수근과 강한 라이벌 관계가 성립했다. 김중업·김수근의 관계는 1940년대까지의 박길룡·박동진의 관계와 대비되었다. 그가 1971년에 한국을 떠나 파리에 정착하게 되었을 때 많은 지식인들이 김수근과의 라이벌 관계에서 지쳤다느니 패배했다느니라고 수군거릴 정도였다. 김종필-군사정권을 등에 업은 김수근과의 라이벌 관계는 그를 대단히 지치게 했을 것이라는 것은 충분히 추측이 간다.

그가 1978년 말에 프랑스와 미국 생활을 정리하고 귀국했을 때 그는 10년간의 공백의 크기가 얼마나 컸던가를 절실히 느꼈을 것이다. 그가 예술의 전당 현상설계에서 낙선된 충격으로 쓰러져 입원한 것이 1984년의 일이었고, 따라서 올림픽 상징조형물 때문에 정력을 쏟고 있던 1985~86년의 그의 건강은 대단히 좋지 않은 상태였다. 그러나 그는 그와 같은 건강조건에도 불구하고 그가 설계한 조형물의 우수성, 그리고 그것을 4배로 확장하는 타당성 등을 관계 공무원들에게 강하게 설명하고 설득했다. 아마 그는 이 작품이 그의 마지막 업적이 될 것임을 깨닫고 있었을 뿐 아니라 올림픽 주경기장 설계자가 김수근이라는 사실도 강하게 인식하고 있었을 것이다.

그러나 "너무 크다 줄여야 한다"는 여론은 마침내 건립위원회를 움직이게 되었고 몇 달 전까지 그렇게도 "작다 키우라"고 하던 위원들의 상반된 목소리 때문에 이번에는 축소하는 작업을 해야 했다. 높이 32m, 폭 45m, 한쪽 날개의 길이 32m의 규모로 확정된 것은 1986년 3월 17일이었다. 높이 90m로의 뻥튀기 발표 후 3개월이 채 못 되어 내려진 규모

축소 결정이었다.

서울시가 비치하고 있는 당시의 업무일지에 의하면 1986년 4월 29일에 실시설계 착수, 9월 20일 실시설계 납품, 12월 31일 공사착공으로 이어지고 있다. 공사를 맡은 것은 풍림산업(주)이었다.

우리나라 속담에 "길가에 집을 지으면 3년을 지어도 다 못 짓는다(作舍道傍 三年不成)"라는 것이 있다. 많은 사람이 보는 데서 어떤 일을 하게 되면 간섭하고 비판하는 사람이 너무 많아 3년이 지나도 끝을 낼 수 없다라는 말이다. 올림픽 상징조형물이라는 것이 바로 그랬다. 정말 말썽 많은 작업이었다. 조형물은 토목·건축·조경·재료·설비·예술 등 각 분야에 걸쳐 있었다. 어느 날의 회의록을 봤더니 구조적으로 안전한가, 판넬자료 등 내구성에는 문제가 없는가, 세라믹타일로 시공하게 되어 있는 천장 그림의 재료를 알미늄으로 바꾸는 것이 좋지 않을까, 동파와 결로는 일어나지 않을까, 너무 큰 것 같으니 규모를 좀 더 줄이기로 하자 등의 의견으로 몇 시간을 소비하고 있었다.

말썽이 일어날 때마다 회의를 했다. 간부회의도 하고 건립위원회 회의도 했다. 공사 감리자를 누구로 하느냐를 결정하기 위해서 별도의 자문위원회를 구성할 정도로 민감한 문제가 되었다. 그렇게 뻔질나게 회의를 했고 그때마다 전문가들을 바꾸어가면서 새 자문위원회를 구성하고 한 것이 모두 자신이 없었고 최종책임을 지지 않기 위한 발뺌이었다.

시장·부시장 할것없이 시청 간부진이 지쳐버렸다. 착공한 지 3개월 남짓이 지난 1987년 4월 8일에 공사중지 명령을 내렸다. 근본적인 검토를 해보고 난 뒤에 다시 착수해도 늦지 않다고 생각한 때문이었다. 최종 결정자는 단 한 사람 전 대통령뿐이었다. 염보현 시장이 그동안의 과정을 정리한 차트와 관계도면을 들고 청와대로 간 것은 1987년 4월 17일이었다. 염 시장의 보고가 채 끝나기도 전에 대통령은 "그렇게 큰 것을 만들 필요가 뭐 있느냐. 기술적으로도 너무 어려운 시도를 할 필요는 없다고 생각한다"는 반응이었다. 염 시장이 오히려 잘못 들은 것이 아닌가를 의심할 내용이었다.

전 대통령이 왜 이런 반응을 보였는가를 생각해본다. 첫째는 상징조형물을 만들라고 한 것이 자기 자신이었다는 사실 자체를 잊고 있었던 것이 아닌가라는 추측이다. 둘째는 어차피 자신의 재임기간 내에 이루어질 것도 아닌 것을 그렇게 크게 만들 필요가 없다고 판단한 때문이었을 것이다. 솔직히 그 시점에서는 올림픽에 대한 전 대통령의 정열이 크게 식어가고 있었다고 봐야 할 것이다. 여하튼 "너무 크게 만들지도 말고 기술적으로 어렵게 만들지도 말라"는 지시사항은 그 즉시로 총리실·체육부·문화공보부·올림픽조직위원회 등 유관기관에 통보되었다.

조형물 건립위원회 전체회의가 소집되었다. 4월 24일 오후 3시, 그동안에 증원된 위원까지 합해 28명이 참석했고 시장이 직접 주재를 했다. 지시를 내린 대통령 스스로가 의욕을 잃었는데 건립위원들인들 의욕을 유지하고 있을 리가 없었다. 규모축소, 기술적 난점 극복 등의 의견으로 귀착되었다. 크기는 맨 처음 김중업이 제시했던 현상응모안의 높이 24m로 되돌아갔다. 너비도 반으로 줄었고 날개도 줄었다.

김중업 디자인에서 가장 강조된 것은 곡선으로 감겨올라가는 지붕선이었다. 그것은 이상을 향하여 비상하고 싶은 인간의 의지를 상징하는 날개였다. 그런데 김중업에게 요구된 내용은 바로 이 날개의 규모와 곡선의 굽이를 죽이는 일이었다. 1987년 5월 8일, 올림픽 기획담당관과 문화담당관이 김중업건축연구소에 가서 설계변경을 의뢰했다. 김중업이 강하게 항의했지만 실무자들의 태도는 완강했다. 시 담당관들과의 그 뒤의 접촉에는 김중업은 나타나지 않았고 부소장 김희도 또는 설계부장 이일훈만이 나타났다.

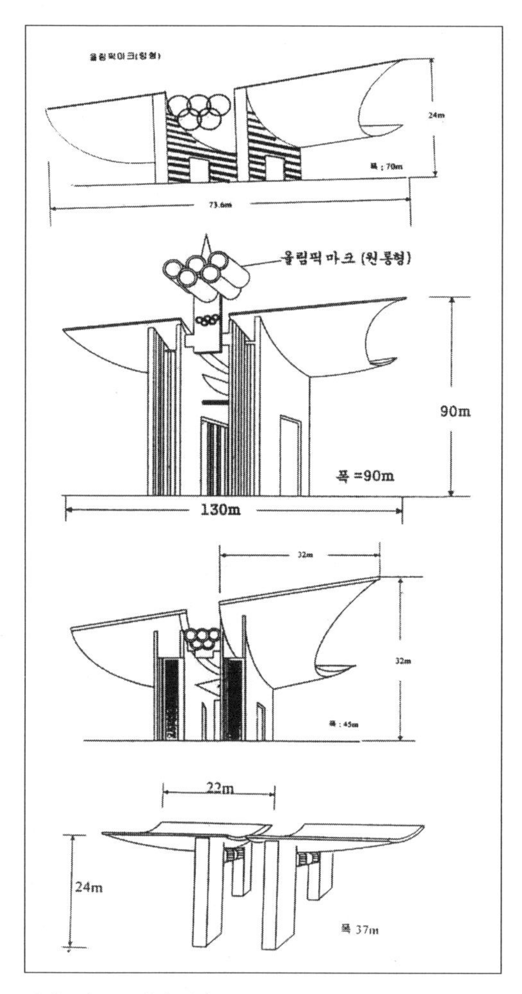


상징조형물 크기의 변화.

설계가 변경되어 공사가 재개된 것은 1987년 9월 1일이었다. 김중업이 사망한 것은 1988년 5월 11일이었고 상징조형물이 준공된 것은 1988년 9월 12일이었다. 김중업을 아끼는 모든 사람이 상징조형물 때문에 그의 생명이 크게 단축되었다고 생각한다.

지금 음악회 등의 행사로 올림픽공원을 찾는 사람은 1년에 수십만 명에 달하는 것으로 알고 있다. 그런데 그 중 얼마가 '평화의 문'이라는 이름의 그 문이 88올림픽 상징조형물이라는 것을 알고 있을까. 내가 보기에는 아담한 문일 뿐이지 결코 상징조형물 같지는 않다.

## 5. 남기고 싶은 이야기 2 – 롯데월드라는 괴물

### 여러 얼굴을 지닌 괴물

관광이나 숙박 측면에서도 86·88 양대행사는 실로 엄청난 것이었다. 경기 관련 임원·선수·보도관계자들, 그리고 세계 각국에서 몰려올 관광객들로 북새통을 이룰 행사였기 때문이다. 일시에 얼마나 많은 사람이 모여들 것인가, 그들을 수용하기 위해서 얼마나 많은 호텔객실을 새로 마련해야 할 것인가, 그들이 일시에 떠나가버린 뒤에 남을 그 시설들의 유지 관리는 어떻게 할 것인가 등, 결코 한두 사람의 머리로 해결될 문제가 아니었을 뿐 아니라 한두 개 기관이 전담해서 해결될 문제도 아니었다. 중지를 모아야 했고 많은 기관·단체가 협력해야 할 문제였다.

공권력이 기획 추진하고 지원하기 위해서는 특별법을 만들 필요가 있었다. '올림픽 등에 대비한 관광·숙박업 등의 지원에 관한 법률'이라는 특별법이 만들어졌다. 1986년 5월 12일자 법률 제3844호라는 것이었다. 88행사가 끝나는 1988년 12월 31일까지의 한시법이었다. 2년 반 동안 존속한 법률이었으니 아마도 초단기간 효력유지의 기록을 지닌 법률이었을 것이다. 이 법률 제11조의 규정에 의하여 '관광숙박대책위원회'라는 것이 만들어졌으며 그들의 중지에 의해 2개의 행사를 무사히 치를 수 있었다.

선수촌·기자촌이 만들어졌고 여러 개의 호텔이 신축 개축되었으며 숱하게 많은 민박도 이루어졌다. 그 분야에서도 전쟁을 방불케 하는 노력이 기울어졌다. 그런데 2개의 행사를 모두 마친 뒤에 남겨진 숱한 발자취 중에서 출중한 것 하나가 있다. 롯데월드라는 괴물이 그것이다. 아마도 서울시민 모두에게 "88올림픽이 남긴 숙박시설 하나를 드시오"라고 하면 100명 중 99명이 롯데월드라고 대답할 것이 틀림없다. 그런데 롯데월드라는 시설이 숙박시설인가에 관해서는 이론의 여지가 있다. 그것이 여러 개의 얼굴을 지닌 괴물이기 때문이다.

1990년대 후반기부터 센트럴시티니 코엑스몰이니 하는 대형 복합건물들이 들어서고 난 지금의 시점에서는 이미 괴물이 아닐지도 모른다. 그러나 그것이 건립될 당시에는 분명히 괴물이었다. 여러 개의 건물이 아니었다. 여러 가지 기능을 가지기는 했지만 분명히 하나의 건물이었다. 대지면적이 12만 8,246㎡(3만 8,794평), 건축면적 7만 3,602㎡(2만 2,265평)라는 사례는 당시의 한국에는 없었다. 아마 지금도 없을 것이다. 모르기는 해도 전세계에서도 아주 드문 예에 속할 것이다. 지하 4층 지상 33층에 옥탑까지의 바닥면적 합계는 55만 9,235㎡(약 17만 평)에 이른다. 여의도에 있는 63빌딩은 지상으로부터의 높이 247m로서 아직도 이 나라에서 가장 높은 건물이며 1985년 5월 30일에 준공되었다. 그로부터 3개월이 지난 8월 27일에 롯데월드를 짓기 위한 토지굴착공사가 착수되었다.

고등학교 학생 100명을 상대로 서울에서 가장 덩치(용적)가 큰 단위건물의 이름을 물으면 과연 몇 명이 롯데월드라고 답할까. 아마도 적잖은 학생이 63빌딩이라든가 삼성동에 있는 코엑스빌딩으로 알고 있을 것이다. 그런데 롯데월드는 가장 높은 층이 33층밖에 되지 않지만 사방의 덩치가 워낙 커서 그 바닥면적 합계가 56만㎡에 달하여, 16만 6천㎡인

63빌딩이라든가 15만 2천㎡인 무역센터 빌딩과는 비교가 되지 않는 엄청난 크기를 지니고 있다. 이 건물이 한창 지어지고 있던 1987년에 이 건물을 소개한 글을 봤더니 "이 프로젝트는 같은 종류의 프로젝트로서는 세계 최대의 규모이며 (……) 단일건물로서 복합기능을 갖춘 세계 최대의 프로젝트"라고 기술하여 그것이 세계 최대의 크기임을 되풀이 설명하고 있었다(잡지 ≪플러스≫ 1987년 7월호, 16쪽).

모든 건축물은 업무·숙박·주거·판매 등 각각의 기능을 지니고 있고 건축허가·준공검사 등을 받을 때 건물이 지닌 기능을 명시하도록 되어 있다. 요즘 들어 주상복합건물이라는 것이 유행되고 있는데 단위건물이면서 아랫부분은 상업업무기능, 윗부분은 공동주택이 들어 복합용도를 지닌다는 뜻이다. 그런데 롯데월드처럼 5~6개에 달하는 기능이 동시에 들어가는 경우는 어떻게 표시할까 궁금해서 구청이 비치하고 있는 건축물대장을 뒤져봤더니 용도란에 '숙박·판매·위락·관람집회·운동·전시시설'로 기재되어 있었다. 아마 이렇게 긴 이름으로 건축허가가 되었고 준공검사도 받았을 것으로 짐작된다.

이 건물의 끝에서 끝까지의 길이가 얼마인지를 알기 위해 건설관계 책자를 아무리 뒤져봐도 알 수가 없었다. 5천분의 1 지도로 재어봤더니 가장 긴 부분으로 동서의 길이가 390m, 남북의 길이가 265m였다. 분명히 지금까지는 가장 큰 건물이다. 앞으로도 이렇게 무식한 건물은 쉽게 나타나지는 않을 것으로 생각된다. 어떻게 해서 이렇게 큰 건물이 생겨났는지 그 경위를 더듬어보자

## 토지의 양수

'서울 도시계획 이야기' 시리즈의 '잠실 개발'에서 언급한 바 있지만

잠실공유수면 매립공사로 잠실개발주식회사에 귀속된 토지는 64만 4,716평이었다. 그리고 다시 구획정리사업에 의한 47%의 감보율이 적용된 결과 최종적으로 잠실개발(주) 소유가 된 땅은 36만 8,160평이었다. 그런데 잠실개발의 입장에서는 이 토지가 빨리 일괄 매각되어야만 했는데 제1차 석유파동 후의 경제사정 악화, 그리고 서울시 소유토지의 주택공사 일괄매각 등 때문에 잠실개발(주) 소유의 36만 평 땅이 쉽게 팔리지 않았다.

한편 서울시 입장에서는 잠실지구 중심부에 위치하여 상업지역 및 고밀도 주거지역인 노란자위 땅 36만 8천 평이 계획성 없이 분산 매각되어버린다면 큰일이었다. 하루빨리 일괄매각되기를 희망한 잠실개발(주)과 종합적인 견지에서 계획적으로 개발되어야 한다는 서울시의 필요성 때문에 잠실개발(주) 소유지 36만 8천여 평을 서울시가 다시 매수해버리게 된다. 1977년 7~8월의 일이었고 매수대금은 98억 원, 그것도 1년간 분할 지급한다는 조건이었다(≪매일경제≫ 1977년 7월 7일자 및 ≪서울경제≫ 1977년 10월 21일자 참조).

그런데 이때 서울시가 매수한 36만 8천여 평 중에서도 핵심이 된 것이 석촌호수 북측에 위치한 상업지역 4만 7,580평이었다. 당시 이른바 다핵도시개발을 강력추진하고 있던 구자춘 시장과 그 휘하 간부들은 4만 7천여 평의 이 지역을 "잠실권은 물론 천호·영동·성남 등지의 활동인구 50만 명을 수용할 수 있는 중심센터로 개발해야 할 필요성"을 강조하면서 이 지구에는 백화점·도서관·병원·극장·아케이드·위락시설 등이 들어갈 수 있게 개발하겠다는 것을 강조했다. 그후 서울시는 이 상업지역 4만 7천여 평의 매각에는 처음부터 조건을 붙였다. 즉 누구든지 이 땅을 매수할 자는 2개의 백화점· 쇼핑몰·호텔·위락시설 등을 직접 계획하고 개발할 수 있는 자본력을 가진 자라야 하며 이 땅을 매수한 즉시로

개발에 관한 계획서를 제출해야 한다는 조건이었다

잠실대로를 사이에 두고 동·서로 갈린 상업지역의 서쪽부분 2만 7,600평의 입찰이 실시된 것은 1978년 7월 11일이었다. 그리고 이때 2개의 백화점 부분(양쪽 끝의 9,500평과 7,000평)을 제외한 쇼핑몰 부분 1만 1,100평이 율산실업에 낙찰되었다. 평당 75만 원, 총낙찰가격 83억 원이었다(≪서울경제≫ 1978년 7월 13일자). 2만 7,600평 중 중간부분 1만 1,100평이 (주)율산실업에 낙찰되었다는 것은 이 일대 전체의 개발권이 사실상 율산의 몫이 되었다는 뜻을 지니고 있었다.

이 토지가 낙찰된 즉시로 서울시는 율산의 자회사인 설계용역업체 (주)한국PRC에 잠실상업지역 개발계획안 수립을 의뢰했다. (주)한국PRC에 의한 '잠실중심지구 개발계획안'이 서울시에 제출된 것은 부지매각이 결정된 지 2개월 뒤인 1978년 9월 말이었으며 그 내용은 화려한 조감도와 함께 각 신문지상에 보도되었다. 그해 11월 23일자 ≪중앙일보≫에 "잠실 석촌호 주변 개발계획 확정, 조감도 완성－1985년까지 5,600억 들여 60층 빌딩 2동 들어서, 각종 위락시설 갖춘 호반의 도시로" 등으로 계획안을 소개했다.

설계용역회사 (주)한국PRC 1978년 초에 과천에 있는 서울대공원 기본계획과 기본설계 용역을 맡게 된 율산실업의 신선호가 미국의 용역회사 PRC(Planning Research Co.)에서 11명의 미국인 기술자를 영입해와서 부랴부랴 만든 용역회사였다. 한국PRC는 1978년 3~10월에 서울대공원 기본설계 용역업무를 수행한 한편으로 그해 6~9월에 잠실중심지구 계획안도 수립했다. 잠실대로를 사이에 두고 60층 건물 2개가 마주보고 그 주위에 30~40층 고층건물 여러 개가 세워져서 석촌호수 위에 웅장한 그림자를 드리우는 이 계획안은 다핵도시 조성의 꿈에 부풀어 있던 구자춘 시장을 흡족하게 했고 그러므로 이 시점에서는 잠실중심지구 개발은 율산실업이 독점하게 될 것으로 전망되었다.

그러나 그것은 일장춘몽이었다. 신흥재벌 율산이 해체된 것은 「잠실 중심지구 개발계획보고서」를 제출한 지 반 년도 채 안 된 1979년 4월이었다. 3년 반이라는 짧은 기간에 너무 지나치게 기업을 확장했고 그로 인한 금융 부채를 감당할 수 없었던 것이 도산의 이유였다. 신선호가 전라남도 출신이고 동향인 김대중에게 거액의 정치자금을 바친 것이 탄로가 나서 청와대의 미움을 산 때문이라는 풍설도 돌았으나 그런 내용은 일반국민들이 알 수는 없었다. 젊은 총수 신선호가 외국환관리법 위반 및 업무상 횡령혐의로 서울구치소에 수감된 것은 4월 3일이었고 그로부터 한 달 이내에 율산의 계열회사들은 뿔뿔이 흩어져버렸다.

율산이 해체되었을 때 이미 서울시와 체결했던 잠실쇼핑센터 부지 1만 1천 평 낙찰의 건은 무효가 되어 있었다. 즉 매수대금 83억 원 중 계약금 8억 4천만 원만을 납부한 채 중도금·잔금을 납부하지 못한 상태에서 계약기간(1979년 1월)이 만료가 된 때문이었다(≪한국일보≫ 1979년 4월 17일자). 율산이 해체되고 난 뒤 쇼핑센터 부지를 포함한 잠실사업지역은 토건업재벌 (주)한양의 차지가 되었다. 계약무효가 된 땅, 유찰이 된 땅을 (주)한양이 수의계약으로 살금살금 사모은 것이었다. (주)한양은 그렇게 사모은 땅 중에서 가장 서편 끝부분에 대형쇼핑센터 한 개를 짓고 나머지 땅은 방치하고 있었다.

88올림픽 서울개최가 결정된 것은 1981년 9월 30일이었다. 바로 잠실벌에서 올림픽이 개최될 예정이었으니 그 중심지구의 비중이 크게 높아졌다. 3만 평을 훨씬 넘는 땅이었다. 올림픽을 위해 몰려올 세계 각국 사람들에게 자랑거리가 될 시설이 들어가야 했다. 우선 최고급 숙박시설이 들어가야 하고 백화점도 들어가야 했다. 국가적인 요청인 동시에 기업인들도 군침이 도는 프로젝트였다.

그런데 당시의 (주)한양은 그런 대규모 관광위락사업에 뛰어들 처지가 아니었다. 해외건설의 실패로 사세가 크게 기울어 있었고 국내건설에서도 실패를 거듭하여 방대한 은행부채에 허덕이고 있었다. (주)한양이 소유한 이 토지를 인수하여 대규모 관광위락단지 조성을 강하게 희망한 것이 롯데그룹이었다. 한양에서 롯데로의 토지이양에 강하게 작용한 것은 청와대(전두환 대통령), 서울시(염보현 시장) 그리고 한양의 주력은행인 상업은행(현 우리은행)이었다. 한양과 롯데 간에 어떤 홍정이 있었고 부지의 양도·양수 금액은 얼마였는가 등에 관한 기록은 찾을 수가 없다. 『롯데월드 건설지』는 그에 관한 일체의 경위를 생략한 채 "1984년 2월 (주)한양으로부터 대지매입을 단행한 후 잠실지구 도시설계 제반 규제사항에 입각한 계획을 본격적으로 추진하게 되었다"라고만 기술하고 있다(174쪽). 그리고 책 말미 부록에 실린 공사일지에 "1984년 2월 13일 대지 76,865.9㎡ 취득(1차), 8월 31일 대지 51,350.3㎡ 취득(2차)"이라 기록하고 있다.

현재 송파구청이 비치하고 있는 토지대장에 의하면, 현재 롯데월드가 들어서 있는 잠실동 40-1번지의 넓이는 12만 8,246.2㎡(약 3만 8,794평)이며, 그 소유권은 롯데쇼핑(주)과 (주)호텔롯데가 2분의 1씩 공유하고 있는 것으로 기록되어 있다.

## 괴물이 이룩되는 과정

서울에서 올림픽을 개최하기 위해서는 도로도 넓혀야 하고 한강도 가꾸어야 하며 과감한 재개발로 시가지 정비도 해야 했다. 그러나 그러한 숱한 과업 중에서도 실제로 경기가 실시되는 잠실벌의 정비가 가장 시급하고 절실한 일이었다. 당시의 잠실벌에는 주택공사에서 1975~78년에 건축한 주공 1~5단지와 같은 시기에 서울시에서 건축한 시영아파트 163개동(6천 가구)이 있었을 뿐 대부분의 토지는 구획정리 정지공사가 끝난 상태로 방치되어 있었다. 86·88 양대행사에 수십만 명이 몰려오고 40억 인구가 영상을 통해 보게 될 잠실벌을 어떻게 개발할 것인가.

서울시가 서울대학교 환경대학원 부설 환경계획연구소에 '잠실지구 도시설계'라는 작업을 의뢰한 것은 1982년 10월이었다. 도시설계라는 것은 지구상세계획이라고도 했다가 지금은 단위지구계획이라고 그 호칭을 바꾸었지만, 여하튼 한 특정지구를 선정하여 그 지구 안에 들어설 건축물군의 배치·고도·형태에 이르기까지를 미리 설계해두고 그 설계내용대로 규제해나가는 구상이다. 그리고 서울시에서는 1982~85년에 걸쳐 테헤란로, 신촌·마포, 김포가도 등 10여 개 지구의 도시설계 계획안을 용역발주하고 그 내용에 따라 차례로 심의·확정작업을 한 바 있으나 여하튼 잠실지구 도시설계라는 것은 이 나라 최초의 도시설계작업이었다.

그리고 잠실지구 도시설계에 관해서는 3개의 보고서가 접수되어 있다(지구 및 건물현황, 해외사례 및 제도연구, 최종보고서). 그만큼 서울시가 이 지구에 건 기대가 컸고 그에 상응하여 당연히 용역비 액수도 컸다는 것을 알려주는 것이다. 그런데 당시 이 작업을 이끈 작업진은 연구책임에 강홍빈, 연구위원 황기원·양윤재, 연구총괄 정양희, 연구진 이필수 외 20여 명으로 되어 있다. 바로 행정수도 작업을 했고 독립기념관 기본계획 작업도 했으며 앞으로 올림픽공원계획 작업을 할 사람들이었다.

한편 올림픽 행사와 관련한 제반사항을 최종 결정한 집권층(청와대·올림픽 준비위원회·서울시)은 잠실벌 중심부의 개발을 누구에게 맡길 것인가에 관해서도 심사숙고했다. 토지소유자였던 (주)한양이 강력히 희망했을 것이다. 중앙정부의 힘을 빌려 거액의 은행기채만 가능하다면 정부가 바라는 형태의 개발이 결코 불가능한 것은 아니었기 때문이다. 그러나 집권층의 그 누구도 이미 사세가 크게 기울어진 (주)한양에 그 일을 맡길 생각을 하지 않았다.

여러 재벌·대기업들이 희망했겠지만 결국 그 개발권을 따낸 것은 롯데그룹이었다. 이미 (주)호텔롯데와 롯데쇼핑(주)에 의해 관광숙박업과 유통업에 명백한 실적을 쌓고 있다는 강점이 있기는 했으나, 결정적인 것은 전두환 대통령과 신격호 회장과의 친분이었다. 전·신 두 사람의 유착관계에 관하여는 이미 을지로 산업은행 본점이 호텔롯데 주차장 확보를 이유로 축출되는 과정을 설명하는 데서 상세히 언급했으므로 여기서 되풀이하지 않겠지만, 아마도 제5공화국 전 대통령과 가장 가까운 기업인 하나를 꼽으라면 신격호가 거명될 정도로 두 사람 사이는 각별한 것이었다.

롯데그룹에게 잠실중심지구 개발을 맡긴다는 결정은 아마도 강홍빈 팀에게 잠실 도시설계를 의뢰했던 1982년 하반기에는 내려져 있었던 것 같다. 그리고 잠실 중심지구 개발자로 지목되자 롯데그룹 오너 신격호는 바로 일본의 구로카와에게 의뢰하여 이 지구에 대형복합 다기능건물의 개략설계를 의뢰한 듯하다. 강홍빈 팀이 서울시에 제출한 도시설계 보고서에 의하면 그들은 석촌호수 주변을 C1, C2 지구로 하고 장차 롯데월드가 들어가는 C1지구를 계획하면서 초대형의 한 개 건축물을 상정했으며, 그 건축물을 각각의 위치에 따라 호텔·관광센터·백화점·전문점(쇼핑몰)·체육관·커뮤니티센터·실내레저시설에다가 건물 밖에는 야외레저시설까지 그려넣었다. 즉 롯데월드가 지니는 단위건물로서의 초대형성은 이미 강홍빈 팀의 잠실설계에서 제시되었고 그것을 서울시 계획당국이 그대로 받아들인 것임을 알 수가 있다(『잠실지구 도시설계 최종보고서』, 236 및 274쪽).

이 점에 관하여 『롯데월드 건설지』는 "도시설계 지역확정안 및 제반

규제사항에 의하여 1983년 11월 15일 C1블록에 대한 시설내용 11개 용도 총면적 18만 9,821평으로 계획된 롯데단지 개발계획안을 수립, 서울시에 제출하였다"(175쪽)고 기록하고 있다. 두 개 기록을 통해서 보면 롯데월드를 한 개의 대형복합건물로 계획한 최초는 강홍빈 팀의 도시설계라고 착각하기 쉽다.

이 글을 쓰면서 현재는 서울시 부시장인 강홍빈에게 그간의 경위를 물어보았더니, C1지구의 도시설계는 염보현 시장이 롯데 신격호 회장을 만나보라고 해서 두 번 만났는데, 그때 신회장이 제시한 도면에 이미 대형 복합건물의 개략설계가 되어 있었고 도시설계팀이 그것을 그대로 받아들였다고 했다. 당시의 건축과 담당계장이었던 변영진에게 그간의 사정을 알아보았더니 그 역시 "대형복합건물 하나로 짓겠다는 롯데측의 의향을 도시설계팀이 받아들인 것으로 알고 있다"는 것이었다.

한양 소유의 토지가 롯데 소유로 옮겨질 때까지는 물밑에서의 움직임이었다. 토지소유권 이전은 1984년 2월 13일과 8월 31일의 두 차례에 걸쳐서 이루어졌다. 그리고 그 후의 발걸음은 엄청나게 빨라졌다. '빨리빨리'가 한국인이 공통적으로 지닌 여러 습성 중에서 제1위를 차지한다고 한다. 특히 1988년 9월에 실시될 올림픽에 맞추어야 한다는 대의명분이 있었으므로 그 속도는 더욱 빨라질 수밖에 없었다.

우선 재무부의 사업계획 승인부터 받아야 했다. 신격호는 한국인인 동시에 재일교포 시게미스 다케오(重光武雄)였다. 대량의 외자를 도입해와야 할 사업은 외자도입법에 규정한 여러 가지 특혜를 받기 위해서 시게미스의 신분으로 사업을 전개하는 것이 훨씬 유리했다. 재무부의 사업승인이 내린 것은 1985년 3월 22일이었다. 4월 11일에 서울대학교 환경대학원 부설 환경계획연구소에 인구 및 교통영향평가 용역계약을 체결했다. 4월 22일에 잠실단지 및 주변지역 측량에 착수했다. 천일기술단이라는 용역업체에 의뢰한 것이다. 5월 1일에 중앙개발(주)을 시켜 지질조사에 착수했다. 지하수 조사 및 지하수위조사도 동시에 시행되었다. 5월 21일에 서울시에서 교통영향평가위원회가 개최되었다. 5월 27일 수도권정비심의위원회에 사업계획 심의를 신청했다.

공사일지를 따라가다보면 그 촉박한 일정의 나열에 숨이 막힐 것 같다.

8월 1일에 일본의 구로카와 기쇼[6] 건축도시설계사무소와의 기본설계 용역계약을 정식으로 체결했다. 구로카와가 두번째로 한국에 등장한 것이다. 첫번째는 행정수도 백지계획 수립 때였다

디즈니랜드가 온 세계인에게 널리 알려져 있듯이 디즈니랜드를 닮은 테마파크를 포함한 거대한 건축물을 세계인에게 선전하기 위해서도 구로카와 기쇼라는, 이미 세계적으로 널리 알려진 스타에 의해 설계되는 것이 바람직한 일이었다. 그러나 구로카와가 비록 탤런트에 스타이기는 하나 결코 만능은 아니었다. 어린이 놀이동산인 테마파크의 설계는 전문설계업체인 미국의 바타글리아(Battaglia Associates Inc.)에 맡겨졌으며, 백화점 매장설계는 일본의 다카시마야(高島屋)와 노무라(乃村)공예소에 나뉘어 맡겨

6) 구로카와 기쇼는 일본이 세계에 자랑하는 건축가의 한 사람이다. 1934년 생. 교토대학 건축과를 졸업하고 도쿄(東京)대학으로 옮겨 단개 겐조(丹下健三) 밑에서 석사과정을 이수했다. 1965년에 건축설계사무소를 차린 후 같은해 '국립 어린이나라 센트럴 롯지', 1968년에 '후지사와 뉴타운계획', 1972년에 '캡슐타워빌딩', 1975년에 '후쿠오카(福岡)은행 본점', 1977년에 '일본 적십자사 본사 빌딩'. '국립 민족학 박물관', '구마모토(熊本)시립 박물관' 등의 작품으로 높은 평가를 받는다. 특히 1970년에 오사카(大阪) 세계 박람회에 출품한 '캡슐 공중테마관' 등의 작품으로 널리 국제적으로도 이름을 떨쳤다. 문필가로도 뛰어나서 1965년에 '도시디자인'을 발간한 데 이어 1967년에 『행동건축론』, 1969년에 『호모모벤즈』, 1970년에 『구로카와 기쇼의 작품』, 1972년에 『메타볼리즘의 발상』 등을 발간했다. 자그마한 키에 앳된 얼굴, 언제나 엷은 미소를 짓는 그는 천부적인 탤런트였다. 특히 그를 유명하게 한 것은 여성관계, 본부인을 둔 채로 미인 여배우 와카오 후미코(若尾文子)와 생활을 같이하여 주간잡지의 단골 손님이었고, 세미나·심포지엄의 총아가 되었다. 지금은 본부인과 이혼하고 와카오와 정식으로 결혼했다.

졌고, 쇼핑몰 옆의 민속관은 한국의 플러스건축이 맡아서 설계했다.

실시설계는 건축허가·시공·준공검사와 직결되는 것이었으므로 국내의 여러 설계업자들이 나누어 맡았다. 모쿠요카이(木葉會)라는 모임이 있다. 일본 도쿄대학교 건축학과 졸업생들의 친목모임이다. 기본설계의 대종을 맡았던 구로카와는 자기가 한 기본설계부분의 도시설계를 같은 도쿄대학 출신으로서 진작부터 익히 알고 있는 박춘명이 맡아주기를 희망했다. 그리하여 구로카와사무소에서 실시한 부분의 실시설계는 박춘명이 대표로 있는 예종합건축사무소가 전담했다. 기계(空調 포함), 전기 및 조경분야설계는 각각의 전문업체들에 의해 전동(全棟) 일체로 실시되었다.

토지굴착공사가 착공된 것은 1985년 8월 27일이었다. 이 날이 사실상 착공일자가 된다. 시공은 주로 그룹 계열회사인 롯데건설(주)이 맡았으나, 특별히 1실 6부 14과로 이루어진 잠실건설본부가 구성되어 시공전반을 전담했다. 건설본부장의 직급은 사장급이었으며 호텔롯데 부사장이었던 임승남이 승진 임명되었다. 임승남은 연세대학교 화공과를 나온 후 일본 도쿄대학 대학원을 수료했으며, 롯데제과·롯데건설 등에서 근무한 후 그룹 운영본부 기획담당 이사를 거친 엘리트였다. "최고의 건물을 최소의 비용으로 최단시일 내에 완성한다"는 것이 건설본부가 내건 슬로건이었다.

건설의 구체적 내용과 경과는 『건설지』에 나와 있으니 언급을 피하기로 한다. 다만 올림픽에 맞추어야 한다, 적어도 호텔동만은 대회개최 전에 완공되어야 한다는 절대절명의 공기 때문에 죽음을 건 나날이었다. 취재 중에 알 수 있었던 것은 전 대통령이 공정을 자주 확인했고, 당시 서울시 산업경제국장이었던 김제량이 시장실을 통해 매일 그 공정을 청와대에 보고했다는 것이다.

아마 이 건축물은 우리나라 건축의 역사에서 구청·소방서·시 본청·건설부·상공부·재무부·관세청 등 관계기관 공무원들이 적극적으로 지원한 전무후무한 예로 남게 될 것이라고 생각한다. 그와 같은 지원이 있었기에 건설지에 빼곡이 나열된 정부 각 기관에 의한 각종 허가·승인·검사·심의 등과 그 숱한 변경과정을 비교적 쉽게 거칠 수 있었을 것이다.

『건설지』를 보면서 특별히 눈에 띄는 것이 있었다. 100일 작전, 50일 작전이라는 것이었다. 100일 작전이 두 번, 50일 작전이 한 번 기록되어 있다. 공사추진상 특히 어려운 고비를 만났을 때 아마도 휴가니 휴식이니 하는 것이 일체 금지된 문자 그대로 강행군이 계속되었음을 알 수가 있다. 그러나 호텔동을 제외한 나머지 기능들, 백화점이니 테마파크니 하는 것까지 올림픽 개최일에 맞출 필요는 없었다. 이미 이룩된 외관만 가지고도 장관이었다. 그 장관에다가 계속 추진되고 있다는 것만 보임으로써 "한국은 발전일로에 있다" "왕성한 국가건설이 계속되고 있다"라는 사실을 확인케 할 수 있었다. 호텔동을 제외한 나머지 기능의 준공예정 연월일이 변경 연장되었다. 1988년 8월 23일의 일이었다.

호텔동이 완공되어 개관한 것은 올림픽 개최 20일 전인 1988년 8월 28일이었다. 백화점 A·B는 올림픽이 끝나고도 한 달 반이 더 지난 11월 12일에 개관되었고 쇼핑몰은 11월 19일에 개관되었다. 서울시내 어린이들이 기다리고 기다리던 실내 테마파크가 개관된 것은 1989년 7월 12일이었고, 이 개관식에는 일본의 후쿠다 전 수상을 비롯하여 국내에서도 재계·정계의 많은 저명인사들이 초청되어 참석했다. 석촌호수 위에 건설된 실외테마파크, 일명 매직아일랜드가 준공된 것은 1990년 3월 24일이었다. 사업본부가 발족하고 토지굴착공사가 실시된 지 만 4년 6개월 28일 만의 일이었다. 모든 관련기관이 발 벗고 지원하고 모든 문서들이 초고속으로 처리되었으며 공사관계자들이 불철주야 강행군을 되풀이한 결과였으니 그 작업량의 방대함을 짐작하고도 남음이 있다.

매직아일랜드의 준공이 마지막이었다. 최종준공식이 거행된 그날 준공 테이프를 끊은 인물은 나카소네 전 일본수상 내외, 당시 여당인 민자당 최고위원이었던 김종필·박태준, 야당인 평민당 당수 김대중, 국회의장 김재순 등 정계거물들이었다. 그리고 일주일이 더 지난 3월 말에 롯데그룹 잠실건설본부가 해체되었다. 그룹측으로 봐서는 실로 엄청난 업적이었고 불후(不朽)의 대성과였다.

## 롯데월드에 대한 평가

롯데월드라는 건물이 좋은 건물인가 아닌가를 묻기 이전에 여하튼 이 건물이 한국 건축의 역사에서 하나의 거대한 발자취가 된 것을 부인할 수가 없다. 토목분야의 지하연속벽(Slurry Wall) 공사라는 것부터가 국제적으로도 드물게 보는 특수공법이었다. 그리고 지하물막이공법, P.C.커튼월 시스템, 스카이라이트 설치공사, 대공간 천장공사 및 방재계획 등 여러 가지 최신공법과 새로운 자재와 장비가 도입되었다.

세계 최대규모를 자랑하는 실내테마파크도 그 신기성을 오래도록 유지하여 '꿈과 모험이 가득한 동화의 나라가 되도록' 시도되었다. 그때까지 구청이 관리하고 있던 석촌호수 동·서호 중 서호를 20년간 장기 대여해서 매직아일랜드라는 놀이동산을 만든 것도 우리나라에서는 전례가 없는 획기적인 일이었다.

그런데 내가 이 글을 쓰기 위해 이 건물이 지어진 1980년대 후반에서 1990년대 전반까지 10여 년간에 발간된 건축잡지류를 거의 다 뒤져보았다. 이 건물의 잘되고 못 되고 또는 이 건물이 지니는 공간적·시간적·문화적 가치판단에 접하기 위해서였고, 그 많은 노소의 건축가들이 이 건물을 어떻게 관찰하고 있는가를 알기 위해서였다. 그러나 실로 희한하게도 그에 관한 일체의 글을 발견할 수가 없었다. 아직 한국에는 건축비평이라는 분야는 싹도 트지 않고 있었던 것이다.

다음에 이 건물을 대상으로 한 석사·박사 학위논문을 찾아보았으나 마찬가지로 허탕을 쳤다. 아마도 학생들에게는 약간 벅찬 과제가 아니면 관심 밖의 건물인 것같이 생각되었다. 그런데 롯데월드가 지어진 지 10년이 지난 뒤, 서울에는 이 건물을 닮은 다기능 건축물들 여러 개가 동시다발적으로 세워졌다. 광진구 구의동 546번지에 세워진 테크노마트, 강남구 삼성동의 코엑스몰, 강남구 반포동에 세워진 센트럴시티 등이 그것이다.

이런 대형 복합상업건물들이 연이어 세워지자 그 이상현상에 착안한 서울시립대학교 건축·조경·사회학 전공 젊은 교수 몇몇이 각 건물을 답사하고 그 건물들이 지닌 특징과 문제점에 관하여 의견 교환했고, 그 결과를 잡지 ≪이상건축≫ 2001년 6월호에 발표했다. 고속버스터미널·호텔·백화점 등이 공존하는 매머드건물 센트럴시티를 다룬 조경전공 조경진 교수의 글 중 일부가 바로 롯데월드에도 적용되는 내용이라 생각되어 인용해본다.

여기서는 철저히 소비의 미덕이 칭송되고 오로지 이를 위한 완벽한 무대장치가 제공된다. 잠시의 휴식도 소비를 방해해서는 안 되며 (……) 이 건물에서는 공공공간은 극소화하고 판매시설을 극대화했다. 프로그램이 과다한 결과이다. 이는 단기적인 이익만을 눈앞에 두고 장기적인 안목은 미흡한 결과였다. 주위의 도시와 어우러져 살아가는 공동체적인 배려에는 더욱 무심하다. (이 건물은) 주위와 그리 친숙한 관계를 맺으려 하지도 않고, 도시경관의 향상이나 건축물의 도시적 기여에 별반 신경 쓰지 않는다. 결론적으로 사람에 따라 선호도에 차이가 있겠지만 나는 롯데월드라는 건물을 좋아하지 않는다. 그 옆으로옆으로 뻗은 모양부터가 마음에 들지 않는다. 충분히 넓은 대지조건을 갖추었는데 그 많은 기능들을 굳이 한 개의 건물 속에 모두 수용해야 할 필요성이 있었는가에도 의문이 간다. 동양최대니 세계최대니 하는 과시성과 효율성·경제성만을 추구하는 자본의 논리가 강하게 노출되고 있다고 느껴지는 것이다.

서울시를 비롯한 국내 6대 도시에서 교통유발부담금이라는 것을 부과하기 시작한 것은 1990년 7월 1일부터의 일이다. 도시교통정비촉진법 제21조 1항에 근거를 둔 이 제도는 시설물의 바닥면적×단위부담금×교통유발계수라는 산식에 의해 부담금액이 산출되는데, 최근의 건설교통부 발표에 의하면 롯데쇼핑 잠실점, 호텔롯데 잠실점 등을 포함한 롯데월드에 부과되는 부담금은 항상 전국 제1위의 자리를 지킬 뿐 아니라 다른 시설에 비하여 그 액수가 월등하게 앞선다고 한다(≪조선일보≫ 2002년 3월 11일자 29면 기사). 교통혼잡 원인자에게 그 혼잡의 정도에 따라 부과되는 이 제도의 부과대상자 전국 제1위 자리를 꾸준히 지킨다는 사실이 과연 자랑스러운 일인지를 생각해본다.

## 6. 남기고 싶은 이야기 3 – 이름만의 올림픽대교

### 당선작 결정까지

올림픽이 차질 없이 치러지기 위해서는 도로·지하철 등 교통망이 정비되어 인적·물적 교류가 지체 없이 이루어져야 한다는 것도 절대적인 과제 중의 하나였다. 지하철순환선인 2호선 공사가 재촉되었고 올림픽대로를 비롯한 많은 도로가 신설·확장·정비되었다. 광진구 구의동과 송파구 풍납동을 연결하는 올림픽대교의 건설도 88올림픽을 대비한 도로교통정비책의 일환이었다.

1946년 가을에 처음으로 구성된 후 여러 차례에 걸쳐 모여 헤쳐를 거듭해온 서울시 가로명제정위원회가 새로 발족된 것은 1983년 8월 20일이었다. 86·88 양대행사를 앞두고 기존의 가로명을 재검토하고 이름이 없는 가로에 이름을 붙임으로써 가로망체계에 새 질서를 세운다는 취지였다.

6개월에 걸친 1차작업이 끝난 후에는 그 명칭을 지명위원회로 바꾸어 지금도 그 기능을 유지하고 있다. 그런데 이 위원회의 운영에는 여러 개의 원칙들이 세워져 있다. 교량의 이름은 그 교량이 걸려 있는 도로의 이름을 따른다는 것도 그런 원칙 중의 하나이다. 성수대로와 연결되는 교량은 성수대교이고 잠실대로에 걸려 있는 교량은 잠실대교로 한다는 원칙이다. 물론 이 원칙에도 예외가 없는 것은 아니지만 예외는 아주 드물고 제한되어 있다.

서울시 건설당국도 가로명제정위원회의 그와 같은 원칙을 미리 알고 있었기 때문에 구의동 - 풍납동 간에 건설될 새 교량의 이름을 강동대교로 예정하고 있었다. 그것이 연결되는 길 이름이 강동대로였기 때문이다. 이 교량건설이 전두환 대통령에게 보고된 것은 김포공항 - 천호대교를 연결하는 강남대로 확장안과 같은 날짜였다. 86·88 양대행사를 치르기 위해 강남대로를 2배로 확장함과 동시에 올림픽공원 가깝게 또 하나의 한강교량이 건설된다는 보고를 받은 대통령이 그 자리에서 확장되는 강남대로를 '올림픽대로'로 하고 새 교량의 이름을 '올림픽대교'로 하라는 지시를 내렸다. 지금 한강 위에는 25개나 되는 교량이 있고 교량마다 이름이 있지만 대통령이 직접 이름을 붙인 교량은 올림픽대교 하나뿐인 것으로 알고 있다.

올림픽경기장의 관문이 될 뿐 아니라 위정자가 이름까지 붙여주었으니 이 교량은 처음부터 특별취급이 되어야 했다. 특별히 아름답고 튼튼

하고 뛰어난 다리가 되어야 했던 것이다. '기념비적인 상징성 및 축제분위기 조성효과'를 지녀야 한다는 것이다. 교량의 형태를 트러스교로 하느냐 게르버로 하느냐 아치교로 하느냐 등을 논의하다가 널리 현상공모하기로 결정했다. 원래 현상공모라는 것은 건축이나 조각에서는 흔히 있는 일이지만 토목설계가 현상공모된 예는 거의 없었다. 한강 위에 가설되어 있는 그 많은 다리 중에도 현상공모된 것은 올림픽대교 하나가 있을 뿐이다.

현상설계 공모안이 공고된 것은 1985년 1월 29일이었다. 작품 접수일은 3월 14~20일이고 당선작가에게는 실시설계권 부여, 가작 5점에는 각각 상금 5백만 원씩을 지급한다는 내용이었다. 최종적으로 접수된 작품수는 14개 작품이었다. 3월 30일에 심사위원회가 구성되었고 4월 2~3일에 심사가 진행되었다. 심사위원 15명 중 토목(구조·재료) 전공자가 5명, 조형건축 전공자가 1명, 조형미술이 1명, 문화재위원 1명, 공무원이 7명(건설부 1, 서울시 6)이었다.

작품심사에 관한 일체의 서류가 서울시 건설국 도로계획과에 남아 있기 때문에 심사과정을 그대로 알 수 있었다. 심사는 몇 점씩 탈락시키는 방식으로 진행되었다. 14개 작품 중 무기명 투표에 의해 8개 작품이 차례로 탈락되어 6개 작품만이 남았다. 당선작과 가작 5점 안에 들어갈 작품이 선정되어 당선작을 뽑는 작업만 남은 것이었다.

고려대학교 교량구조학 교수인 서영갑이 문득 "지금부터는 기명·공개투표로 할 것"을 제안했다. 투표내용에 책임을 지도록 하자는 제안이었지만 누가 누구의 로비를 받았는지를 명백히 해두자는 제안이었다. 갑론을박 끝에 투표에 기명은 하되 그 내용은 비공개로 한다는 것으로 낙착이 되었다. 또 3점이 떨어지고 3개 작품만 남았다. 그런데 그 3개 작품 중에서도 논의의 초점이 된 것은 작품번호 2번 아치교와 작품번호

4번 사장교의 2점이었다.

2번과 4번을 각각 강하게 지지한 위원이 로비를 받았는지 아닌지는 단정할 수가 없다. 여하튼 서영갑과 서울대학교 건축과 교수 이광로는 사장교를 강하게 반대했다. 서영갑은 시공상에 상당한 어려움이 있다고 주장했고 이광로는 유지보수에도 문제점이 있다고 주장했다. 그에 대해 교량역학 전공인 서울대학교 신영기와 연세대학교 변근주 교수는 4번의 사장교를 밀었다. 특히 신영기는 "서영갑 교수께서 사장교가 시공상 어려울 것이라고 했는데 우리 건설이 해외에 나가서 많이 시공하였기 때문에 크게 걱정하지 않아도 좋을 것으로 생각한다"고 진술했다. 토론에 지쳐 투표에 붙였는데 8 대 5로 사장교가 당선작으로 선정되었다.

서울시 관계관 4명(기술심사관·도시계획국장·건설관리국장·올림픽 건설관리관)이 모두 사장교를 택한 것이 매우 인상적이었다. 사장교가 지닌 아름다움, 주탑의 높이, 또 그것을 통하여 한국이 지닌 고도의 기술성을 대내외에 널리 과시할 수 있다고 판단했다고 선의로 해석해야 할 것이며 결코 로비의 결과만은 아니었다고 봐야 할 것이다.

당선작 발표는 4월 17일에 있었다. 4월 3일에 선정된 것이 17일에 발표된 것은 시장에게 보고하고 청와대 재가가 나는 데 시간이 걸린 때문이었다. 당선작가는 삼우기술단 이태양이었고 작품명은 'P.C.사장교'였다.

당선작은 강판을 전혀 쓰지 않는 순수한 콘크리트 교량으로 다리 중앙에 올림픽을 상징하는 88m 높이의 탑이 4개의 기둥으로 떠받쳐지고 탑 꼭대기에는 성화대 모양의 조형물이 설치되도록 되어 있다. 이 탑에서 직경 25cm짜리 강선 24줄을 늘어뜨려 다리의 상판을 지탱하는 기능을 갖도록 했다. 탑을 지탱하는 4개의 기둥은 우주만물의 근원으로 상징되는 연·월·일·시 4주와 춘·하·추·동 4계절 및 동·서·남·북 4방향을 나타내는 동시에 올림픽에 참여하는 인류가 서울로 모여드는 것을 상징하며, 24줄의 강선은 88올림픽이 제24회임을 나타내는 것이라고 했다. 직선만으로 구성된 이 다리의 형태는 경쾌함과 안정감이 있으며 시각적으로 단순하고 주변경관과 조화를 이루고 있는 것이 특징이었다.

총공사비 450억 원이 투입될 이 다리는 너비 28m, 길이 1,200m로서 그 가운데의 300m가 사장교로 만들어지며 남·북 양축에 입체교차시설이 들어서게 되어 있었다.

## 시한성이냐 안정성이냐

당선작이 각 매스컴을 통하여 보도가 된 지 채 일주일도 지나지 않아 이 작품이 독일의 루드비히샤펜(Ludwigshafen) 지방의 고속도로에 설치되어 있는 사장교를 모방한 것이라 독창적인 것이 아니며 따라서 88올림픽의 상징성도 희박하다는 기사가 보도되었다. 4월 23일자 연합통신이 처음 보도한 것을 받아 ≪중앙일보≫는 2개 교량의 사진까지 게재하여 그 모방성을 지적했다. 교량전문지에 게재된 내용을 어떤 전문가가 언론에 흘린 것이었다.

이 보도에 대해 서울시 당무자는 "사장교라는 것은 교각이 없고 탑과 케이블이 조합되는 교량이므로 그 형태는 비슷할 수밖에 없다. 서독 라인지방의 루드비히샤펜교는 1969년 5월 29일에 개통된 사장교로서 올림픽대교와 그 형태는 비슷하나, 엄밀히 따지면 상부구조도 탑 높이도 케이블의 수도 달라서 모방작품이라고 할 수는 없다"는 해명자료를 각 언론기관에 보냈다.

올림픽대교라는 교량은 서울의 동부 신개발지역 및 88올림픽 행사 때의 교통량을 처리할 수 있을 뿐 아니라 올림픽을 기념하고 국력의 신장을 과시할 목적을 가진 교량이었다. 그러므로 한강에 이미 가설되어 있는 어떤 교량보다도 아름답고 웅장할 뿐 아니라 그 자체가 고도의 기술성을 지니는 것이라야 했다. 그런데 당시 이 나라의 토목기술수준은 아직도 한강에 사장교를 자유자재로 건설할 수 있을 정도로 발달되지 않았다.

교각을 만들어 그 위에 상부구조물을 올려놓는 모양이 아니고 밧줄이나 고리줄 등을 사용하여 상부구조물을 매다는 형식의 교량은 상당히 오래 전부터 생각되어왔던 것이라고 한다. 그러나 불행하게도 구조물 해석에 따른 역학적 규명이 불충분했거나 잘못 이해되어 실패를 거듭하게 되었고 특히 적절한 인장재(Cable)가 개발되지 못함으로써 충분한 인장력을 넣어주지 못하는 등의 결함이 발생되고 있었다.

1970년대에 들면서 강도가 높은 철강재가 개발되고 용접기술의 획기적인 발전에다 전자계산기에 의한 정확하고 빠른 해석이 수반됨으로써 독일·프랑스 등 유럽을 중심으로 사장교 가설이 활발해지고 있었다. 1985년 당시 일본에는 겨우 공사가 끝났거나 공사중인 강제사장교가 5~6개 정도였고, 한국에는 전라남도의 진도다리가 강재사장교로서 1984년에 겨우 준공되어 있을 뿐이었고 콘크리트사장교는 한국에는 물론 일본에도 그 시공 예가 없었다.

외국에서 발간되는 기술잡지에 의하면 콘크리트사장교는 1970년대에 유럽에서 개발된 교량으로 실패한 예가 많은, 구조적으로 아주 예민한 교량이었다. 현상설계에 당선되어 실시설계권을 얻게 된 삼우기술단은 교각이 설치되는 부분의 설계를 추진하는 한편으로 사장교 부분 300m의 설계를 위하여 프랑스의 전문용역업체 프레시네(FREYSSINET) 사와 기술제휴를 맺었다. 솔직히 당시의 국내 기술수준으로는 사장교 부분의 구조계산 프로그램을 작성할 수 없었기 때문이다. 그리고 이 구조계산은 1985년 말까지 완료하지 못했고 1986년까지 계속 진행되었다.

그러나 서울시 입장에서는 사장교 부분의 실시설계(구조계산)가 모두 끝날 때까지 마냥 기다릴 수가 없었다. 88올림픽 이전에 준공되어야 한다는 시한성 때문에 사장교가 아닌 부분의 공사부터 서둘러야 했다. 제한경쟁입찰에 붙인 결과 이 교량공사의 시공자는 유원건설(주)로 결정되었다. 계약일자는 1985년 10월 24일이었다. 계약일로부터 한 달 남짓이 지난 11월 28일에 기공식이 거행되었다. 우선 사장교 부분이 아닌 접속교·입체교차로부터 공사가 시작되었다. 사장교 부분의 실시설계가 끝난 것은 1986년 초였다.

사장교의 공법은 기본계획에서 제시되었던 그대로 지보공(支保工)공법이었다. 강속에 강제의 지보공을 세운 후 그 위에 상판을 올리고, 케이블로 상판을 연결·고정시킨 후 강속의 강재를 철거하는 공법이었다. 이 공법을 쓰면 여러 개의 상판을 동시에 올릴 수 있고 여러 개의 케이블을 동시에 매달 수 있기 때문에 '88올림픽 이전 준공'이라는 시한을 맞출 수 있었다.

한편 공사 도급을 맡은 유원건설측에서도 단단한 대비를 할 필요가 있었다. 국내에서 최대일 뿐 아니라 최초로 시도하는 P.C.사장교 건설이었다. 부랴부랴 교량공사부라는 것을 신설하면서 독일에 장기 주재한 한국인 기술자 및 국내 구조기술자를 다수 신규 채용하고 오스트리아 전문용역업체 V.C.E.와 기술제휴하여 시공설계를 담당케 했다. 이때 유원건설이 초빙한 재독기술자가 이승우였다.[7]

시공책임을 맡은 유원건설 이승우 부사장이 삼우기술단 이태양이 제시한 "지보공가설공법이 적합치 않다. 비경제적일 뿐 아니라 안전성에

---

7) 서울대학교 공대 건축과를 1963년에 졸업하고 건축구조학을 공부하기 위해 독일에 갔다가 토목분야인 교량구조학을 전공하고 독일에서 여러 해 동안 실무에 종사한 경력자였는데 유원건설에서 교량공사부를 신설하면서 기술담당 부사장으로 영입했다.

문제가 있다"고 주장하고 나선 것은 실시설계가 접수된 직후의 일이었다. 안전성의 문제라는 것은 만약에 한강에 심한 홍수가 날 경우 상판을 받쳐주는 강재(支保工)가 떠내려갈 수 있다는 것이었다. 한창 시공 중에 홍수가 난다면 강재유실을 막을 방법이 없고 그렇게 되면 걷잡을 수 없이 위험한 상태를 맞을 수 있다는 주장이었다. 그리고 그 대안으로 제시한 것이 속칭 외팔걸이공법(free cantilever method)이었다. 주탑(主塔)의 중심에서 좌우로 상판을 놓아가면서 차례차례 케이블로 연결 고정시켜나간다는 공법이었다.

건설관리본부장이라든가 건설국장 등 서울시 관계자가 확고한 식견을 가지고 있었으면 결코 일어나지도 않았을 논쟁이었다. 처음으로 해보는 시공이었으니 쉽게 단정을 내릴 수가 없었다. 그러나 이 논쟁은 실로 미묘한 논쟁이었다. 첫째가 양당사자간의 배후였다. 삼우 이태양의 배후는 프랑스였고 유원건설 이승우의 배후는 독일과 오스트리아였다. 두번째도 배후였다. 삼우 이태양의 설계는 당초부터 도와준 학자가 있었고 유원 이승우의 주장에는 공감하고 지원하는 학자가 있었다. 이 점에 관하여는 그 대다수 학자들이 아직 생존하고 있으므로 더 이상 언급하지 않으나 당시 이 논쟁은 국내파 대 해외파의 싸움이라고도 했다고 한다. 출신학교의 차이, 한쪽은 토목구조학이고 다른 한쪽의 최초의 전공은 건축구조학이었다는 등의 차이도 지적되었다. 여하튼 취재과정에서 느낄 수 있었던 것은 독일에서 공부하고 실무에도 종사하다가 돌아온 이승우의 태도가 독일학풍 그대로 매우 날카롭고 비타협적인 것이었다는 점이다.

양쪽 주장에는 논리적으로 잘못이 있는 것이 아니었다. 88올림픽 이전에 반드시 준공시켜야 한다는 시한성에 무게를 둔다면 실시설계대로 지보공공법을 써야 했다. 그러나 지보공공법을 취하면 554억 원의 공사비가 들어 490억 원이면 충분하다는 외팔걸이공법보다 64억 원이 더 소요된다는 점, 그리고 만약에 공사 중에 홍수가 나면 지보용강재가 떠내려가서 모두가 도로아미타불이 될 위험성을 수반한다는 것이었다.

반대로 외팔걸이공법으로는 88올림픽 이전에는 준공하지 못하고 넉넉히 잡아 1년 반 정도 공기가 더 늦추어졌다. 서울시의 입장에서는 공사비가 더 소요된다는 것보다도 홍수 때의 위험성이 더 문제였다. 시한성이냐 위험성이냐 최종적인 판단자는 시장이었다. 당시의 시장은 염보현이었다. 서울시 기술자문회의, 합동기술심사위원회 등에서 여러 번 검토해봤고 건설부의 중앙설계심사위원회에서도 논의되었다. 결론은 언제나 마찬가지였다. 양자 중 택일은 시장의 최종결단뿐이었다.

1986년 7월 10일에 있었던 합동기술심사회의가 최종적으로 내린 결론은 "시공기술수준, 공기에 대한 보장이 있다면 구조계산을 다시 한다는 전제하에 외팔걸이공법으로 검토해볼 필요가 있다"는 자문결과를 올리고 있다. 그런데 이 문제의 결정적인 계기가 된 것은 독립기념관 화재사건이었다.

일본 역사교과서의 한국사 왜곡이 도화선이 되어 전국민이 낸 성금을 바탕으로 1984년 8월 15일에 착공, 1986년 8월 15일 완공을 목표로 밤낮을 가리지 않고 급속공사를 추진해오던 독립기념관(겨레의 집)이 개관을 눈앞에 둔 8월 4일 밤 10시경에 누전에 의한 화재의 발생으로 천장·기와부분이 불타 공기를 1년 늦추게 되었다. 온 국민이 그 완공을 충심으로 기대했던 만큼 그 충격은 말할 수 없이 큰 것이었다.

당시 국내에는 86·88 양대행사에 대비한 여러 가지 건설공사가 활발하게 진행되고 있었다. 그러던 차에 일어난 이 화재사건으로 모든 일을 무리하게 서두르지 말고 차분히 심사숙고하여 완벽한 시공을 해야 한다는 분위기로 바뀌었다. 7월 10일에 있었던 기술심사회의 결과가 시장에게 보고된 것은 8월 초순, 독립기념관 화재사건 직후의 일이었다. 보고

준공 개통된 올림픽대교.

를 듣고 있던 염 시장이 "공기를 늦추는 한이 있더라도 홍수 때 돌발사고를 방지할 수 있으며 경제성 및 국내 토목기술 발전에 기여할 수 있도록 사장교 건설의 공법을 지보공공법에서 외팔걸이공법으로 변경할 것"을 지시했다. 이와 같은 공법변경으로 완공이 1988년 6월에서 1989년 9월로 15개월이 늦어졌으며, 공사비는 554억 원에서 491억 원으로 63억 원이 줄어들었다.

원래는 실시설계자인 삼우기술단이 공사종료 때까지 감리를 맡도록 되어 있었다. 그러나 가장 난공사인 사장교를 삼우기술단이 납품한 공법을 채택하지 않게 되었을 뿐 아니라 그동안에 전개된 격렬한 공법시비로 삼우 대 유원의 관계도 만회할 수 없게 냉각되어 있었다. 그러나 그렇다고 해서 감리자 없는 공사추진이란 있을 수가 없는 일이었다. 서울시는 실시설계자도 시공회사도 아닌 한국종합기술개발공사를 시켜 감리를 맡게 했으니 1987년 5월의 일이었다.

88올림픽이 진행되는 동안 세계 각국에서 몰려온 많은 선수·임원·관객들 중 올림픽 행사장 바로 옆에서 전개되고 있던 교량공사에 특별한 관심을 가지고 관찰하는 사람들은 별로 없었을 것이다. 그 공사는 올림픽을 상징하지도 기념하지도 않았고 특별히 국력의 신장을 과시하지도 않았다. 결국 올림픽대교는 올림픽과는 별로 관계가 없는 이름만의 올림픽대교가 되어버린 것이다.

주탑의 높이 88m, 총연장 3,240m, 사장교구간 300m인 올림픽대교가 준공 개통된 것은 올림픽을 치른 지 1년 2개월이 지난 1989년 11월 15일이었다. 지금 서울시민 대다수는 그 자리에 그런 다리가 있고 그 이름을 올림픽대교라고 부른다는 사실을 잘 알지 못한다.

(2002. 4. 10. 탈고)

## 참고문헌


강홍빈 외. 1986, 「서울올림픽競技場施設現況」, ≪공간≫ 1986년 7월호.

「국립경기장단지계획 현상설계공모안 및 공모요강」, ≪공간≫ 1983년 9월호.

김영홍. 1989, 「올림픽대교 사장교 시공보고」, ≪대한토목학회지≫ 제37권 제4호.

金龍國. 1981, 「夢村土城에 對하여」, ≪향토서울≫ 제39호.

김원 외 8명의 좌담회, 「올림픽의 韓國的 受容과 反省」, ≪공간≫ 1988년 12월호.

대한민국정부. 1987, 『서울아시안게임백서』 Ⅰ·Ⅱ·Ⅲ, 대한민국정부.

대한올림픽위원회. 1982, 『제24회 올림픽 서울유치경위보고서』, 대한올림픽위원회.

대한체육회. 1990, 『대한체육회 70년사』(동 별책), 대한체육회.

롯데그룹. 1990, 『롯데월드 건설지』, 롯데그룹.

몽촌토성발굴조사단. 1984, 『整備復元을 위한 夢村土城發掘調査報告書』, 몽촌토성발굴조사단.

_____. 1985,『夢村土城發掘調查報告』, 몽촌토성발굴조사단.
서울대학교 박물관. 1987,『夢村土城－東南地區發掘調查報告』, 서울대학교 박물관.
서울특별시. 1981,『제84차 IOC총회회의록(바덴바덴, 1981. 9. 29～10. 2)』, 서울특별시.
_____. 1983,『蚕室地區都市設計(전 4권)』, 서울특별시.
_____. 1984,『국립경기장 기본계획 및 설계』, 서울특별시.
_____. 1987,『제10회 서울아시안게임백서』, 서울특별시.
_____. 1990,『올림픽대교 건설지』, 서울특별시.
_____. 1990,『제24회 서울올림픽백서』, 서울특별시.
시정개발담당관실. 1979,『名古屋市의 하계올림픽유치운동경위』, ???시.
李丙燾. 1939,「廣州夢村土城址－百濟時代의 城砦址」,《震壇學報》11권.
林永珍. 1987,「夢村土城의 年代와 性格」, 제11회 한국고고학전국대회.
최상철 외. 1988,「올림픽과 都市·建築」,《공간》1988년 8월호.
「특집: 斜張橋」,《대한토목학회지》제35권 제35호, 1987. 6.
「특집: 현대 서울의 대형소비공간」,《이상건축》2001년 6월호.
河政助. 1981,「바덴바덴의 숨가쁜 10일간」,《신동아》1981년 11월호.
洪可異. 1986,「韓民族에게 주는 88서울올림픽의 意義」,《공간》1986년 8월호.
서울시 도로계획과 및 건설관리안전본부 소장, 올림픽대교 건설관계 서류철

# 주택 2백만 호 건설과 수서사건

## 1. 주택 2백만 호 건설과 수서지구

### 주택 2백만 호 건설 결정

1987년 12월 16일에 제13대 대통령 선거가 실시되었다. 우리나라 역사에서 이때의 선거만큼 소란스런 선거는 없었다고 생각한다. 정말 여러 가지 특징을 지닌 선거였다.

그 특징의 첫째가 지역감정의 최대한 노출이었다. 민정당의 노태우, 민주당의 김영삼, 평민당의 김대중, 공화당의 김종필 등 4인 입후보자가 지역감정에 최대한 의존하고 편승한 선거였다. 지역감정에 바탕을 둔 폭력이 난무했고 특정후보는 특정지역에서 유세를 벌일 수가 없었다.

사회불안이 최고조에 달한 상태에서 치러진 선거였다는 것이 두번째 특징이었다. 이른바 6·29선언(1987년 6월 29일 직선제 개헌안 발표) 이후 각 기업체에서의 파업과 대학생 시위가 되풀이되고 있었다. 이라크의 수도 바그다드를 출발하여 서울을 향하고 있던 KAL 항공기가 태국영토 상공에서 폭파되어 승객·승무원 115명이 사망하는 사건은 투표일 17일 전인 11월 29일에 일어났다.

엄청나게 많은 선거공약이 남발된 것이 이 선거의 세번째 특징이었다. 각 후보자는 그 많은 선거공약을 두꺼운 책자로 엮어 배포했다. 당시의 신문을 보면 예외없이 '선거공약을 남발하지 말라'는 사설을 싣고 있음을 발견한다. '주택 2백만 호 건설'은 민정당 입후보자 노태우의 선거공약이었다. "내가 대통령에 당선되면 임기중(1988~92년)에 주택 2백만 호를 건설하여 서민의 주택난 해결에 기여하겠다"는 것이었다. 말이 쉽지 주택 2백만 호라는 것은 당시 서울시내에 지어져 있던 전체 주택의 수와 맞먹는 숫자였다.

당시는 여러 부처에서 여당인 민정당에 전문위원이 한 사람씩 파견되어 있었다. 주택건설 주무부서인 건설부에서 민정당에 파견된 전문위원은 주택국장·국토계획국장 등을 지낸 김보근이었다. 제6공화국에서 건설부 기획관리실장, 제1차관보 등을 지내고 지금은 잡지 ≪건설교통≫ 발행인으로 있는 그에게 2백만 호 건설이 선거공약으로 채택된 경위를 알아보았다.

그가 전문위원으로서 제시한 안은 150만 호였는데 그것을 검토하던 당무위원회에서 "1백만이 아니면 2백만이지 150만이라는 어중간한 숫자를 선거공약으로 발표할 수는 없다"고 하여 2백만 호로 바뀌었다고 한다. 나중에 그것을 알게 된 김 위원이 "5년 내에 2백만 호 건설이라는 것은 아주 곤란하니 그런 공약을 발표할 수 없다"고 항의하자 당총재였던 노태우 후보가 "선거공약은 그렇게 되도록 노력하겠다는 것이지 반드시 그렇게 하겠다는 약속이 아니지 않느냐"라고 해서 그대로 발표되었다는 것이다.

노태우 대통령의 제6공화국이 발족한 것은 1988년 2월 25일이었다.

그로부터 정확히 3개월이 지난 5월 25일에 정부는 대통령 공약사업의 하나로 '주택 2백만 호 건설'을 발표했다. 그런데 당시의 매스컴은 정부의 이 발표를 거의 묵살했다. 즉 몇몇 라디오·TV는 그것을 보도했지만 신문은 거의 기사화하지 않았다. 내가 이 글을 쓰면서 당시의 주요 일간지 신문을 뒤져봤는데 어느 신문에서도 그 보도를 찾을 수가 없었다.

1988~92년의 5년간 주택 200만 가구를 건설한다는 것은 엄청난 비용과 자재와 노동력이 수반하는 일이었다. 그런데 새로 생긴 정부가 그런 내용을 발표했는데도 매스컴이 거의 묵살해버린 데는 다른 이유가 있었던가. 여러 가지 이유를 생각할 수 있다.

첫째는 전두환 정권이 발표하여 결국은 용두사미가 되어버린 5백만 호 건설의 재판이 될 것이라고 판단했을 것이다. 둘째는 88올림픽 개막을 겨우 4개월 앞둔 시점에서 다른 일에는 별로 관심을 가지지 않게 된 국민감정 때문에 이 발표의 비중이 작아졌을 것이다. 셋째로 다른 사건들, 예컨대 박종철군 고문치사사건, 김만철 일가 북한탈출 귀순 등의 큼직한 사건이 연이어 일어나서 시민들이 어지간한 일에는 흥미를 느끼지 않게 되었다는 것이다. 특히 1988년 5월에는 현대그룹 노조결성 문제가 큰 화제였다. 5월 9일에 현대건설 노조결성추진위원장 서정의 납치사건이 일어나 아직도 채 마무리되지 않고 있을 때였다. 넷째는 제6공화국 노태우 정권이 국민의 지지를 크게 받지 못하고 있었다는 것이다. 노태우 정권의 지지도는 바로 한 달 전인 4월 26일에 치러진 국회의원 선거 결과에 잘 나타나 있었다. 지역구 국회의원 224명 중 여당인 민정당이 얻은 의석은 겨우 87석(38.8%)뿐인데 비해 야 3당, 즉 평민당이 54석, 민주당이 46석, 공화당이 27석 기타 10석이었다. 이른바 여소야대(與少野大) 정국의 시작이었던 것이다.

서울시민들이 2백만 호 건설을 실감하기 시작한 것은 분당·일산 등 신도시계획을 발표하고 난 뒤부터였다. 분당·일산 등 신도시 건설계획은 1989년 4월 27일에 발표되었다. 2백만 호 건설계획을 처음 발표했을 때 대다수 매스컴이 냉담했던 전철을 밟지 않기 위해 미리 충분한 사전 공작이 되어 있었고, 따라서 분당·일산 발표는 모든 매스컴에 크게 보도되었다.

분당·일산 신도시 건설을 포함한 주택 2백만 호 건설을 추진한 주역은 1989년 당시의 청와대 경제수석비서관 문희갑[1]으로 알려져 있다. 신군부 정권인 제5공화국 당시에 순수 경제관료 출신인 문희갑이 출세가도를 달리게 된 데는 물론 풍부한 식견의 뒷받침이 있었겠지만 노태우씨와의 인간관계가 크게 작용했다고 알려지고 있다.[2]

경제기획원 차관은 서열상으로는 장관보다 아래였고 당연히 청와대 경제수석비서관보다도 아래였다. 그러나 그가 차관이었을 때 그는 상사인 장관과 청와대 경제수석비서관보다 더 실권자였다고 전해지고 있다. 그리고 그는 주택 2백만 호 건설이 발표된 그해 12월 5일에 청와대 경제수석비서관으로 자리를 옮겼고 2백만 호 건설의 주축이 되는 분당·일산 등 수도권 신도시 건설계획을 직접 관장했다. .

---

1) 문희갑은 1937년 경북 달성군에서 태어나 국민대학 법학과, 서울대학교 행정대학원에서 수학한 후 1967년에 제5회 행정고시에 합격, 경제기획원에서 공무원 생활을 했다. 주로 예산편성 업무에 종사한 그는 1978~81년의 3년간 국방부 예산편성국장도 경험했다. 1979년 10·26사건이 일어나고 12·12쿠데타로 전두환·노태우 등 이른바 신군부가 국가권력을 잡게 되자 문희갑은 국가보위비상대책위원회(약칭 국보위) 운영분과위원, 입법회의 전문위원, 경제기획원 예산실장, 전국구 국회의원 등을 차례로 역임하면서 신군부 정권의 중추에 있게 된다.

2) 제5공화국 제2의 실권자였던 노태우와 문희갑은 같은 경북 달성군 출신이었고, 같은 고등학교 선·후배관계였다. 즉 속칭 'TK'로 불리는 경북고등학교를 노태우는 1951년(제32회)에, 문희갑은 1956년(제37회)에 졸업했다. 그런 관계 때문에 노태우 정권이 수립되자마자 경제기획원 차관을 맡은 문희갑은 사실상 경제정책을 수립·집행하는 중심위치에 있었다.

5년간에 주택 2백만 호를 건설한다는 것은 보통 일이 아니었다. 경비를 염출하는 일, 택지를 조성하는 일, 자재와 노동력을 동원하는 일, 모두가 하나같이 어려운 일들이었다. 그런 문제들을 충분히 예견할 수 있었음에도 불구하고 굳이 2백만 호 건설을 결심하고 그것을 추진한 데는 여러 가지 이유가 있었다.

## 2백만 호 건설의 숨은 이유

2백만 호 건설을 계획하고 추진한 경위에 관해서는 『제6공화국 실록』(공보처, 1992) 3권과 『국토 50년』(국토개발연구원, 1996) 제6장에 상세히 소개되어 있다.

박정희 대통령이 시해당한 다음해인 1980년의 한국경제는 4.8%의 마이너스 성장을 기록했다. 한국경제가 처음으로 직면한 암흑의 한 해였다. 그러나 1981년에 들어서면서 사정이 달라졌다. 거의 해마다 평균 10% 정도씩 성장을 했던 것이다. 저환율, 저국제금리, 저유가 등 이른바 3저현상 때문이었다. 1980년에 1,592달러였던 한국인 1인당 국민소득이 1987년에는 3,098달러, 1988년에는 4,040달러에 달했다.

이와 같은 경제성장은 시중자금의 유동성을 크게 증가시켰고 그 당연한 결과로 주가와 부동산가격이 급등했다. 그 중에서도 두드러진 것이 수도권 아파트가격 상승이었는데, 일례로 서울 강남지역 아파트의 경우 1989년 1~4월에 그 가격이 23%나 상승했다. 주택가격 상승은 당연히 전세·월세 가격의 상승으로 이어져 도시근로자들의 주거비 부담을 가중시켰다.

도시근로자 주거비 부담가중은, 첫째는 노사간의 임금협상시 근로자들이 높은 인금인상을 요구하는 주요인이 되었다. 둘째는 내집마련의 꿈이 점차 멀어져가고 있다고 판단한 근로자들이 깊은 좌절감을 느껴 일할 의욕을 상실하게 되었으며 일부 근로자 중에는 과소비를 통하여 그런 좌절감을 극복하려는(hopeless spending) 행태를 나타내 사회 전반적인 과소비의 원인이 되기도 했다. "그러나 무엇보다도 우려할 만한 현상은 부동산가격의 급등으로 야기된 국민들간의 갈등구조였다. 집이 있는 계층과 없는 계층 간에 심각한 갈등이 야기되었을 뿐 아니라, 부동산가격이 일부지역의 중대형 아파트를 중심으로 폭등함에 따라, 심지어 자기 집을 소유한 사람들간에도 주택가격의 급등에 따른 이해득실에 따라 여러 갈래로 갈등이 증폭되었다. 즉 주택가격의 폭등으로 사회 전반적인 분위기가 크게 악화됨에 따라 주택문제가 초미의 국가 현안과제로 대두했다." 이것이 제6공화국 정부가 2백만 호 건설을 결정하고 집행한 표면상 이유였다(『실록』 3권, 237~238쪽 참조).

그런데 2백만 호 건설에는 이러한 표면상 이유 이외에 또 한 가지 중요한 이유가 있었다.

1988년 9월 17일에 개막되어 10월 2일까지 계속된 제24회 서울 올림픽은 참가국 수에 있어서나 대회운영의 질적 측면에서 올림픽 역사상 최대·최고 규모의 것이었으나, 이 올림픽은 다른 뜻에서도 기념비적 국제행사였다. 즉 이 올림픽 개최를 전후하여 소련 공산주의 정권, 그리고 동유럽 공산주의 체제가 붕괴하기 시작했다는 점이다.

고르바초프가 개혁과 개방을 표방하고 소련공산당 서기장에 취임한 것은 1985년 3월 11일이었다. 당 서기장 고르바초프가 내걸었던 페레스트로이카(Perestroika)는 바로 소련 공산주의 및 동유럽 공산체제의 몰락을 예고한 것이었고, 그로부터 3~4년간에 걸쳐 동유럽 공산체제는 차례로 무너졌다. 1989년 8월 17일 폴란드에서 비공산당 정부가 수립된 것을 시작으로 헝가리·동독·체코·불가리아·유고슬라비아·루마니아 등으로 확산되었다.

1989년 3월, 모스크바에서 실시된 인민대표회의 대의원선거는 공산당의 패배로 끝났고 그해 11월 9일에는 베를린장벽이 무너졌다. 동독이 무너지고 독일통일이 이루어진 것은 1990년 10월 3일이었다. 1987~90년에 걸쳐 공산정권 몰락의 도미노현상이 일어난 것이었다.

바로 공산정권 몰락의 도미노현상이 일어났던 시기에 한국에서는 제5공화국이 끝나고 제6공화국이 시작되고 있었다. 제6공화국이 수립될 1988년 당시, 정부고위층은 물론이었지만 대다수 식자들간에도 장차 북한은 어떻게 될 것인가에 관심이 집중되었다. 성급한 일부 식자들은 당장에 북한정권도 무너지고 흡수통일의 날이 멀지 않다고 전망했다. 그런데 공통된 의견은, 통일은 쉽게 되지 않더라도 적어도 '정보자유화'만은 가까운 앞날에 이루어질 것이라는 전망이었다. 남쪽의 신문·TV가 자유롭게 북으로 들어가고 북측 신문·TV도 남쪽으로 들어온다는 것이었다. 그런 정보자유화의 바탕 위에서 동·서독이 합쳐진 것을 염두에 둔 전망이었다.

만약에 4~5년 내에 북쪽정보가 자유롭게 들어온다면 어떤 현상이 일어날 것인가. 이 글을 쓰고 있는 지금(1998년)의 북한은 식량사정으로 대다수 인민이 기아선상을 헤매고 있다. 아마 1994년인가 1995년인가에 일어난 대수해(大水害) 이후에 나타난 현상이다. 그러므로 1988~1993년 당시의 북한은 결코 기아선상을 헤매는 그런 상태는 아니었다고 알고 있다.

1988년 당시, 남북의 경제력은 대체로 5 대 1 정도로 알려지고 있었다. 국민생활 전반을 통해서 남쪽이 압도적으로 앞서고 있었다. 그러나 그것은 어디까지나 전체의 비교에서였다. 만약에 남쪽 저소득층과 북쪽 저소득층을 단순 비교한다면 이야기가 달라진다.

첫째가 주택문제였다. 북측의 주택수준은 형편없이 저질이지만 그래도 '무주택자'라는 것이 없었다. 결혼을 해서 가정을 이루면 방 한 개에 부엌과 화장실이 딸린 집이 공급되고 있었다.

둘째가 의료비문제였다. 1987년 남쪽에는 직장의료보험만 있었고 지역의료보험은 없었다. 따라서 직장의료보험증이 없고 돈이 없는 사람은 아무리 중병에 걸려도 병원문을 두드릴 수가 없었다. 그런데 북쪽은 의료시설이 형편없고 약이 부족하여 침으로 대신하는 실정이었지만 돈이 없다는 이유로 진료를 거부당하는 일은 없었다.

셋째가 교육문제였다. 남쪽에서는 중학교 졸업자의 3분의 1이 고등학교에 진학하지 못했고, 고등학교 졸업자의 3분의 1은 대학(전문대학 포함)에 진학할 수가 없었다. 학교의 문(정원)이 그만큼 좁았고 또 고액의 학비가 들기 때문이었다. 그런데 북쪽은 비록 직업선택의 자유, 학교선택의 자유가 없기는 하지만 적어도 전문대학 수준까지는 거의 의무교육이 되어 있는 것으로 알려져 있었다.

이러한 실정 아래에서 만약에 남북간에 정보자유화가 이루어진다면 남쪽의 저소득층 국민(약 30%)은 북쪽이 오히려 살기가 좋은 곳으로 생각하지 않을까라는 고민을 했다. 대한민국 정부 고위층이 저소득층 주택·의료·교육문제의 해결을 신중히 검토하게 된 것은 당연한 일이었다.

정부는 우선 공무원과 공·사립학교 교직원 및 100인 이상 사업장에게만 적용되어오던 의료보험을 전국민에게 확대 실시키로 결정했다. 1988년 1월 1일부터 농어촌지역에, 그리고 그해 7월 1일부터 5인 이상 사업장 종업원에게, 다음해 7월 1일부터는 전체 도시주민에게 지역의료보험을 실시했다. 전국민 의료보장의 제도화를 실시한 것이다.

전문대학의 신설과 정원확대, 4년제 대학의 정원확대, 그리고 독학에 의한 학위취득제 실시, 개방대학과 방송통신대학의 확충도 제6공화국의 업적이었다. 전문대학만 예로 들면 1988~91년의 4년간 40개 대학이 신설 인가되었고, 1987년의 졸업정원 9만 7천 명이 1991년에는 14만 1천 명으로 늘어났다(『실록』 3·4권 참조).

물론 국민경제 규모가 그만큼 커졌고 국민의 욕구수준도 그만큼 높아졌다는 등의 이유도 있었다. 그러나 그 한편으로 북측(조선인민공화국)에 대한 배려, 정보자유화가 이루어졌을 때 북측과의 대비에서 저소득층 생활에 있어서도 결코 뒤지지 않게 하기 위한 배려가 있었던 것이다.

## 서울 40만 호 주택건설과 수서지구

문희갑 경제수석비서관의 주관 아래 건설부 주택국 실무자에 의해 계획된 '주택 2백만 호' 건설은 면밀한 사전검토가 거듭되었다. 충분한 사전검토 없이 즉흥적으로 발표했다가 용두사미가 된 5백만 호의 전철을 밟지 않기 위해서도 철저한 사전검토가 필요했던 것이다.

2백만 호 계획의 특징은 세 가지 점에서 찾을 수 있다. 첫째는 지역별 배분이었다. 2백만 호 건설목표 중 약 반수 가까운 90만 호는 수도권에서 건설하고, 나머지는 수도권이 아닌 부산·대구·대전·광주 등지와 그 밖의 중소도시에서 건설키로 한다는 목표를 세웠다. 둘째는 도시영세민·근로자를 위한 주택건설이었다. 25만 호의 영구임대주택을 짓기로 했다. 25만 호 중 주택공사가 18만 호, 지방자치단체가 7만 호씩 분담하고, 영구임대주택에는 생활보호대상자 등 영세민계층을 입주케 했다.

영구임대주택과는 별도로 근로복지주택 15만 호, 사원임대주택 10만 호, 합계 25만 호 건설도 계획했다. 이것은 삼성·현대·선경 등 대기업 사원아파트 건설을 유도하는 계기가 되었다. 셋째는 민간주택건설업자 지원책이었다. 주택건설촉진법에 규정된 주택건설지정업자, 주택건설등록업자는 물론이고 그 밖의 영세업자들까지 저리융자·자재공급 등에 두터운 지원책이 강구되었다.

수도권에 90만 호 건설의 주축은 새로 건설되는 5개 신도시였다. 이미 계획이 착수되어 있던 중동·평촌·산본에 각각 2만 5천 호씩 7만 5천 호를 짓기로 했다. 그리고 그보다 훨씬 규모가 큰 분당·일산 2개를 새로 계획했다. 분당에 9만 7,500호, 일산에 6만 9천 호를 건설한다는 것이었다. 그렇게 해도 29만 4천 호밖에 되지 않았다. 20만 6천 호를 인천시·경기도 민간업자들이 건설토록 유도했다.

서울시 행정구역 내에서 40만 호를 건설하도록 계획되었다. 서울시가 8만 호, 주택공사가 7만 호, 민간이 25만 호를 짓는다는 것이었다. 서울시는 1960년대 후반부터 시영주택이라는 것을 건설해오기는 했지만 겨우 1년에 2~3천 가구 정도가 고작이었다. 5년간에 8만 가구의 주택을 서울특별시장 책임 아래 건설한다는 것은 결코 쉬운 일이 아니었다.

8만 호, 즉 8만 가구가 입주할 수 있는 아파트라는 것은 어느 정도의 물량인가를 생각해보자. 여의도윤중제 안의 넓이는 80만 평이다. 이 80만 평의 약 3분의 1은 광장(공원)과 도로이며 3분의 1이 국회의사당을 비롯한 각종 업무시설, 나머지 3분의 1이 아파트로 구성되어 있다. 여의도에는 단 한 채의 단독주택도 없는 것이 특징이다. 여의도 광장의 동쪽 일대는 시범·삼익·은하·한양·광장·삼부·대교·장미·미성·한성 등으로 이루어진 아파트숲이다. 내가 이 글을 쓰면서 여의도의 아파트가 몇 개 동이며 몇 가구가 거주하고 있는가를 조사해보더니, 10층 이상 15층까지의 아파트가 모두 97개 동, 8,594가구였다.

아파트 8만 호(가구)라는 것은 여의도 전체 아파트의 9.3배에 해당하는 물량이니 엄청난 것이었다. 당시의 서울시에는 물론 주택공급도 문제이기는 했지만 그보다 더 시급한 문제가 산적해 있었다. 교통·상수도·쓰레기·대기오염·수질 등 하나같이 시급한 문제였다. 그러나 그렇다고 중앙정부의 역점사업인 주택 2백만 호 건설에 동참하지 않을 수는 없었다.

1988년 12월 5일에 꽤 규모가 큰 개각이 단행되었다. 국무총리·부총리가 모두 바뀌었고, 청와대 경제수석비서관이었던 박승이 건설부장관이 되었으며, 그 후임에 문희갑이 들어앉았다. 2백만 호 건설이 실시단계에 들어서는 정부인사였다. 이때의 개각에서 서울특별시장도 바뀌었다. 김용래가 나가고 고건이 임명되었다.

'서울특별시 도시개발사업 특별회계 설치조례'라는 것이 제정·공포된 것은 신임시장이 부임해온 지 2주일이 지난 1988년 12월 20일자 조례 제2385호였다. 그리고 약 1개월이 지난 1989년 1월 17일자 조례 제2389호로 '서울특별시 도시개발공사 설치조례'가 제정·공포되었다. '서울특별시 도시개발공사'라는 기구가 발족한 것은 1989년 2월 1일이었다. 주택 8만 호 건설을 전담하는 기구였다.

주택건설 전담기구설치와 병행하여 택지를 어떻게 마련하는가가 신중히 검토되었다. 개포·고덕·목동·상계·중계동 등지에 대규모 주택단지가 조성된 직후였으니 새로운 주택단지 후보지를 찾는 작업은 결코 쉬운 일이 아니었다. 서울시 행정구역 내에서 거의 마지막으로 남다시피 한 자연녹지·생산녹지들이 검토대상이 되었다. 겨우 찾아낸 것이 강남구 대모산 기슭의 수서지구·대치지구, 서초구 우면산 밑의 우면지구, 양천구 김포가도 북측의 가양지구 등이었다. 개포·목동·고덕지구 등에 비하면 그 규모가 훨씬 작았다. 자투리땅이나 마찬가지였다. 그래도 수서지구라는 것이 가장 규모가 커서 133만 5천㎡(약 40만 3,800평)였다.

'택지개발촉진법'이라는 것이 제정·공포된 것은 1980년 12월 31일이었다. 주택 5백만 호 건설을 추진하기 위해서 입법된 것이다. 건설부장관이 어떤 지역을 '택지개발예정지구'로 지정하면 그 시점으로부터 도시계획법을 비롯하여 모두 19개 법률이 규정한 결정·허가·인가 등을 받은 것이 되는, 다시 말하면 19개 법률의 효력이 사실상 배제되어버리는 내용의 법률이다. 수서지구가 대치지구·우면지구 등과 더불어 택지개발예정지구로 지정된 것은 1989년 3월 21일이었다. 그로부터 한 달 반이 지난 5월 4일에는 김포가도 북측의 가양지구 97만 7천㎡도 택지개발예정지구로 지정되었다.

수서지구는 강남구 수서동과 일원동에 걸친 대모산 남쪽 기슭이었고 1980년 전반기에 개발된 개포지구 동쪽에 위치하는 땅이었다. 개포지구가 개발되면서 그에 이웃한 동쪽지역 일대도 머지 않아 개발되리라는 것은 누구나 예측하고 있었다. 그러나 당시의 추세로 봐서 순수민간업자가 개발주체가 되지는 않을 것이라는 것도 대체로 공통된 인식이었다.

2백만 호 건설의 정부발표가 있기 직전인 1988년 4월 8일에 서울시는 수서지구 일대를 구획정리방식으로 개발하겠으니 지구지정을 해달라고 건설부에 신청했다. 주택 2백만 호 건설에 부응하기 위해서는 어차피 대규모 택지조성이 선행해야 하고 그것을 위해서는 구획정리방식이 가장 손쉬운 것이라고 판단한 때문이었다. 그러나 건설부는 이 지구지정 신청을 바로 반려해버렸다. 단시일에 택지조성이 이루어지려면 택지개발촉진법에 의한 공영개발방식이 구획정리수법보다 훨씬 효과적이라는 이유에서였다.

건설부의 그와 같은 의향에 맞추어 서울시가 수서지역 택지개발예정지구 지정을 신청한 것은 1988년 6월 23일이었고 1989년 3월 21일자 건설부고시 제123호로 지정되었다. 택지개발예정지구로 지정되자 서울시는 바로 (주)삼안건설기술공사에 「수서·대치·우면지구 택지개발사업 기본계획」수립을 용역·발주하였으며 그 기본계획안에 따라 1990년 3월 12일에 택지개발 실시계획이 승인되었다(서울특별시 고시 제65호).

## 2. 한보주택 정태수 회장과 26개 주택조합

### 한보주택 정태수 회장

연예인이 매스컴을 타는 것은 당연한 일이다. 그것이 직업이기 때문이다. 대통령·국무총리 등 일급 정치인이 매스컴에 자주 등장하는 것은 국가정책을 수립 실천하고 국민여론을 지도하는 위치에 있기 때문에 또한 당연한 일이다. 20세기 후반기 한국 매스컴에 가장 많이 등장한 인물은 아마도 박정희 대통령일 것이다.

그런데 1990년대의 10년간, 연예인도 정치인도 아니면서 가장 많이 매스컴에 등장한 인물은 누구냐? 바로 정태수라는 인물이었다. 1991년에는 이른바 수서사건으로, 1995년에는 노태우 전 대통령 비자금을 관리해온 인물로, 그리고 1997년에는 한보철강사건으로 거의 매일 신문지상, TV화면에 그 이름과 얼굴이 보도되었다. 정태수는 그 모습이 결코 뛰어난 사나이가 아니다. 키는 평균신장에 미치지 못한 데다 얼굴도 결코 미남은 아니다. 그러나 그가 풍기는 인상은 '다부지다'고나 할까, 투지가 넘치는 얼굴이다.

정태수는 1923년 8월 13일에 경상남도 진주에서 태어났다. 인명사전에 의하면 그의 학력은 한양대학교 산업대학원 졸업이라고 되어 있으나 그의 정식학력은 초등학교 졸업이 정설로 되어 있다. 한국전쟁이 일어난 다음 해, 그는 28세가 되어 세무공무원이 되었고 24년간 각 지방세무서를 전전했다. 그 직급은 하위직, 서기보(9급)에서 시작하여 주사(6급)로 끝났다.

그가 부모의 유산을 받지 않았음은 확실하다. 그런 그가 말단공무원 생활을 하면서 어떻게 큰 재산을 모을 수 있었는가라는 것은 아무도 알지 못했다. 그 당시 같은 세무공무원 생활을 한 사람의 입을 통해서 “뇌물을 먹고 그 뇌물로 땅을 사모으고 했다”는 말이 전해지고 있지만 어디까지나 시기·질투, 추측의 범위를 벗어나지 못했다. 아무도 그가 뇌물을 받은 현장을 보았다는 사람은 없다.

그는 1974년 초에 세무공무원 생활을 그만두고 주택건설업을 시작했다. 한보상사라는 회사를 설립한 것은 1974년 3월 7일이었다. 이 회사가 처음 건설한 것은 영등포구 구로동에 3~5층짜리 6동 172가구의 소규모(18~22평) 아파트였다. 그리고 이어서 1976년에 강남구 대치동에 동원아파트라는 이름의 5층짜리 아파트 480가구를 건립했다. 이 동원아파트를 건립하고 있을 때인 1976년 10월에 한보주택(주)이라는 회사가 등장했다. 삼한건설(주)이라는 건설업체를 인수하여 한보주택으로 개명한 것이다.

정태수의 한보주택이 갑자기 주목받기 시작한 것은 강남구 대치동 316번지 일대에 은마아파트를 지었을 때부터였다. 탄천제방이 낮아 홍수 때면 수몰됐던 농경지와 원래는 유수지였던 곳 일대의 23만 9,224㎡(7만 2,325평)를 사모아 14층짜리 26개 동 4,424가구의 대규모 아파트단지를 준공시킨 것은 1979년이었다. 서울시에 의해서 탄천제방이 새로 구축됨으로써 이 지대가 앞으로는 수몰지구가 되지 않는다는 것을 미리 알고 저지대의 땅을 헐값에 사모아 그 위에 아파트단지를 조성했던 것이다.

이 은마아파트단지는 당시 이미 주택단지 개발로 크게 성장하고 있던 현대건설이나 한양주택도 1년간에는 조성하지 못한 규모를 전혀 무명의 업자가, 그것도 제2차 석유파동으로 온 나라 안이 불경기의 늪에 빠져 있을 때, 1년 만에 조성한 것이었다. 이 은마아파트단지 이후로 한보주택은 일약 건설업계의 신데렐라로 부상하였으며 새로 한보종합건설(주)도 설립하여 한보그룹으로 성장하게 되었다.

한보그룹은 전두환 정권의 탄생과 더불어 더욱더 발전했다. 전 대통령의 장인인 이규동과의 각별한 친분 때문이었다는 것이 재계의 정설로 되어 있다. 1981년에 (주)한보탄광을 설립했으며 1984년에는 금호그룹으로부터 철강사업을 인수하여 한보철강(주)을 설립했다. 서초구 반포 4동, 강남고속터미널 뒤쪽 고지대의 임야는 원래 효성그룹이 소유했던 땅으로 효성이 아파트단지를 조성하고자 백방으로 노력했으나 자연녹지 지역으로 허가를 받지 못하고 있었다. 그런데 그 임야를 한보가 인수하여 1985년과 1987년의 두 차례에 걸쳐 형질변경허가를 받아내 모두 11개 동, 1,710가구의 '미도아파트단지'를 조성하는 데 성공했다. 그 또한 놀라운 일이었다. 한보는 제5공화국 시절에 그 밖에도 목동 신시가지 조성공사, 신정동 유수지공사, 서울지하철 3호선 연장구간, 4호선 사당-금정 간 전철공사 등을 수주해 그 실력을 과시했다.

1980년대에 급성장하여 경제계 30위권 안에 들어선 한보 정태수 회장의 경영철학은 크게 두 가지였다. 첫째는 대량의 부동산을 확보한다는 것이었다. 한국과 같이 높은 율의 인플레가 계속되는 나라에서는 부동산 투자만이 거액을 움켜쥘 수 있는 수단이라는 것이었다. 그리고 그가 매점한 부동산은 보통의 상식으로는 택지가 될 수 없는 저습지이거나 자연녹지였으며 그것을 택지화하여 대규모 아파트단지를 조성하는 것이 정태수 회장의 장기였다. 그러므로 그에게는 '땅의 해결사'라는 칭호가 붙었다. 수서지구 사건이 일어난 1991년 당시 한보그룹이 소유하고 있는 땅은 수서지구 5만 135평 외에도 서울 강서구 등촌동 일대 자연녹지 4만 6,400평, 송파구 장지동 일대 3만 8천 평, 경기도 수원근교의 7만여 평 등 15만 4,400여 평으로 알려졌다.

그의 경영철학 둘째는 정치인이건 공무원이건 간에 돈에는 약하다는 것이었다. 즉 돈만 가져다주면 안 되는 것이 없다는 것이었다. 그리하여 그는 '로비의 귀재' 또는 '로비마담' 등으로 불리었다. 여기서 로비라고 하는 것은 뇌물을 효과적으로 제공하여 일을 성사시킨다는 뜻이다. 그가 공직사회에 파고들어 무엇이든지 성사시켜버린 데는 몇 가지 비결이 있었다고 한다. 그 첫째가 휘하에 전직 서울시 및 건설부 고위공무원 출신을 여러 명 거느리고 있었다. 지금부터 전개되는 수서사건 당시에도 한보주택 사장은 서울시 성북·관악·영등포 각 구청장, 환경녹지·산업경제·재무 등 국장을 지낸 강병수였고, 한보탄광 사장은 관악구청장을 지낸 박형원이었다. 강병수는 정태수와 동향인 진주 출신이었고 박형원은 호남 출신으로 고건 시장이 매우 아꼈다고 한다.

둘째 비결이 비자금관리, 보안유지의 철저였다. 로비자금을 회사공금에서 인출하지 않고 정 회장이 직접 관리함으로써 뇌물청탁의 꼬투리를 잡히지 않는다는 것이다. 그리고 일단 문제가 되더라도 결코 입을 열지 않으며 끝내는 무혐의로 처리되도록 한다는 것이었다. 이 비결은 그의 오랜 세무공무원 생활에서 터득했을 것이다.

정태수 로비의 세번째 비결은 특정사안이 생겼을 때 로비활동을 벌이는 것이 아니라 유사시에 대비, 평상시 로비활동을 지속적으로 전개해나간다는 것이었다. 업무상 직접 관련된 사람뿐 아니라 언젠가는 도움을 받을 수 있는 사람까지를 망라해서 로비대상 리스트를 작성하고 명절이나 경조사 때 빠짐없이 봉투를 전달했다는 것이다.

정태수의 로비는 비단 정·관에 대해서뿐만 아니라 금융기관에 대해서도 괄목할 만한 것이었다. 수서사건이 일어나던 1991년 이전 약 4년간만 보더라도 1987년에 조흥은행으로부터 해외건설 부실에 따른 구제금융 1천억 원을 융자받은 것을 비롯하여, 1988년에 1,210억 원, 1989년에 1,150억 원, 1990년에 1,100억 원을 각 금융기관으로부터 융자받아 1990년 12월 말의 은행여신(與信: 대출금과 지급보증)은 3,702억 원에 달했다.

수서지구 택지구입과 관련해서도 1988년 9월에 수서동 402의 5 등 6개 필지의 자연녹지를 담보로 서울신탁은행으로부터 한보그룹 임원 3명 명의로 30억 원을 융자받았다(각 일간신문 1991년 2월에 소개된 기사 참조).[3)]

## 한보의 토지매입과 26개 주택조합

≪한국경제신문≫에 건설부 고위공직자의 담화발표 형식으로 '절충식 택지개발방식'이라는 것이 보도된 것은 1988년 2월 20일이었다. 정부가 금년부터 대단위택지를 개발하면서 사업대상 토지를 모두 강제 수용하는 이른바 공영개발방식만을 고집하지 않고 공영개발방식에 토지구획정리사업도 병행하는 이른바 '절충식 택지개발제도'를 실시해나가겠다는 내용이었다. 대상지구 내의 전토지를 강제 수용함으로써 발생하는 집단민원을 해소하고 아울러 용지보상비도 절감하기 위하여 구획정리사업의 장점도 가미하겠다는 것이었다.

공영개발방식과 구획정리수법을 병행하겠다는 이 절충식 택지개발제도라는 것이 건설부 일개 국장 정도의 발상이어서 그 발상이 신문기자와의 대담에서 흘러나온 것인지, 또는 실제로 그와 같은 내용이 신중히 검토된 것인지를 지금은 알 수가 없다. 그러나 그 신문의 보도내용만을 보면 건설부가 이미 그런 방침을 결정했고 그것이 시도에도 시달된 것 같은 느낌을 주고 있다. 여하튼 정부방침으로서 확정된 것 같은 뉘앙스를 풍기는 보도임에는 틀림없다. 그러나 뒷날 알려진 바에 의하면 1988

3) 정태수에 관하여 노태우 전 대통령 비자금관리사건, 한보철강사건까지를 언급하면 끝이 없을 정도로 길어진다. 또 그의 프라이버시에 관해서도 여러 가지 이야기가 보도되고 있다. 결혼을 네 번이나 했다느니, 점을 좋아해서 모든 행동, 투자결정 등을 점술가의 지시에 따른다느니 하는 따위의 이야기이다. 그러나 그런 것은 모두 수서토지사건과는 직접적인 관련이 없으므로 생략하기로 한다.

년 2월 20일자 ≪한국경제신문≫의 이 기사는 분명한 오보였다. 건설부가 그런 결정을 내린 일도 없고 또 신문기자를 상대로 그런 이야기를 했다는 관계관도 끝내 밝혀지지 않았던 것이다.

서울시가 강남구 일원동·수서동 일대 자연녹지·농경지 40만 3천 평을 구획정리방식으로 개발하겠으니 지구지정을 해달라는 공문서를 건설부에 전달한 것은 1988년 4월 8일이었다. 한보주택(주)이 전무·상무 등 임원 4명(최무길·이경상·이도상·김병섭)의 이름으로 이 지구 내의 토지를 매입하기 시작한 것은 바로 서울시가 구획정리사업 지구지정을 신청한 1988년 4월부터의 일이었다. 훗날 국회 행정위원회에서 한보주택(주)의 이 토지매입 시기가 구획정리사업 지구지정 신청시기와 일치하는 것이 지적되어 "서울시의 개발계획이 한보주택측에 누설된 것이 아닌가"라고 추궁되었다.

1988년 4월 당시 한보주택 사장은 이영식이었다. 이미 고인이 된 지 오래인 그에게 확인할 길은 없지만 이영식은 서울시에서 잔뼈가 굵어 다년간 계장·과장을 역임한 후 강남구청장을 3년간(1976~79년)이나 지낸 인물이다. 이영식 사장 외에도 당시 한보그룹에는 서울시·건설부 출신자가 적잖게 있었으니 그런 정보 정도는 쉽게 알아낼 수 있었을 것이다.

그러나 건설부는 이 지구의 구획정리지구 지정을 불허하는 한편 공영개발방식으로 개발할 것을 지시했다. 택지개발을 단시일 내에 끝내기 위해서였다. 서울시가 개발기법을 공영개발방식으로 변경하여 지구지정을 요청한 것은 1988년 6월 23일이었고, 다음해인 1989년 3월 21일에 택지개발예정지구로 지정되었다.

그런데 한보주택은 1988년 4월부터 시작한 이 지구내 토지취득을 그 후에도 계속하여 이 지역이 택지개발예정지구로 지정되는 1989년 3월 21일까지 3만 5,500평을 취득했고 지구지정 이후에도 계속해서 토지를 매입하여 1989년 11월까지 모두 5만 135평을 취득했다. 한보주택이 이 토지를 매입했을 때의 땅값은 1평당 평균 20만 원이었다.

아마도 정태수 회장은 이 지구가 구획정리수법으로 개발되지 않고 택지개발예정지구로 지정되어 공영개발방식으로 개발된다는 등의 정보도 미리 알고 있었을 것이다. 그러나 그런 상황변경에도 불구하고 그는 조금도 동요하지 않았다. 그의 사전에 '안 되는 일'이라는 것은 없었기 때문이다.

건설부가 주택 2백만 호 건설을 위한 '택지공급계획'을 발표한 것은 1988년 9월 13일이었다. 1992년까지 5년간 모두 16조 3천억 원을 투자하여 주택 2백만 호를 건설키 위해 190㎢(5,762만 평)의 택지를 개발하겠다는 내용이었다. 그리고 그 날짜 건설부 공고 제124호로 전국 각 시도의 광범한 지역이 '토지거래 신고구역'으로 결정되었다. 경기도의 경우, 오늘날 분당·일산·산본·평촌·중동 등 대규모 주택단지가 조성된 지역이 모두 토지거래 신고구역으로 지정되었다. 그리고 그 공고내용 중 서울특별시 및 부산·인천·광주 등 3개 직할시의 (도시계획법상) 녹지지역이 모두 토지거래 신고지역으로 지정되었다. 말이 신고였지 사실상 개인간의 토지거래를 불가능하게 하는 내용이었다.

이 건설부공고 제124호로 자연녹지인 수서지구 일대의 토지거래행위도 사실상 중단되었다. 원지주와 한보주택(주) 간에 사실상의 토지거래행위가 있었다 할지라도 등기부상의 이전은 불가능해진 것이다. 그러나 이 공고가 있은 후에도 한보주택(주)은 수서지구의 토지를 계속 매수했다. 그리고 그 면적은 1989년 3월 21일 이 지구가 택지개발예정지구로 지정될 때까지 3만 5,500평에 달했고, 그 후에도 계속하여 1989년 11월에는 총 5만 135평에 달했다.

회장 정태수를 비롯한 한보주택 임원이 "수서지구가 구획정리수법으로 개발되지 않게 되었다. 그대로 있다가는 그동안 취득해둔 부동산 일체가 서울시에 강제 수용되어버린다"는 것을 안 것은 아마도 1988년 말에서 1989년 초에 걸쳐서였던 것 같다. 그때부터 새로운 방어수단을 강구하기 시작했다. 주택조합을 이용하는 수법이었다.

주택조합은 집이 없는 동일직장 근무자 및 지역주민이 자기 집을 마련키 위해 조합을 구성, 집 지을 땅을 매입하여 공동주택을 건립하는 제도이며 '주택건설촉진법'(1977. 12. 31, 법률 제3075호)에 근거한다. 직장주택조합은 동일직장에 2년 이상 근무하고 부양가족이 있는 무주택가구주 20명 이상이 조합을 설립하여 직장 소재지 관할구청장으로부터 그 설립인가를 받아야 하고, 설립인가를 받은 즉시로 주택건립예정지 관할구청장에게 그 내용을 신고해야 한다.

주택건설촉진법과 동 시행령은 이렇게 설립된 주택조합에 여러 가지 특전이 주어지도록 규정했다. 일정규모(85㎡) 이하의 이른바 국민주택이 우선적으로 공급되고 금융지원을 받을 수 있으며 주택건설업체와 공동으로 주택을 건립할 수 있는 공동사업주체가 될 수 있는 등의 특혜가 그것이다.

정태수 회장은 주택조합이 지니는 이 세 가지 이점에 착안했다. 수서지구 개발이 공영개발방식으로 추진된다 할지라도 주택조합과 한보주택이 공동의 사업주체가 되어 85㎡ 이하 아파트를 지어 분양할 수만 있으면 한보주택이 큰 이익을 남길 수 있다는 계산이었다.

한보주택 임원들이 정 회장 지시에 따라 주택조합 모집에 나선 것은 1989년 2월경부터였다. 직장조합이건 지역조합이건 간에 주택조합이면 무조건 포섭하는 것이 아니었다. 힘이 있는 조합, 즉 정·관에 영향력을 미칠 수 있는 직장조합이어야 했다. 강남구 수서지구내 아파트입주를 희망하는 주택조합을 결성하여 한보주택과 공동사업자가 되기만 하면

정 회장의 막강한 로비 힘으로 반드시 주택을 분양받을 수 있다는 것이 각 직장 무주택자에게 던져진 미끼였다. 한보가 친 이 그물에 걸려 조합이 하나둘 결성되어갔다.

그러나 주택조합 결성이 그렇게 쉬운 일은 아니었다. '2년 이상 근무한 무주택자'라는 조건을 갖춘 자가 쉽게 규합되지도 않았다. 다행히 20명을 채워서 조합을 결성했다 할지라도 직장장의 결재를 받아 직장 관할구청장의 인가를 받는 절차, 건설예정지 관할구청장에게 신고하는 절차 등에도 시간이 걸렸다. 그와 같은 절차를 거쳐 겨우 14개 조합, 조합원수 650명이 된 시점인 1989년 3월 21일에 수서지구가 택지개발예정지구로 지정되었다. 건설부고시 제123호에서였다(1989년 3월 28일자 관보).

수서문제를 다루면서 여러 가지 의문점을 발견했다. 그 첫째가 왜 무엇 때문에 택지개발예정지구 지정이 이렇게 지연되었는가 하는 점이다. 건설부가 수서지구를 공영개발방식으로 개발하라고 서울시에 지시한 것은 1988년 4월의 일이었다. 그리고 서울시가 이 지시에 따라 택지개발예정지구 지정을 신청한 것이 1988년 6월 23일이었다. 그런데 건설부는 무슨 이유 때문에 8개월이나 지난 1989년 3월 21일에 가서야 택지개발예정지구 지정을 고시한 것인가.

두번째는 주택조합이 설립이 직장 관할구청장의 인가만으로 이루어지는 것은 아니다. 반드시 주택건립예정지 관할구청장에게 신고하여 그 인가를 받아야만 되는 것이다. 그런데 강남구청장은 자연녹지지역인 수서지구에 주택을 짓겠다는 주택조합 설립신고를 무슨 이유 때문에 접수했는가라는 점이다.

그런데 더욱더 괴이한 것은 택지개발예정지구로 지정된 후에도 14개 조합원수가 점점 더 늘어나서 마침내 1,996명이 되었다는 점이다. 그리고 1989년 3월 21일의 지구지정 이후에도 12개 조합이 새로 설립되었으며 그 조합원수가 1,364명이었다. 결국 수서지구 한보주택 취득토지에 주택을 짓겠다는 조합은 26개가 되었고 그 조합원수는 3,360명이었다.

26개 주택조합은 다음과 같다.

> 한국산업은행, 농업협동조합중앙회(4차), 한일은행, 한국외환은행, 한국주택은행, 대한투자신탁(제1), 대한투자신탁(제2), 한국감정원(제2), 매일경제신문사, 농림수산부(제2), 중외제약, 서울지방국세청, 대한투자금융, 강남경찰서(제2), 한국금융연수원, 한국전기통신공사, 한국감정원(제3한국감정원, 제3-1), 동양증권(제2), 서울투자금융, 한국신용평가(주), 금융결제관리원, 경제기획원건설공제조합, 국군제8248부대행정과, 내외경제신문사.

경제기획원·농림수산부·서울지방국세청·강남경찰서·국군제8248부대(송파구에 있는 육군행정학교) 등 국가기관이 5개, 산업은행·한일은행·외환은행·주택은행·농협중앙회 등 은행이 5개, 투자신탁·증권회사·건설공제조합 등 제2금융권 또는 금융관련기관이 7개, 전기통신공사·감정원·금융연수원·금융결제관리원 등 국영기업체가 6개, 경제신문이 2개, 일반기업체가 1개였다.

나는 26개 직장주택조합의 이름을 옮겨 쓰면서 가슴이 답답해질 정도의 압박감을 느꼈다. 바로 한국경제계를 움직이는 이름들이었고 중외제약(주)을 제외한 모든 기관이 한보그룹 경영과 직접 관련이 있는 기관들이었기 때문이다.

## 집단민원체제의 구축과 민원활동 개시

정태수 회장의 주택조합 설립 권유는 처음부터 치밀한 계산에 입각한 것이었다. 그 첫째가 조합원수를 3,360명으로 한 점이었다. 이 숫자는 한보주택이 1988년 3월 21일 이전에 취득한 수서지구 토지 3만 5,500평에 건립할 아파트의 전체 넓이에 맞춘 숫자였다. 둘째는 26개 직장조합의 성격이었다. 정 회장은 경제기획원·농수산부·산업은행·농협중앙회 등에 근무하는 3,360명이 일치단결하여 로비활동을 전개하면 충분히 승산이 있다고 계산했던 것이다. 당연히 언론기관대책도 강구했다. 매일경제사와 내외경제사가 비록 경제신문이기는 하나 언론사 직원 상호간에는 서로 흠집을 내지 않는다는 속성이 있음을 계산에 넣은 것이었다.

한보주택은 26개 조합이 설립되자 조합원 3,360명으로부터 1가구당 1천만 원씩, 336억 원을 선수금으로 받았다. 장차 아파트를 지어 분양하는 선수금이었다. 이 선수금은 미리 매입해둔 토지대금인 동시에 조합원과 한보주택과의 유대, 조합원 상호간의 유대를 돈독케 하기 위한 수단이기도 했다. 그리고 강력한 집단민원체제를 구축했다. 26개 주택조합 조합장을 한자리에 모아 '수서·대치지구 연합직장주택조합'이라는 것을 구성케 하고 농협 부천지점 차장 이주혁을 연합조합의 회장으로, 농협조합장 고진석을 간사로 추대했다(고진석이 연합조합 간사가 되자 농협조합장은 이관섭으로 바뀌었다. 고진석이 연합조합 간사로서만 활동하기 위해서였다).

이때부터 이주혁·고진석, 두 사람 특히 간사 고진석에게 집단민원의 주동역할을 담당케 했다. 한보는 로비활동자금으로 2억 원을 고진석에게 전달했다. 그때부터 고진석과 한보주택 전무 한근수는 정태수 회장의 지시에 따라 강력한 민원활동을 전개하는 주축이 되었다. 한보주택과 연합조합측은 우선 그동안 한보 임원명의로 취득해둔 수서지구 토지 114개 필지 4만 9,860평을 25개 직장주택조합(26개 조합 중 내외경제사조합 제외)과 토지매매계약을 체결하고 이어서 아파트건설을 한보주택에게 도급한다는 공사도급계약도 체결했다.

26개 주택조합이 수서지구 내에 확보해둔 4만 9,860평의 토지 중 3월

21일 이전에 취득한 3만 5,500평을 주택조합원에게 특별 공급해달라는 민원이 서울시에 처음 접수된 것은 1989년 9월 12일이었다. 그때부터 11월 4일까지의 54일간 연합조합은 서울시에 대해 모두 37회의 민원을 제출했다. 문자 그대로 민원공세를 전개한 것이다.

그들이 37회에 걸쳐 서울시에 제출한 민원은 실로 장황한 내용이었다. 그것을 읽어보면 마치 변호사가 법원에 제출하는 민사소송청구서를 읽고 있는 것 같은 착각을 일으킨다. 요약하면 다음과 같다.

① 26개 주택조합원 3,360명은 무주택자들로서 일찍부터 조합주택을 건립할 것을 계획하고 있었다. 그런데 마침 "앞으로는 공영개발과 구획정리수법을 가미한 절충식 택지개발방식을 채택하겠다"는 정부발표가 있어(≪한국경제신문≫ 1988년 2월 20일자), 조합원 3,360명이 돈을 마련하여 한보주택 임원 4명의 명의로 수서지구 토지 4만 9,860평을 매수했다(한보주택 임원명의는 편법상 빌렸을 뿐이며 실제로는 우리 조합원 3,360명이 거출한 돈으로 매입한 조합원의 토지인 것이다). 우리 조합원이 1988년 2월 20일자 신문기사를 믿게 된 것은 개포·양재지구 개발의 선례가 있기 때문이다. 서울시는 1982년에 개포·양재지역을 개발할 때 공영개발방식과 구획정리수법을 병행하고 있으며 자연녹지도 구획정리수법으로 개발했다.

② 그런데 건설부와 서울시는 절충식으로 개발하겠다는 당초의 계획을 갑자기 변경하여 수서지구 40만 3천 평을 공영개발방식으로만 개발키로 결정하고 지난 1989년 3월 21일자로 '택지개발예정지구'로 지정했다. 그 결과 이 지구가 구획정리수법을 가미한 절충식으로 개발될 것을 기대하고 이 지구 내에 토지를 구입한 우리들 26개 조합 3,360명이 피해를 입게 되었다. 결국 1988년 2월 20일에 정부결정으로 발표된 내용을 믿었던 우리는 선의의 피해를 입게 된 것이다.

③ 우리 26개 조합 3,360명은 무주택 직장인이다. 우리는 주택조합을 설립하는데 대단한 고생을 했다. 그러므로 무주택자에게 국민주택을 우선 분양하는 주택조합제도의 취지에 맞게 수서지구 내에 우리가 취득한 토지를 특별공급의 방법으로 양도해달라. 우리가 수서지구 내에 가지고 있는 4만 9,860평 토지를

모두 공급해달라는 것이 아니다. 그 중에서 1989년 3월 21일 이전에 취득한 3만 5,500평만은 기득권을 인정하여 우선 분양해달라는 것을 진정하는 것이다.

어떤 지역을 공영개발방식으로 개발한다는 것은 지방자치단체·주택공사·토지개발공사가 지구 내의 토지를 강제수용방식으로 일괄 구매하여 택지로 개발한 후 몇몇 주택건설등록업자로 하여금 주택(아파트)을 짓게 하고, 그 업자를 시켜 주택청약예금 가입자에게 공개추첨의 방법에 의하여 분양하는 제도이다. 당시 서울을 비롯한 전국각지에는 이렇게 추첨방식으로 주택분양을 대기하고 있는 주택청약예금 가입자수가 약 77만 가구에 달하고 있었다.

대규모택지의 공영개발방식이라는 것은 1980년 12월 31일자 법률 제3315호 '택지개발촉진법'이 규정한 제도였다. 그리고 동법 시행령 제13조의 2는 택지공급의 방법을 "시행자가 미리 정한 가격으로 추첨의 방법에 의하여 분양 또는 임대한다"라는 원칙을 규정했다. 그리고 특별공급을 할 수 있는 예외를 규정하여 학교시설·의료시설용지 등 특정시설용지인 경우, 주택건설촉진법 제44조의 규정에 의한 주택조합의 주택건설용지인 경우, 기타 시행자(지방자치단체·토개공·주공)가 필요하다고 인정하는 경우 등으로 제한적·나열적으로 규정했다.

택지개발촉진법 시행령 제13조의 2에 의하면 "주택조합의 주택건설용지인 경우"라고 규정했다. 만약에 26개 주택조합이 모두 1989년 3월 21일 이전에 설립되었고, 3,360명 조합원이 그 이전부터 조합원이었다면 서울시의 태도도 조금은 달랐을 것이다. 그러나 1989년 3월 21일 이전에 설립된 조합은 14개뿐이었고 그 조합원 수는 650명에 불과했다. 3,360명 중 80%이상인 2,710명은 기득권을 주장할 수 있는 자격이 없었던 것이다.

그런데 이렇게 강력한 민원을 전개하고 있던 26개 조합은 기득권 운운을 주장하기에 앞서 보다 큰 하자를 지니고 있었다. 즉 그들이 취득한 수서지구 내 토지가 도시계획법상 자연녹지였다는 점이다. 주택조합은 주택건설촉진법에 의하여 여러 가지 특혜가 주어지기는 했지만, 주택건설용의 토지로 취득해서도 안 되고 또 취득해봤자 주택건설이 허용되지 않는 토지가 있었다. 즉 개발제한구역 안에 들어 있는 토지, 도시계획법상의 공원용지 및 녹지지역, 도로·항만 등 공공시설 건설용지 등이었다. 37회에 걸친 끈질긴 민원에 대해 서울시의 회답은 처음부터 끝까지 변함이 없었다.

첫째, 도시계획상의 녹지지역은 공영개발방식이 아니고는 개발이 불가능한 지역이다. 귀 조합원이 주택조합 아파트건축을 목적으로 녹지지역내 토지를 취득한 것은 처음부터 잘못된 것이며 우리 시에서는 그것을 인정할 수가 없다. 둘째, 현재 시행되고 있는 주택개발촉진법·택지개발촉진법의 어느 조항에도 주택조합이 자연녹지 내에 소유한 토지에 기득권을 인정하여 택지를 특별공급할 수 있는 규정을 찾을 수가 없다. 셋째, 그러므로 귀 조합(연합회)의 민원을 들어줄 수가 없다는 것이었다.

민원공세는 그저 서류만 제출한 것이 아니었다. 술자리와 돈봉투의 제공도 시도해보았고 지난날의 동료를 동원하여 설득도 해보았다. 이 과정에서 숱하게 많은 인맥이 동원되었다. 정태수의 고향인 진주를 중심으로 한 경상남도 인맥, 한보탄광 사장 박형원을 앞장세운 전라도 인맥도 동원되었다. 그러나 서울시의 태도는 조금도 바뀌지 않았다. 이 민원의 담당부서는 도시계획국 도시개발과였다. 기술고시 출신의 국장 김학재, 육군사관학교 출신의 과장 강창구, 두 사람은 그런 유혹, 그런 인맥에 굴복할 위인들이 아니었다. 당무자가 그렇게 완강하게 거부하면 보통의 민원인은 단념해버리고 만다. 그러나 정태수는 이른바 땅의 해결사였다. 그것은 어디까지나 서곡에 불과했다.

## ‘제소전화해’에 의한 소유권 이전

한보주택과 26개 조합연합은 일체가 된 로비단이었다. 말하자면 수레의 두 바퀴와 같은 것이었다. 그러므로 다음에서는 양자를 묶어 로비그룹으로 표기한다.

로비그룹이 정·관을 대상으로 하여 본격적 로비를 개시하기 위해서는 반드시 거쳐야 하는 작업이 있었다. 한보주택 임원명의로 되어 있는 수서지구내 토지소유권을 조합원 명의로 바꾸는 일이었다.

도시계획법상 녹지지역이 ‘토지거래신고구역’으로 결정된 것은 1988년 9월 13일자 건설부공고 제124호에서였다. 이때부터 녹지지역 내의 토지거래는 사실상 중단상태가 되었다. 사실상의 토지거래가 있었다 하더라도 관할구청장이 발행하는 ‘신고필증명’이 첨부되지 않으면 등기이전이 되지 않았다. 수서지구가 속해 있는 강남구청장이 토지거래신고를 받아들일 이유가 없었다. 그러므로 한보주택이 수서지구 내에 확보한 5만 평의 토지는 한보임원 4명의 이름으로 등기되어 있었다. “이들 토지가 모두 조합원이 거출한 돈으로 매수한 것이다. 처음부터 조합원의 토지이다. 그러므로 우리는 기득권이 있다”라는 것을 주장하기 위해서는 토지소유권이 조합원 명의로 등기가 되어야 했다. 보통사람의 머리로서는 도저히 해결되지 않는 문제였다.

그런데 ‘땅의 해결사’ 정태수는 이 문제를 실로 가볍게 해결해버렸다. ‘제소전화해’라고 하는 법률제도를 이용한 것이다.

민사소송에 화해라는 제도가 있다. 원고·피고간의 다툼에서 서로가 조금씩 양보하여 타협하는 것이다. 그리고 이 화해 제도는 원칙적으로 재판정에서 재판관의 권유와 중재로서 이루어진다. 그런데 예외적으로 ‘제소전화해’라는 것이 있다. 상대방이 재판을 걸어오기 전에 스스로가 상대방의 소재지 재판소에 찾아가서 나는 미리 화해를 하겠다는 화해조서를 작성하는 것이다. 이 화해조서에 법원서기관과 판사가 서명을 하면 그것이 법적 효력을 발휘해버리는 제도이다(민사소송법 제355조).

26개 조합원이 "수서지구내 토지는 우리의 토지이니 등기를 이전해달라"는 재판을 걸어오기 이전에 토지소유 명의자인 4명의 한보임원이 서울지방법원에 찾아가서 "우리 이름으로 등기되어 있는 토지는 사실상 25개(내외경제신문사 제외) 주택조합 조합원 약 3,300명의 토지이니 저쪽에서 재판을 걸어오기 전에 우리가 미리 소유권 등기를 저쪽으로 넘겨주겠다"는 화해조서를 작성하여 법원서기관·판사가 서명하여 그 결과를 강남등기소로 송부한 것이었다.

토지거래의 신고제도니 허가제도니 하는 것은 행정부가 정한 것이다. 사법부의 판사가 그런 제도를 인정해야 할 이유가 없었다. 판사는 사법권 독립의 원칙에 따라 민법·민사소송법·부동산등기법의 규정에 따라 재판을 하고 화해조서에 서명하고 등기소에 그 결과를 통보하면 그만이다. 토지거래의 신고제도·허가제도는 민사소송법에도 부동산등기법에도 규정되어 있지 않다는 법률상의 맹점을 교묘하게 이용한 탈법적 행위였다.

이 '제소전화해'가 이루어진 것은 1989년 12월 20일이었다. 이리하여 수서지구 내에 한보가 취득해두었던 토지 5만 135평 중 4만 8,184평의 토지소유권이 25개 조합원 명의로 이전되었다. 주택조합원은 그때부터 14평씩의 지분을 가진 토지소유자가 되었다.

제소전화해에 의한 소유권 이전은 실로 정태수다운 해결책이었다. 나는 이 과정을 고찰하면서 한보그룹의 고문변호사가 몇 명이었고 누구누구였느냐 또 이 화해조서에 서명한 법관이 누구였는가가 매우 궁금했지만 끝내 알 수가 없었다. 내가 그 점에 관심을 두었던 것은 그 흐름에서도 강한 로비의 흔적을 느꼈기 때문이었다.

토지소유권 문제는 이렇게 쉽게 해결되었다. 이제 한 차원 높은 로비를 전개할 수 있게 된 것이다.

## 3. 청와대, 정치권의 개입과 고건 서울시장의 항거

### 청와대 공문과 고건 서울시장의 고민

정태수 한보주택 회장이 대한체육회 산하의 하키협회 회장에 취임한 것은 86아시안게임이 개최되기 1년 전인 1985년이었다. 그때부터 그는 거의 그 존재가 알려지지 않았던 하키경기의 육성·발전에 큰 힘을 기울이기 시작했다. 엄청난 자금을 지원한 것이었다. 하키라는 경기가 국민의 관심을 끌게 된 것은 1986년 제10회 아시안게임에서 남녀 대표팀이 나란히 금메달을 획득하고부터였다. 그리고 88올림픽에서도 여자팀이 은메달을 획득함으로써 온 국민을 열광케 했다.

정태수 회장이 노태우 대통령과 개인적으로 알게 된 것은 아마도 그가 하키협회장이 되고 난 뒤부터의 일이었을 것이다. 노태우는 1982년에 초대 체육부장관, 1983년에 서울올림픽 조직위원장, 1984년에 대한체육회 회장 겸 KOC위원장 등을 역임하면서 체육계 관계자들과 깊은 인연을 맺기 시작했기 때문이다.

86아시안게임, 88올림픽은 온 세계에 대한민국의 위상을 드높인 범국가적·범국민적 대행사였다. 특히 금메달 12개, 은메달 10개, 동메달 11개로 소련·동독·미국에 이은 제4위의 모습을 온 세계에 자랑할 수 있었던 서울 올림픽의 성과는 정말로 자랑스러운 것이었다. 노태우 대통령은 올림픽이 폐막된 지 3일 후인 10월 5일 낮에 올림픽 선수단을 비롯, 체육회, 조직위원회, 서울시 등 올림픽 관계자 1,076명을 청와대로 초청하여 서울올림픽에서의 선전과 노고를 치하하고 격려했다. 그리고 그날 밤에는 다시 금메달리스트들과 체육단체장들을 청와대로 초청해 특별히 만찬을 베풀었다.

그 만찬장에서의 일이다. 박세직 조직위원장의 안내로 각 체육협회장들 테이블로 다가온 대통령은 만면에 미소를 띤 채 "모두들 정말로 수고하셨습니다. 이번에 메달을 딴 협회장들에게는 반드시 좋은 일이 있도록 하겠습니다"라는 인사말을 건넸다. 대통령의 인사말이 있자 어떤 협회장은 "경기장 시설확충의 어려움"을 호소했고, 또 다른 협회장은 "우수선수 육성을 위해 병역특혜제도를 더 확대해달라"는 부탁을 했다. 그런데 유독 하키협회 정태수 회장은 전혀 다른 이야기 즉 "정부의 주택 2백만 호 건설정책에 호응하여 집 없는 사람을 위한 아파트를 짓고 싶습니다. 정부에서 택지를 분양해주셨으면 합니다"라는 말을 했다는 것이다.[4)]

정태수 회장이 청와대를 찾아가 수서지구 택지문제를 포함한 한보그룹 사업 전반을 잘봐달라는 취지로 거금 10억 원을 노 대통령에게 제공한 것은 1989년 12월 초순이었다. 대통령 경호실장 이현우를 통해서였다. 훗날 노태우 대통령은 재직시에 6천억 원에 달하는 천문학적 자금을 뇌물로 받은 것이 탄로나 법정에 서게 되는데, 정태수가 이 10억 원을 가져갔을 때만 해도 아직 대통령 임기의 초기였기 때문에 10억 원은 비교적 거액의 뇌물이었다.

'대치·수서지구 연합직장주택조합' 명의로 된 탄원서가 청와대 민정

---

4) ≪중앙일보≫ 1995년 10월 31일자, 6면 기사, 다른 신문에는 이 날 노 대통령이 특별히 정태수 회장을 불러 "뭐 부탁할 것이 없느냐"고 물었더니 정 회장의 수서 택지 이야기를 했다고 보도하고 있는데 아마 특별히 부르지는 않았을 것으로 추측된다.

수석비서관실에 접수된 것은 1990년 1월 8일이었다. 10억 원을 바친 후 약 한 달이 경과하고 있었다. 3,360명 회원들이 수서지구 내에 토지를 확보하게 된 경위, 현행법령의 해석상 자기들 주택조합원에게 택지개발예정지구내 토지를 특별 공급할 수 있다는 법적 해석, 자기들이 흔히 볼 수 있는 사이비 주택조합이 아닌 '국가기관 및 금융기관이 주축이 된 공공적 성격의 주택조합'이라는 점 등을 면밀하게 기록했다.

그리고 결론으로 "저희 20여 개 주택조합 3,360세대 1만 5천 명 가족에게 내집마련을 위한 평생숙원을 좌절과 절망에 빠지지 않도록 각하의 깊은 배려와 선처가 계시기를 앙망하오며 (……) 각하께서 서울시장님께 지시하시어 조속히 (……) 첨부된 신청서와 같이 특별공급되도록 (……) 엎드려 탄원을 올립니다"라고 기록되어 있다.

노 대통령의 지시에 따라 대통령비서실이 수서지구 정태수 회장 사업을 지원키로 결정한 것은 아마도 이 탄원서가 접수된 지 20여 일이 지난 1월 말이거나 2월 초였을 것으로 추측된다.

2월 초순의 어느 날 청와대 행정수석비서관 이연택으로부터 서울시장에게 연락이 갔다. 수서택지 문제 때문에 상의할 일이 있으니 청와대에 와 달라는 것이었다. 고건 시장이 도착해보니 건설부차관 이진설도 와 있었다. 이연택 비서관은 고건 시장과 같은 전북 출신이었고, 이 건설부차관은 고건 시장과 고등고시 13회 동기였다. 이때의 회합은 비교적 화기애애하게 진행되었다. 이연택 행정수석의 태도는 강요가 아니었고 "수서택지에 관한 민원을 들어줄 수 없느냐"라는 정도의 권고적인 제안이었다고 한다. 그런데 이때 고건 시장은 다음과 같이 비교적 강경한 태도를 취했다.

녹지지역은 원래 일체의 건축행위가 불가능한 지역인데 주택조합이라 할지라도 건축허가를 내줄 수가 없는 것이다, 공영개발의 취지에 맞추어 택지공급은 엄정하게 실시되어야 한다, 77만 명에 달하는 청약저축예금 가입자, 그리고 26개 조합과 비슷한 입장에 있는 많은 주택조합원이 주시하고 있다. 그러므로 수서지구에 조성하고 있는 택지의 일부를 26개 주택조합에 특별 공급하는 일은 현행제도하에서는 불가능한 일이니 법령을 보완하는 등 제도적 장치가 선행되어야 한다고 말했다.

고건 시장은 그와 같은 입장표명으로 그 문제는 일단 마무리되었다고 알고 있었다. 그러나 그렇게 간단한 문제가 아니었다. 대통령 비서실장 명의의 공문서가 서울시에 시달된 것은 행정수석비서관과의 만남이 있은 지 10일 정도가 지난 2월 16일이었다. 공문서 내용은 다음과 같다.

> 대통령비서실
> 대비행 0125-20(770-0048) 1990. 2. 16.
> 수신: 서울시장
> 제목: 민원서 이첩
> ·대치 수서지구 연합직장주택조합(26개 주택조합 3,360 세대)에서 제출한 민원서류를 귀시에 이첩합니다.
> ·동 민원은 공영개발지구지정 이전에 국민주택형 조합주택을 건축하기 위해 취득한 토지가 수용대상이 되었으므로 공영개발 이후에 소요택지에 대한 개발 제반경비를 부담하겠으니 택지를 우선 공급해달라는 요청인 바
> ·이들은 공공기관 등에 근무하는 무주택자들로서, 서울시의 급작스런 계획변경으로 조합주택 건축계획에 차질이 있어 선의의 피해를 입게 됨에 따라 사회적 물의가 야기될 우려가 있으므로 이와 같은 물의가 야기되는 일이 없도록 주택건설촉진법, 택지개발촉진법 등에 의거 적법한 가격으로 우선 공급하는 등의 방안들을 건설부와 협의 검토 적의처리하고 그 결과를 보고하여 주시기 바랍니다. 첨부: 민원서류 1부. 끝.
>
> 대통령비서실장

이 공문을 형식적으로 보면 "별지와 같은 민원이 청와대에 접수되었

으니 서울시에 이첩했다. 잘 연구해서 사회적 물의가 일어나지 않도록 하라"라고 해석할 수가 있다. 그러나 공문의 문맥을 곰곰이 해석해보면 그것은 분명히 서울시장에 대한 지시공문, 즉 명령적 내용을 담고 있다.

공직에 근무한 경험이 있는 사람이라면 누구나 같은 생각을 하겠지만 이 공문은 대통령비서실장이 서울시장에게 보낸 지시공문이었다. 그 문면을 내가 느끼는 대로 옮기면 "수서지구 내에 민원인 3,360명이 진정하는 내용을 들어주도록 하라. 그것은 대통령의 뜻이니 건설부와 협의 검토하여 해결되는 방향으로 연구하고 그 결과를 보고하라"는 것이다.

당시는 여전히 개발독재시대였다. 서울시장은 민선이 아니고 임명시장이었다. 아마도 민주주의를 표방하는 지금, 시장이 시민의 직접선거로 선출되는 지금도 만약에 대통령비서실장 명의의 이런 공문이 시달되면 과연 거역할 수 있는 시장·도지사가 몇 사람이나 있을까. 그리고 이 청와대 공문이 서울시에 접수된 직후에 청와대 행정수석비서관실의 문화체육담당비서관 장병조가 서울시 도시계획국장 김학재에게 "수서택지 문제의 해결은 윗분의 뜻이기도 하니 빠른 시일 내에 선처가 되도록 해 달라"는, 부탁 반 지시 반의 전화를 걸었다고 한다.

내 추측이지만 아마도 1989년 9월에서 11월까지 37회의 민원이 접수되었을 때만 하더라도 그것은 도시개발과장·도시계획국장 등 실무자들 간의 문제였을 것이다. 설사 그런 민원이 계속 들어오고 있다는 것을 시장·부시장이 알고 있었다 할지라도 "실무진이 알아서 잘 처리하겠지"라는 정도의 인식밖에 하지 않았을 것이다. 그런데 청와대비서실장 명의의 공문이 시달된 후에는 문제가 전혀 달라졌다. 그것은 실무자의 문제가 아니라 시장이 직접 해결해야 할 문제로 바뀌어버린 것이다.

당시의 서울특별시장은 고건이었다.[5]

5) 고건은 1938년 1월 2일에 전라북도 옥구에서 고형곤의 둘째아들로 태어났다. 부

고건의 입장에서 노태우 대통령은 국회의원 선거에서 낙선하여 낭인 생활을 하던 자신을 서울특별시장으로 기용해준 은인이었다. 고건은 한국관료사회에서 보기 드문 인물이다. 첫째, 그는 다른 내무관료들이 거의 예외 없이 거쳐야 했던 군수를 거치지 않고 바로 전라북도 국장으로 기용되었다. 둘째, 한국관료사회에서 그만큼 빠른 속도로 그것도 요직만을 거친 인물은 과거에도 없었고 앞으로도 없을 것이다.

나는 그가 내무부에서 수습사무관을 시작했을 때부터 그를 알았다. 당시의 내가 내무부에서 발행하는 잡지 ≪지방행정≫ ≪도시문제≫의 고정필자여서 거의 매일 내무부에 출입했던 이유도 있었지만, 그의 친형인 고석윤과 내가 고등고시 제2회 행정과 동기인 데다 비교적 친근한 사이였기 때문에 고건과도 쉽게 가까워질 수 있었다.

---

친 고형곤은 경성제국대학 철학과를 나와 일제시대에는 연희전문학교 교수, 광복 후에는 서울대학교 문리과대학 철학과 교수로 재직했고, 1954년에 한국철학회 초대회장, 1959~63년에는 전북대학교 총장도 지냈으며, 학술원 원로회원, 학술원상을 수상한 우리나라 철학계의 대부였다. 그런데 고형곤도 혈기가 왕성한 탓으로 정계에 투신하여 1963년에 제6대 국회의원에 당선되었고, 야당(민정당)의 사무총장을 지낸 바 있다. 고건은 경기고등학교를 나온 후 1960년에 서울대학교 문리대 정치학과를 졸업했으며 다음해 제13회 고등고시 행정과에 합격했다. 이 행정과 13회는 매우 특색을 지니고 있다. 즉 그때까지 매년 20명에서 최고로 많은 해에도 35명 정도밖에 합격자를 내지 않았는데, 이 13회만은 72명을 합격시킨 것이다. 합격선을 낮춘 것이다. 이렇게 대량의 합격자를 낸 결과로 이 13회는 많은 인재가 배출되었다. 한국고등고시의 역사에서 이 13회만큼 많은 장관·국회의원을 배출한 기는 없다. 고건은 고시에 합격하자마자 바로 내무부에서 수습사무관을 지냈으며, 1968년에 전라북도 식산국장을 시작으로 전북 내무국장, 내무부 새마을담당관, 강원도 부지사, 내무부 지방국장, 전남도지사, 청와대 정무수석비서관, 교통부·농림부장관을 거쳐, 1985년에 고향인 군산에서 입후보하여 제12대 국회의원, 1987년에 내무부장관을 역임한 후, 1988년에 고향인 전북 군산에서 다시 입후보, 낙선한 후 잠시 낭인생활을 하다가 1988년 12월 5일에 단행된 개각 때 서울특별시장에 임명되었다. 이때의 개각에서 국무총리는 강영훈, 부총리겸 경제기획원장관에 조순, 안전기획부장에는 올림픽 조직위원장을 지낸 박세직이 임명되었다.

그는 총명하고 매사에 합리적이었을 뿐 아니라 대인관계가 부드러웠고 젊어서부터 노숙한 인상을 풍기고 있었다. 그를 잘 알고 있다는 사람에게 그를 한마디로 표현하라고 하면 아마도 '정확한 판단력과 합리적 사고방식'이라고 할 것이다. 그는 1990년 2월 16일자로 서울시에 이첩된 대통령 비서실장 공문에 담긴 뜻을 처음부터 정확하게 읽어냈다. 그때부터 그의 고민이 시작되었다. 즉 그의 합리적인 사고로는 수서지구 3,360명 집단이 주장하는 '기득권'이라는 것을 인정할 수 없었기 때문이다. 과연 이 문제를 어떻게 처리할 것인가. 그것은 실로 기나긴 고민이었다.

## 건설부의 태도

26개 주택조합의 민원을 노태우 대통령의 뜻을 받들어 청와대비서진이 직접 지원하고 있음을 알게 된 고건 시장은 주택건설촉진법·택지개발촉진법 등 관련법규를 면밀히 검토했다. 가급적 대통령의 뜻에 따르기 위해서였다. 그러나 법령을 아무리 뒤져봐도 해결할 방법이 없었다. 법령의 보완이 있어야 했다.

서울시가 건설부에 공문을 보낸 것은 1990년 5월 9일이었다. 공문내용을 요약해본다. 첫째, 현행법령만 가지고는 직장주택조합에 택지를 특별 공급해줄 수 있는 근거가 미비할 뿐 아니라 그런 선례도 없다. 둘째, 26개 조합이 제기하고 있는 민원과 같은 민원이 앞으로도 계속 들어올 수가 있으니 일관되게 적용할 수 있는 관련법규 또는 지침의 보완이 요망되는 바이다. 셋째, 새로운 정책결정이 필요한 사항이므로 유관기관회의 등 필요한 조치가 강구될 것이 요망되는 바이다.

서울시의 이 공문이 내포하고 있는 뜻을 나쁘게 표현하면 책임전가였다. "현행법규만 가지고는 집단민원을 해결해줄 방법이 없다. 새로운 법령으로 제도적 보완을 해달라. 아니면 최소한도 국무회의의 의결 등 서울시가 전책임을 지지 않도록 조치해달라"는 것이었다.

공문만 보낸 것이 아니다. 과장·국장이 건설부에 직접 가서 절충을 했다. 이때 서울시가 건설부에 요구한 구체적인 내용은 택지개발촉진법 시행령 제13조의 2 제5항(수의계약으로 택지를 특별공급 할 수 있는 경우)에 제8호를 신설해달라는 것이었다. 제13조의 2 제5항에는 1~7호에 수의계약을 할 수 있는 예외조항을 나열해두었다. 즉 예를 들면 1호에 '국가·지방자치단체 또는 공공기관에 공급할 경우', 그리고 2호에는 '도로·학교·공원, 공용의 청사 등의 공공시설용지로 공급되는 경우' 등으로 아주 제한적·명시적으로 규정했다. 서울시가 요구한 것은 그와 같은 1~7호 끝에 8호를 "예정지구 안의 토지를 소유한 주택건설촉진법상의 주택조합에게 주택조합 건설에 소요되는 택지를 공급하는 경우"로 하여 신설해달라는 것이었다.

이와 같은 내용의 조항을 신설해준다면 26개 주택조합의 민원은 당연히 해결될 수 있었다. 그렇지 않고는 서울시로서는 어떻게 할 방법이 없다는 것이었다. 건설부 당무자도 고민을 했을 것이다. 그런 고민 끝에 건설부의 공문이 서울시에 시달되었다. 건설부가 보낸 날짜는 7월 9일이었고 서울시에 접수된 것은 7월 12일이었다. 그 공문내용은 다음과 같은 것이었다.

첫째, 현행규정상 택지공급은 추첨의 방법에 의하여 공급할 수 있으므로 별도의 구체적 지침이나 유관기관 협의 등은 필요가 없다. 택지개발사업 시행자는 택지의 공급방법 및 절차에 있어서도 공정성과 형평성이 확보되도록 하여야 한다. 둘째, 귀시가 주택조합에 대하여 주택을 단체공급하고자 할 때에는 '주택공급에 관한 규칙'에서 정한 바에 따라 단체공급이 가능하다. 다만 주택청약예금에 가입하여 장기간 대기중인 청약

희망자들로 청약과열현상을 빚고 있으므로 주택조합에 대한 특별분양으로 사회적 물의와 일반청약자들의 반발이 없도록 하여야 한다.

이 건설부 공문은 실로 미묘한 것이었다. 어떻게 해석하면 "민원은 들어줄 수가 있다"라고도 읽을 수 있기 때문이다. 그러나 건설부가 강조하고 있는 것은 "공정성과 형평성 그리고 사회적 물의가 일어나거나 일반청약자들의 반발이 없도록 하라"는 것이었다. 다시 말하면 "별도의 구체적 지침이나 유관기관의 협의 없이도 서울시 책임 아래 특별공급을 할 수가 있다. 다만 공정성과 형평성을 잃지 않도록 하고 사회적 물의 등 말썽이 일어나지 않도록 하라"는 내용의 공문이었다. 나쁘게 말하면 서울시와 건설부가 서로 책임을 떠넘기고 있었다.

이 건설부 공문을 접했을 때 고건 시장의 결심은 서 있었다. "청와대(대통령)의 미움을 사는 한이 있더라도 민원은 들어줄 수가 없다"는 것이었다.

## 정치권의 압력

정태수 회장이 이현우 경호실장을 통하여 두번째의 10억 원을 노태우 대통령에게 바친 것은 1990년 5월 초순이었다. 그리고 같은 5월 중에 청와대에 제출했던 것과 같은 내용의 민원을 여당인 민자당, 야당인 평민당, 그리고 건설부 주택국에 제출했다.

정태수 회장은 원래 민자당의 재정위원이었다. 여당인 민자당에 정기적 또는 수시로 정치자금을 제공하는 정식멤버의 한 사람이었던 것이다. 그런데 민원그룹이 민자당에 민원을 접수했을 때에도 사전에 당연히 거금이 제공되었다는 것을 추측할 수 있지만 그 액수가 얼마였는가는 것은 밝혀지지 않았다. 다음해에 검찰에서 이 문제를 수사했을 때 정치자금으

로 정당에 제공된 금액은 수사대상에서 제외한다는 방침을 세웠기 때문이다.[6]

여하튼 민자당에 3,360명 연명으로 된 민원서류가 접수되었고 거금의 정치자금도 제공되었으니 그대로 방치할 수 있는 문제가 아니었다. 이 민원을 취급한 당 제3조정실장 서청원 의원 주재로 실무급 당정협의회가 개최된 것은 1990년 6월 15일이었다. 정책위원회 소속인 몇몇 국회의원과 간사들 그리고 건설부·서울시의 차관·국장들이 모인 당정협의회였다. 이 실무급 회의에서 이 민원처리문제가 매우 복잡하고 쉽게 해결될 사안이 아님을 인식하게 되자 결론을 내리지 못하고 고위급 당정회의로 넘겨버렸다고 한다.

당시 종로구 인사동길 옆에 있던 민자당 정책위원회 의장실에서 당정회의가 개최된 것은 8월 17일 오전 9시 30분에서 11시 20분까지였다. 이 당정회의에 참석한 사람들은, 민자당의 정책위원회 위원장 김용환, 제3정책조정실장 서청원, 행정부의 경제기획원장관 겸 부총리 이승윤, 법무부장관 이종남, 건설부장관 권영각, 서울시 부시장 윤백영이었다.

이 날의 참석자 명단을 보면서 이상하게 생각된 것이 있다. 부총리에다가 법무부장관·건설부장관이 참석했는데 왜 고건 서울시장은 참석하지 않았는가. 시장대리로 윤 부시장을 참석시킨 이유가 무엇이었는가. 그 점이 궁금해서 서울시 시정일지를 찾아보았더니 그날 시장이 꼭 참석해야 할 행사 같은 것도 개최되지 않았다. 입장이 난처해질 것이 두려워 시장은 일부러 피한 것이 아니었을까 하는 추측을 해본다.

---

6) 다음해 2월에 이 문제로 정치인들이 줄줄이 구속되었을 때 그 중의 하나였던 민자당 김동주 의원의 제보라고 전제하여, 당시 소수야당이었던 민주당 소속 장기욱 의원이 1991년 2월 19일에 신문기자들에게 폭로한 바에 의하면, 이때 정 회장이 민자당에 제공한 정치자금은 30억 원이었다고 한다(≪세계일보≫ 1990년 2월 20일자 2면 기사 참조).

원래 당정회의는 속기록 같은 것을 남기지 않는 것이 원칙이다. 그러므로 누가 어떤 발언을 했는지는 바깥에 알려지지 않았다. 그런데 이 날의 당정회의는 그 내용을 메모한 자가 있었다. 장관을 수행해간 건설부 주택국장 이동성이 참석자의 발언내용을 메모해두었고 그것을 훗날 야당인 평민당이 입수하여 그 내용이 각 신문지상에 공개되었다(≪세계일보≫ 1991년 2월 22일자 3면 기사 기타).

그에 의하면 서울시 윤백영[7] 부시장만이 현재의 법령만 가지고 특별공급을 하기는 곤란하다는 입장을 취했을 뿐이며, 권영각 건설부장관, 이종남 법무부장관이 민원인들에게 특별공급해주어도 법적으로는 문제가 안 된다고 했고, 회의를 주재한 김용환 당정책위원장, 이승윤 부총리가 모두 특별공급해주는 방향으로 발언했다. 결국 이 당정협의회에서의 결론은 "민원인의 민원을 들어주어야 한다"는 것이었다(서울시 보관서류).

① 현행 택지개발촉진법상에 개발택지의 일부를 주택조합에 특별공급해줄 수 있게 규정되어 있다.
② 본건은 선의의 무주택자가 주택마련을 위한 사안으로서 (그들에게 특별공급이 안 되는 경우) 일어날 수 있는 집단민원 발생 등을 고려하면 해결이 불가피한 문제이다.
③ 사업시행자인 서울시장이 합리적인 특별한 사유를 제시하여 개발택지 일부를 특별공급해줄 것을 건설부에 신청하면 건설부장관은 긍정적으로 검토한다.
④ 주택조합에 공급할 택지규모는 택지개발예정지구 지정 이전에 매입한 3만 5,500평에 한정한다.

이 당정회의에 참석한 후부터 윤백영 서울시 부시장, 이동성 건설부

---

7) 윤 부시장은 경기고등학교, 서울대 법대를 나와 고등고시 행정과 제11회(1959년)에 합격하여 서울시에서 잔뼈가 굵은 행정가였다. 이동성은 경북고등학교, 서울대 법대를 졸업한 건설부의 엘리트 관료였다.

주택국장은 "이 민원은 들어주어야 한다"는 것으로 그 태도가 바뀌었다. 실무자선에서 반대해봤자 별수없다는 것을 느끼게 하는 분위기였던 것이다.

정태수 회장은 제1야당인 평민당에도 접근했다. 정 회장은 정부·여당의 고위 당정협의회가 개최된 시기, 즉 1990년 8월 중순에 평민당 수석사무차장이었던 서울 강서갑구 국회의원 이원배를 찾아가 26개 주택조합이 평민당에 제출한 민원을 긍정적으로 검토해줄 것을 청탁했다. 이원배 의원은 원래 강서구에서 주택건설업을 했던 관계로 정태수와는 일찍부터 잘 알고 있는 사이였다. 이원배 의원의 주선으로 8월 하순에 주택조합 대표가 두 차례 평민당 김대중 총재를 만났고 김 총재는 그들 조합대표들에게 "당 차원의 긍정적인 지원을 약속"했다. 이때 정태수 회장이 평민당에 정치자금조로 제공한 금액은 2억 원이었다는 것이다. 평화민주당 총재 김대중 명의로 다음 내용의 공문이 건설부장관·서울특별시장에게 접수된 것은 8월 31일이었다.

① 무주택 조합원이 주택건립을 위하여 매입한 토지를 공영개발로 수용하는 것은 공공의 이익보다 무주택 토지소유자들의 권리 희생이 더욱 크므로 극한적인 집단 민원발생의 우려가 있다.
② 무주택 서민이 스스로 주택민원을 해결하기 위하여 택지를 확보, 주택을 건축하려 하는 것이므로 금융지원 등의 장려가 있어야 한다.
③ 택지개발촉진법 시행령 제13조의 2 제3항에 의거하여 연고권을 인정해 택지를 우선 공급하는 것이 마땅하다.
④ 분양방법 및 면적 등에 대하여는 민원인측과 서울시가 상호 협의하여 개발비용을 부담하는 조건으로 택지공급을 원하는 민원을 전폭 수용하여야 한다고 보는 바임.

이 평민당 협조공문이 서울시에 접수된 며칠 뒤 이원배 의원은 직접 서울시 관계관(부시장·도시계획국장 등)을 찾아가 그들 조합원의 민원이 신속히 처리될 수 있도록 요청했다.

청와대에는 언제 어떻게 통고하느냐, 정치권의 압력에는 어떻게 대처하느냐 등을 놓고 고건 시장이 가장 고민했던 시기가 바로 7~8월이었다. 시청간부들에게도 전혀 알리지 않은 혼자만의 고민이었다. 8월 말인가 9월 초의 어느 날, 시장실에 갔던 이동 종합건설본부장이 시름에 잠긴 시장의 모습을 발견했다. 이동은 고 시장의 경기중·고등학교 3년 후배였고 고 시장과 가장 가까운 고급간부였다.

이동 본부장이 "어떤 문제로 그렇게 고민하고 계십니까"라고 묻자 "아직 모르고 있었나, 도시계획국장 김학재에게 가서 왜 내가 고민하고 있는지 그 이유를 알아보라"고 했다. 이때부터 이동이 이 문제에 개입하게 되었다. 즉 고건 시장 - 이동 종합건설본부장 - 김학재 도시계획국장 - 강창구 도시개발과장의 라인이 성립된 것이었다.

## 불가방침 통고 – 고 시장 청와대에 항거

1990년 여름에 접어들자 민원인의 공세는 점점 더 치열해졌다. 조합원 5~6명, 많을 때는 20명 정도가 매일처럼 서울시에 찾아왔다. 도시개발과정, 도시계획국장은 그들 조합원을 상대하느라 다른 업무는 거의 볼 수 없을 정도였다. 그들 민원그룹은 서울시청 기자단에도 로비를 벌였다. 일간지·경제지 및 각 방송국 기자들로 구성된 서울시청 출입기자단은 서울시정 전반에 걸쳐 은근한 압력도 가할 수 있었고 또 문제되는 시책은 보도할 수도 보도하지 않을 수도 있는 큰 압력단체였다.

민원그룹에 의한 로비가 없었다고 할지라도 26개 조합에 포함된 매일경제신문사와 내외경제신문사의 서울시 출입기자가 있었으니 수서지구

집단민원은 당연히 출입기자단의 관심사항일 수밖에 없었다. 9월에 접어들자 이 민원을 어떻게 처리할 것이냐에 관한 출입기자들의 질문이 빈번해졌다. 과장실에도 들렀고 국장실에도 들렀다. 기자들이 시장·부시장을 만날 때도 있었다. 복도에서도 만났고 화장실에서도 마주쳤다. 기자들이 시장·부시장을 만날 때마다 "수서문제 어떻게 처리할 생각이십니까"라는 한 가지 질문이 되풀이되었다.

고 시장은 우선 출입기자단에게만은 입장을 밝혀둘 필요성이 있다고 생각했다. 매스컴을 통해 불가방침을 미리 보도해버리면 청와대에 대한 완충조치도 된다는 생각이었다. 도시계획국장 김학재·도시개발과장 강창구가 출입기자실을 찾은 것은 9월 28일 오후였다. 미리 통고가 되어 있었던 탓으로 기자실은 초만원이었다. 김학재 국장이 거기서 언명한 내용은 다음과 같았다.

> 현재 26개 주택조합 3,360명이 우리 시에 제출해놓고 있는 수서택지 특별공급의 건에 관해서는 그동안 여러 측면에서 깊은 검토과정을 거쳤다. 그런데 우선 현행 택지개발촉진법 관련법규(시행령·규칙)를 아무리 검토해봐도 택지개발촉진지구내 토지를 주택조합에 특별분양해줄 수 있는 명문규정을 찾을 수가 없었다. 다음에 '공공용지의 취득 및 손실보상에 관한 특례법'(1975년 법률 제2847호)이 적용될 수 있는가를 검토해보았다. 그런데 주택조합의 등기부상 토지취득일(1989년 12월 20일)이 택지개발예정지구 지정일(1989년 3월 21일)보다 늦기 때문에 이 법의 적용도 안 되는 것으로 판단되었다. 결론적으로 서울시는 수서택지 특별공급에 관한 집단민원을 수용하지 않기로 결정했다.

이 매스컴 보도가 있은 지 일주일이 지난 1990년 10월 5일에 조합원의 집단시위가 있었다. 10월 5일 오후 3시경에 이주혁·고진석 등의 대표를 앞세운 조합원 91명이 서울시에 몰려와 집단시위를 벌인 것이었다. 시장과의 직접 면담을 요구하는 격렬한 시위였다. "앞으로 일주일 이내에 시장과 대표자들이 직접 면담할 수 있는 기회를 마련하겠다"라는 약속을 함으로써 그들을 돌려보낼 수 있었다. 부랴부랴 '시민과의 대화' 시간을 마련했다.

'시민과의 대화'라는 것은 고건 시장이 부임한 지 몇 달이 지난 1989년 봄부터 시작한 제도였다. 실무자인 국·과장 선에서는 도저히 해결이 될 수 없는 고질적 민원을 처리하기 위해 민원인과 시장이 직접 대화를 하고 가부를 시장이 직접 판단하는 제도였다. 관계국·과장이 배석하는 것은 당연한 일이었다. 그리고 가부 결정의 공정성을 기하기 위해 변호사·논설위원·대학교수 등 5~6명의 외부인사를 '민원심의위원'으로 위촉하여 그들의 의견도 청취했다. 일종의 '민원재판'이었다. '시민과의 대화'는 원칙적으로 매주 토요일 오전에 개최토록 정해져 있었고, 이 대화를 위해 토요일 오전시간만은 시장은 일체의 다른 일정을 잡지 않았다.

수서민원을 심의·의결하기 위한 '제62회 시민과의 대화'는 특별히 10월 11일 오후 2시에 개최되었다. 집단시위 때 약속한 '일주일 이내'를 지키기 위해 토요일이 아닌 목요일에 개최한 것이었다. 이 대화에 참석한 관계자는 다음과 같다.

민원인 대표: 이주혁(직장주택조합 연합회장), 고진석(농협 직장주택조합장, 연합조합 간사), 최재곤(한국감정원 노조위원장), 추원서(한국산업은행 직장주택조합원), 김완성(대한투자신탁 직장주택조합장), 구자환(한일은행 직장주택조합장)

서울시 관계관: 서울특별시장, 시민생활국장, 도시계획국장, 주택국장, 도시개발공사 관리이사

민원심의위원: 임순철(변호사), 이행원(한국일보 논설위원), 김관봉(경희대 교수), 여홍구(한양대 교수), 이영희(건축사협회 서울시지부장)

민원인 대표들은 당연히 격앙되어 있었고 그 자세는 매우 고압적이었

지만 그들의 주장은 매번 동일한 내용, 즉 "종전에도 자연녹지를 구획정리방식으로 환지한 선례가 있다. 우리는 구획정리방식을 가미한 절충식 개발을 한다는 신문보도를 보고 수서지구 5만 평 토지를 매입했다. 공영개발사업은 무주택 시민의 주택마련을 위한 사업인 만큼 우리 무주택 직장조합원의 연고권(기득권)을 인정하여 국민주택 규모의 아파트를 지을 수 있는 택지를 공급해달라"는 것이었다. 질문과 답변이 오간 대화는 두 시간이나 계속되었다.

민원인들을 내보내고 민원위원·서울시 관계관들만이 남아 30분 가량 의견을 교환한 후 이른바 「민원심의 의결서」를 작성하였으며 민원심의위원 5명의 서명을 받은 후 해산했다. 심의 의결된 내용은 다음과 같다.

> ① 현재 서울시에서는 정부의 주택공급 확대정책에 따라, 전체시민 중 55%인 무주택 서민의 주택난을 해소하기 위하여 주택 40만 호 건설계획을 수립, 공영개발방식으로 택지를 조성하여 청약저축이나 예금에 가입하여 대기중인 자에게 주택을 공급하고 있음.
>
> ② 대부분의 직장주택조합은 건축이 가능한 주거지역내 임야나 전답 등을 매입한 후 토지형질 변경허가를 받고 조합주택을 건립하고 있으나, 민원인의 경우 신문에 보도된 절충식택지개발을 한다는 내용만을 믿고 구체적인 확인도 없이 건축이 불가한 자연녹지를 매입한 것은, 생각하는 각도에 따라서는 납득하기 어려운 오해의 소지가 많다.
>
> ③ 민원인의 입장을 선의로 해석하여 구제방법을 강구한다 해도 지금까지 공영개발방식으로 주택조합에 택지를 공급한 선례가 없을 뿐더러, 현행제도상에도 택지를 공급할 수 있는 구체적인 법규정이 없어 건설부에서 새로운 규정을 정해주지 않는 한 (민원인의) 요구를 수용함은 불가하다.

고건 시장의 입장에서는 민원내용을 변호사·논설위원·대학교수 등 외부인사에게 공개하고 그것이 서울시가 수용할 수 없는 것임을 객관화했다는 데 의미가 있었다. 그러나 그렇게 결정한 이상 청와대에 대한 최후통고를 더 지체할 수가 없었다. 민원인들에게 '시민과의 대화' 결과를 통보하면서 동시에 대통령비서실장에게도 공문을 발송했다. 2월 16일자 비서실장 공문에 대한 회신이었다. 시장이 결재한 것이 10월 13일이었고 15일자로 발송되었다. "(……) 법령상 세부규정이 미비된 상태에서 특정 주택조합에게 조합주택 건설용지를 특별공급하는 것은 불가하므로 동 주택조합의 민원은 현재로서는 처리할 수 없는 실정임을 보고합니다"로 끝나는 이 공문은 노태우 대통령에 대한 고 시장의 항거 또는 결별장이었다. 고 시장은 아마도 그 공문을 결재하면서 머지 않아 시장자리에서 축출될 것을 예견했을 것이다.

## 국회 청원과 그 결과

3,360명 민원인이 강남 을구 출신 국회의원 이태섭[8]의 소개로 국회에 청원서를 제출한 것은 1990년 10월 27일이었다. 고 시장이 재직하고 있는 한 서울시를 상대로 한 민원공세는 더 이상 효과를 거둘 수 없다고 판단한 때문이었다.

이때 민원인 그룹이 국회에 제출한 청원서를 보면 그 내용은 점점 더 세련되고 더 정교해졌음을 느끼게 하지만 주장하는 내용은 언제나 동일한 것이었다. 이 청원서를 제출하고부터 정 회장의 로비는 국회 건설위원(전문위원 포함)들에게 집중되었다. 정태수 회장이 국회 건설위원들에게 어느 정도의 금액을 누구누구에게 어떻게 뿌렸는가에 대해서는 전혀 알 수

8) 1939년에 태어난 이태섭은 경기고등학교 재학시절부터 수재로 소문난 인물이었다. 서울대학교 공과대학 화공과를 졸업하고, 도미하여 1966년 MIT대학에서 공학박사를 받았다. 귀국한 후 풍한산업·풍한방직 등의 사장을 역임하고, 1979년에 제10대 강남구 국회의원, 1981년 제11대 국회의원, 1986~87년 과학기술처 장관, 1988년에 제13대 강남 을구 국회의원이 된, 당시 여당인 민정당의 중진의원이었다.

가 없다. 1991년의 검찰수사 때 수사규모가 크게 축소되었기 때문이다.

'국회에 대한 청원'은 국회법 제9장(제116~119조)에 규정된 제도인데 행정부에 대한 민원이 해결되지 않을 때 그 내용을 국회에 청원하여 협조를 구하는 행정구제의 한 방법이다. 그러나 청원이란 제도는 입법부인 국회가 행정부의 행정행위에 간섭하는 행위이니 신중을 기해야 하고 복잡한 절차를 거쳐야 한다. 이 수서지구 청원에 관해서도 국회 건설위원회는 청원심의에 앞서 매우 신중한 절차를 거쳤다. 즉 전문위원에 의한 상세한 상황조사, 주무부서인 서울시·건설부에 대한 '청원내용 검토의견서 제출요구' 등이 그것이었다. 그런데 이때 건설부가 국회 건설위원회에 제출한 검토의견서에 실로 희한한 법령해석이 내려지고 있었다. 건설부의 의견을 그대로 옮기면 다음과 같다.

① 그러나 택지개발촉진법 제18조의 규정에 의거 사업시행자가 택지를 공급하고자 하는 경우에는 건설부장관의 승인을 얻도록 하고 있다. 동 규정은 공급택지 일부를 주택조합에 공급할 수 있는지의 여부에 대하여 직접적인 명문규정으로 정하고 있지 않으나, 시행령 제13조의 2 제3항의 해석상 가능할 것이다. 따라서 택지개발촉진법, 동법 시행령 및 시행규칙 등 관계법령의 보완이나 별도의 규정을 제정할 필요는 없다.

② 사업시행자인 서울특별시장이 동법의 규정에 의거 개발택지의 일부를 주택조합에 공급할 계획임과 본 청원상의 특정조합에 공급해야 할 객관적으로 수용할 수 있는 특별한 사유가 제시될 경우에는 건설부장관이 이를 승인할 수 있을 것이다.

③ 개발지구 내에 주택조합이 토지를 확보하고 있었다는 연고를 감안하고 또한 동 개발택지의 공급이 불가할 경우 주택건설을 희망하고 있는 3,360세대 무주택 조합원의 주택마련 기회상실로 인하여 야기될 수 있는 집단민원 등 사회적인 물의를 감안하면, 이는 특별한 사유가 있다고 일응 인정할 수 있을 것이다.

이 건설부 의견을 알기 쉽게 풀이하면 다음과 같은 뜻이 된다.

① 택지개발촉진법 시행령 제13조의 2 제3항에는 택지개발촉진지구 내의 택지를 수의계약으로 공급할 수 있는 대상자를 나열해두었다. 그런데 이 규정의 말미에는 "기타 시행자가 필요하다고 인정하는 경우"에는 수의계약도 가능하다고 규정한다.
② 본건 개발지구 내에 (청원인) 주택조합이 토지를 확보하고 있었다는 연고를 감안하고, 또 택지공급이 불가능할 경우 3,360가구가 일으킬 수 있는 집단민원 등 사회적 물의를 감안하면 이는 "시행자가 필요하다고 인정하는 특별한 사유가 있다"고 보아야 한다.
③ 그러므로 서울시가 위와 같은 "특별한 사유"를 앞세워 건설부장관의 승인을 요청해오면 건설부장관은 이를 승인할 수 있다.

이 건설부의 입장은 냉정히 생각해보면 실로 기발한 해석이었다.

'수서·대치 지구내 조합주택 건설허용에 관한 청원'이 다른 두 개의 청원과 더불어 '건설위원회 청원심사소위원회'에서 심의된 것은 1990년 12월 11일 오전이었다.

청원심사소위원회 위원은 이미 7월 5일에 있었던 제4차 건설위원회에서 지명되어 있었는데, 민주자유당은 박재홍(경북 구미, 소위원장), 김동주(경남 양산), 이웅희(경기 용인)였고, 평화민주당은 이원배(서울 강서 갑), 송현섭(전국구)이었다. 이 청원심사소위원회에 참석한 정부측 인사로는, 건설부 차관 김대영, 주택국장 이동성, 서울시 부시장 윤백영, 도시계획국장 김학재 등이었다. 그런데 이 청원심사소위원회는 정말 싱거울 정도로 쉽게 끝나고 말았다. 건설부 주택국장과 서울시 부시장이 쉽게 응해버린 것이었다. 국회의원들의 촉구적 질의에 이동성 국장과 윤백영 부시장이 답변한 내용은 다음과 같다.

이동성 국장: 26개 연합주택조합이 택지개발지구 내에 토지를 확보한 연고와 3,360세대에 달하는 무주택 조합원의 집단민원 등 사회적 물의를 감안해볼 때 본 청원내용은 택지개발촉진법 제13조의 2 제3항에 규정한 "기타 시행자가

필요하다고 인정하는 경우"에 해당된다고 해석됩니다. 그러므로 서울시가 "특별한 사유가 있다"는 것으로 판단하여 건설부장관에게 승인을 요청해오면 건설부는 그것을 승인할 것입니다.

거의 모든 위원이 한보의 로비를 받고 있었다. 만약에 건설부가 "현행 법령상 특별공급이 불가하다"고 주장하면 어떻게 할 것인가를 염려했는데 실로 뜻밖의 답변이었다. 희색이 만면한 위원들이 서울시 입장을 물었다. 윤백영 부시장이 일어서서 "국회에서 특별공급해주라고 결정을 내려주시면 그 결정에 따르겠습니다"라고 답변을 했다. 건설부도 서울시도 청원인의 청원을 받아들인다는 것이었다.

국회의원들 입장에서는 실로 뜻밖의 답변이었다. 건설부·서울시 양 기관이 모두 청원내용을 받아들이겠다고 했으니 더 이상 논의할 필요가 없었다. 본회의에 부의할 필요마저 없다고 판단했다. 그렇게 판단한 것은 박재홍 위원장을 비롯한 소위원 5명 전원의 착각이었다. 윤 부시장의 발언은 "국회에서 (……) 결정을 내려주시면 그 결정에 따르겠다"는 것이었다. 그러므로 국회 본회의에 보고하여 국회의장 명의의 공문이 서울시·건설부에 내려가야만 가부간의 효력이 있는 것이었다. 그러나 약간 흥분된 분위기 속에서 급히 서둘러 소위원회를 끝내버렸다.

국회건설위원회가 개회된 것은 청원소위원회가 폐회된 지 약 4시간 후 즉 12월 11일 오후 3시 19분부터였다. 3개의 청원에 대해 소위원회 심의결과를 보고받고 처리하기 위한 위원회였다. '수서·대치지구내 주택건설 허용에 관한 청원'은 마지막인 세번째로 보고되었다. 이 날의 건설위원회 의결은 수서사건 진전상에 하나의 결정적 내용이었으므로 약간 장황하기는 하나 속기록 전문을 소개해두기로 한다.

박재홍 소위원장: 청원심사소위원장 박재홍 위원입니다. (……) 셋째 수서·대치

지구내 조합주택 건설허용에 관한 청원은 1990년 10월 27일 서울시 종로구 관철동 한국산업은행 개포주택조합장 정성태 외 3,359인으로부터 이태섭 의원의 소개로 제출된 것입니다.

청원요지를 말씀드리면 수서·대치지구에 조합주택부지를 기 확보하고 있던 26개 연합주택조합은, 동 지역이 택지개발예정지구로 지정됨에 따라 당해 토지가 수용대상이 되어 조합주택 건축이 불가능하게 되었는바, 택지개발촉진법 등 관계법령의 유권해석 또는 보완을 통해 조합주택 건립이 가능하도록 연고권을 인정하여 택지를 우선 공급해달라는 내용입니다.

청원인의 요구사항에 대하여 택지개발 공급업무를 관장하고 있는 건설부에서는 청원대상 26개 연합주택조합이 택지개발지구 내에 토지를 확보한 연고와 3,360세대에 달하는 무주택 조합원의 집단민원 등 사회적인 물의를 감안하여, 택지개발촉진법 시행령 제13조의 2 제3항의 규정에 의거 동 주택조합에 택지를 공급할 수 있는 특별한 사유로 인정할 수 있다는 유권해석이 있었으므로, 청원인이 요청하는 3,360세대가 국민주택규모(25.7평 이하)의 주택을 건설할 수 있는 택지(약 3만 5,500평)를 공급 조치해줄 것을 사업시행주체인 서울특별시와 건설부에 촉구한바, 이에 대하여 건설부와 서울특별시에서 청원인의 요구사항을 수용하기로 하였으므로, 이 청원은 본회의에 부의하지 아니하기로 하였습니다. 이상으로 3건의 청원에 대한 소위원회의 심사보고를 마치겠습니다. (……) 아무쪼록 당 소위원회에서 삼사 보고한 대로 의결해주시기 부탁드립니다. 감사합니다.

오용운 위원장: 수고했습니다. (……) 의사일정 제3항 수서·대치지구내 조합주택 건설허용에 관한 청원에 대해서 소위원장이 보고한 바와 같이 본회의에 부의하지 아니하기로 의결코자 합니다. 이의 없으십니까? (“이의 없습니다” 하는 위원 있음) 가결되었음을 선포합니다.

이 건설위원회에는 국회 건설위원 9명이 참석하고 있었다. 오용운 위원장을 비롯하여 김동주 의원도 이원배 의원도 섞여 있었다. 건설부에서는 장관 이상희·차관 김대영, 제2차관보 한수근, 기획관리실장 박규열 그리고 이동성 국장을 포함한 4명의 국장이 배석하고 있었다. 이 날의 회의가 훗날 그 유명한 ‘수서사건’으로 발전하는 계기가 될 줄은 그 누구도 예측하지 못하고 있었다.

비록 본회의에 보고하지 않기로 결정은 했지만 로비를 받은 국회의원들 입장에서는 어떤 형식이건 간에 국회 건설위원회의 의견을 서울시·건설부에 통보할 필요성이 있음을 느꼈다. 국회 사무총장 명의의 「청원심사 처리결과 통보」라는 공문이 국회사무처에서 발송된 것은 1990년 12월 13일이었다. 이때 국회에서 서울시에 보내진 「청원심사 처리결과 통보」의 내용은 다음과 같다.

> 청원인의 요구사항에 대하여 택지개발, 공급업무를 관장하고 있는 건설부에서는, 청원대상 26개 연합주택조합이 택지개발지구 내에 토지를 확보한 연고와 3,360세대에 달하는 무주택 조합원의 집단민원 등 사회적인 물의를 감안하여, 택지개발촉진법 시행령 제13조의 2 제3항의 규정에 의거 동 주택조합에 택지를 공급할 수 있는 특별한 사유로 인정할 수 있다는 유권해석이 있었으므로, 청원인이 요청하는 3,360세대가 국민주택규모(25. 7평 이하)의 주택을 건설할 수 있는 택지(약 35,000평)를 공급 조치해줄 것을 사업시행주체인 서울특별시와 건설부에 촉구한바, 이에 대하여 건설부와 서울특별시에서 청원인의 요구사항을 수용하기로 하였으므로 이 청원은 본회의에 부의하지 아니하기로 의결하였음.

이 국회사무총장 공문은 서울시 관계관, 부시장·시장까지 공람이 되었다. 그런데 이 국회공문은 아무런 구속력도 발하지 못하는 성격을 지니고 있었다.

첫째, 국회 사무총장 명의의 공문은 행정부에 대해서는 아무런 효력도 없는 것이었다. 행정부가 국회의 의사로 받아들이기 위해서는 국회의장 명의의 공문이 있어야 했다. 둘째, 청원소위원회는 속기록이 없었다. 처음부터 속기사가 없는 회의였다. 그러므로 "사업시행주체인 서울특별시와 건설부에 촉구한바, 이에 대하여 건설부와 서울특별시에서 청원인의 요구사항을 수용하기로 하였으므로"라고 한 내용은 문서상으로는 전혀 입증을 할 수 없는 것이었다. 셋째, 윤 부시장은 "국회에서 결정을 내려주시면 그 결정에 따르겠다"고만 발언을 했다. 그런데 국회에서는 사실상 아무런 결정도 내리지 않고 있는 것이었다.

이렇게 국회에의 청원이 실질에 있어서는 아무런 결정도 내리지 않았음에도 불구하고 이 건설위원회에서의 청원처리결정이 바로 국회 청원위원회를 통과한 것으로 오해하는 층이 있었다. 서울시나 건설부 간부 중에도 있었고 청와대에서도 그렇게 오해를 했다. "국회에서 청원을 들어주기로 했으니 서울시의 태도가 바뀔 것"이라고 기대한 것이었다. 그러나 고건 시장만은 국회의 청원의결이 아무런 실체도 아니라는 것을 알고 있었다. 결국 고 시장은 국회사무총장 공문을 무시해버리는 태도를 취했다.

## 4. 주택조합에 특별공급 결정

### 고건 시장 경질, 박세직 시장 부임

정태수 회장이 대통령 경호실장 이현우를 통하여 노 대통령에게 30억 원을 상납한 것은 1990년 9월 하순경이었다. 그리고 그해 11월 28일 직후의 어느 날 정 회장은 청와대 안가에서 노 대통령을 직접 만나 "수서·대치지구내 조합주택 건축사업을 위하여 수서택지개발지구 중의 일부를 한보그룹이 수의계약형식으로 특별분양해달라"는 취지로 1백억 원을 상납했다. 정태수가 4회에 걸쳐 노 대통령에게 상납한 금액의 합계는 150억 원이었다(「1996년 8월 26일자 전두환·노태우 등 16명에 대한 형사사건 제1심 판결문」, 86~87쪽).

1990년 11월 하순에 마지막으로 1백억 원을 상납했을 때 아마 노 대통령으로부터 "수서택지 문제를 반드시 성사되도록 하겠다"는 구체적인 약속이 있었을 것이다. 국회의 청원의결이 있었으니 그 태도를 바꾸어줄 것이라는 기대에도 불구하고 고 시장의 태도는 변하지 않았다. 이제는 시장을 바꾸어버리는 수밖에 다른 방법이 없었다. 집단민원인이 서울시를 경유하여 건설부장관에게 행정심판을 청구한 것은 11월 하순이었다.

1990년 12월 27일에 대규모 개각이 단행되었다. 대통령 비서실장 노재봉이 국무총리로, 그리고 통일원·외무부·교육부·상공부·노동부·교통부 등 여러 장관이 경질되었다. 서울시장도 이때의 개각에 포함되었다. 새 서울특별시장은 박세직[9]이었다.

박세직이 올림픽 조직위원장 때 정태수 한보회장은 하키협회 회장이었으니 매우 친근한 사이였다. 여러 차례 술자리도 같이 했고 서로 농담을 주고받는 사이가 되었다. 노 대통령이 숱하게 많은 인물 중에서 굳이 박세직을 서울특별시장으로 임명한 것은 "수서택지문제를 잘 처리하라"

---

9) 박세직은 1933년 경상북도 구미에서 태어나 부산사범학교를 졸업한 후 육군사관학교에 진학했다. 육사 12기로서 전두환·노태우보다 나이도 한 살 아래이고 육사도 1기가 늦다. 육사재학 때부터 두각을 나타내 박준병(보안사령관·국회의원)·박희도(육군대장·육군참모총장) 등과 더불어 '3박'으로 불렸다고 한다. 1956년에 육사를 졸업한 후 서울대학교 문리대 영문학과에 학사편입하여 1959년에 졸업했다. 1980년에 보병 제3사단장을 거쳐 수도경비사령관이 되었다. 그리고 이 수도경비사령관 당시에 긴급 체포되어 매스컴에 대대적으로 보도되었다. 아마 당시 ≪뉴스위크≫인가 ≪타임≫인가와의 인터뷰에서 "다음은 내 차례다(다음 대권은 내가 잡는다라는 뜻)"라고 한 것이 문제되어 당시의 실권자 전두환 국보위위원장의 미움을 샀다고 한다. 결국 이 사건으로 예비역 편입, 예편 당시 계급은 육군소장이었다. 1985년에 총무처장관, 1986년에 체육부장관, 그해 서울올림픽 조직위원장·아시안게임 조직위원장에 취임하여 86아시안게임, 88서울올림픽을 성공리에 치러냈다. 고건이 서울시장에 임명되는 같은 날, 즉 1988년 12월 5일에 국가안전기획부장에 임명되었다가 1989년 7월 19일에 경질되어 그 뒤는 사실상 낭인생활을 하고 있었다.

는 인사였음을 짐작할 수 있었다.

## 한보는 얼마나 이익을 챙기는가

1990년 11월 하순에 노 대통령을 직접 만나 거금 1백억 원을 바치면서 수서택지의 선처를 부탁했고, 12월 27일에 자신과 매우 친근한 관계에 있는 박세직이 서울특별시장이 되면서부터 정태수 회장은 수서택지 문제가 조만간에 해결될 것임을 확신했다.

정 회장이 ≪한국경제신문≫ '궁금합니다'란에 등장한 것은 1991년 1월 13일이었다. 아마 1월 10일쯤 기자와 대담을 했고 그것이 13일에 보도되었을 것이다. 대담의 초점은 충청남도 아산만에 새로 건설하는 한보철강 공장이었다. 대규모 철강공장 건설이라는 것은 국가적 대사업이었다. 한국에는 포항제철 하나뿐이었고 전세계를 통해서도 열 손가락을 꼽을 정도의 공장밖에 없다. 한국을 대표하는 재벌기업인 현대그룹도 삼성그룹도 철강공장은 가지지 않았는데, 그 순위가 30위권에 드는 한보그룹이 철강재 1년 생산량 290만 톤으로 세계 최대규모의 철강공장을 건설하겠다고 했으니 당시 한국 경제계를 놀라게 하고 있었다. 당시의 계산에 의하면 공장건설비가 1조 2천억 원이었다. 이 거액의 건설비가 어디서 어떻게 염출되는가가 화제의 초점이 될 수밖에 없었다. 당시의 대담내용 일부를 원문 그대로 인용하면 다음과 같다.

—계열사들이 자금조달에 큰 몫을 하겠군요.

정 회장: 그룹의 모기업 격인 한보상사와 한보주택이 보유하고 있는 서울지역의 대규모 주택단지에 올해부터 본격적인 아파트건설공사를 하게 됩니다. 우선 개포·수서지구에 3천 세대, 가양·등촌지구에 4천여 세대 건립과 1993년부터는 부산공장 이전에 따른 아파트 1만여 세대 건립으로 사업계획에 차질을 빚

지 않을 것으로 봅니다.

이 기사가 불과 20여 일밖에 지나지 않은 2월 4일의 국회 행정위원회에서 크게 문제가 될 줄은 미처 생각하지 못한 부주의한 발언이었다. 이 대담에서 분명해진 것은 아산만에 건설하게 될 세계 최대규모의 제철공장 건설비 1조 2천억 원 중 수서택지에서 올리게 될 수입금이 큰 몫을 차지하게 된다는 것이었다.

수서택지문제가 이른바 '수서사건'으로 발전했을 때 정치권과 경제계에 전파된 소문은 "한보 정 회장이 수서택지문제로 정치권에 뿌린 로비금액이 3백억 원"이라는 것이었다. 이미 고찰한 바와 같이 노 대통령에게 150억 원, 여당인 민자당에 30억 원, 야당인 평민당에 2억 원, 그 밖에 적잖은 국회의원에게 1~2억 원씩이 뿌렸으니 "로비자금 300억 원"이라는 루머가 결코 근거 없는 이야기가 아님을 추측할 수 있다. 그렇다면 과연 한보가 수서택지로 벌어들일 금액은 얼마나 되는 것일까.

① 한보가 수서지구 안에 매입한 토지평수는 5만 131평이었고 1989년 12월에 그 중 4만 8,184평이 25개 주택조합원 명의로 등기이전되었다. 5만 131평 전체가 1990년 7월에 서울시에 강제수용되었고, 그 평당 평균보상가격은 73만 7,500원으로 평가되었다. 1990년 말 현재 한보(주택조합원 포함)측은 보상비를 청구하고 있지 않았으나 보상비를 청구한다면 그 액수는 약 370억 2천만 원이 되는 셈이다(73만 7,500원×5만 131평=370억 2,174만 원). 한보가 이 토지를 매수했을 때의 평당가격이 평균 20만 원이었다고 알려지고 있으니 토지매수·전매의 차익은 약 250억 원에 달하는 것으로 추산할 수 있다.

② 그리고 당시 1가구당 아파트 건축비는 30평을 기준으로 약 4,500만 원이 소요된다고 알려져 있었다. 조합주택을을 모집하여 아파트를 지을 때 건설업체가 차지하는 이윤이 대개 10%선인데, 수서지구의 경우 서울시가 도로·상하수도 등 기반시설을 상당부분 제공하게 되어 있으니 결국 건설업체 이윤율이 15% 정도로 볼 수 있다. 따라서 26개 조합용 주택건설시공을 한보주택이 맡게 되면

약 226억 8천만 원의 이윤을 얻게 된다(가구당 675만 원×3,360가구=226억 8천만 원).

③ 한보와 주택조합은 공동사업자이므로 가구당 1.2평씩 즉 4,032평 규모의 상가 건설이 가능하다. 당시 강남 아파트단지 내 상가가 평당 2천만 원에 거래되고 있었으므로 전체 분양수입은 806억 4천만 원, 여기에 건축비(평당 100만 원, 4,032평분 40억 3,200만 원)를 뺀 순이익은 760억 원 이상으로 추정된다.

④ 일반주택업체가 수서지구에서 분양받는 일반택지의 가격은 평당 4백만 원 선이다. 그런데 국민주택규모 민영아파트용지를 조합주택용지로 하는 경우는 조성원가인 148만 원에 공급받게 되어 있고 감보율도 적용받지 않는다. 결국 일반주택업자보다 훨씬 저렴하게 택지를 공급받게 됨으로써 약 439억 원의 땅값이득을 보게 된다(≪세계일보≫ 1991년 2월 7일자, 7면, 「수서 특혜, 6천억 원 추정」 기사 참조).

이상과 같은 단순계산의 결과를 합산해보면 한보건설이 수서지구에서 조합주택을 건설하는 경우 외형으로 1,670억 원 이상의 이득을 보게 되어 있었다(수서사건이 터졌을 때 매스컴이 보도한 것은 3천억 원 이득설이었다).

한편 3,360명 조합원들의 이득은 얼마나 될 것인가.

그것은 더 간단하다. 당시는 채권입찰제가 실시되고 있었다. 사전에 고시되어 있는 아파트 분양가격 외에 이른바 프리미엄에 해당하는 주택채권 얼마를 매입하겠다는 입찰식 분양방법이었다. 많은 액수의 채권가격을 제시하는 자부터 순서로 잘라 내려가는 '채권입찰제'였다. 그러므로 주택조합·한보 공동사업체에 택지가 특별 공급되면 가구당 채권액 평균 6,250만 원(평당 250만 원), 3,360호, 합계 2,100억 원의 이득을 보게 되는 셈이었다. 그런데 당시 강남주변 아파트 거래시세가 30평형이 약 2억 원이었다. 그러므로 만약에 주택조합용 아파트가 착공만 되어도 30평형 기준으로 가구당 최소 1억 3,200만 원, 3,360가구 전체는 4,435억 원의 미실현이익을 얻게 되는 것이었다. 실로 엄청난 이권이었다.

## 1월 19일의 관계관 대책회의와 그 결과

원래 택지개발촉진지구(공영개발지구) 내의 택지를 수의계약으로 특별공급하는 데는 건설부장관의 승인이 필요하도록 되어 있었다. 그런데 1991년 1월 18일자로 건설부장관은 이 승인권을 각 지방자치단체장에게 권한을 위임해버렸다. "건설부장관에게 일일이 승인받지 말고 서울시장이 알아서 처리하라"는 것이었다.

1991년 1월 19일은 토요일이었다. 박세직 시장이 부임해온 지 20여일이 지나고 있었다. 간략한 간부회의가 있은 후 박 시장은 시장실에서 신문을 보고 있었고 ,이동 건설본부장, 김학재 도시계획국장 등은 윤 부시장실에서 간부회의를 하고 있었다. 청와대 행정수석비서관실 문화·체육담당비서관 장병조[10]가 서울시장실에 나타난 것은 9시 40분경이었다.

그가 탄원서라는 이름의 수서택지 집단민원이 대통령비서실에 접수된 1990년 1월부터 비서실 내에서 이 업무를 담당해왔다. 정태수 회장과의 친분관계, 그리고 대통령과의 측근성 때문에 문화체육담당이면서 전혀 성격이 다른 이 일을 맡은 것으로 추측된다. 그는 이 민원에 관련하여 서울시 도시계획국장에게 "민원을 들어주는 방향으로 빨리 해결하라"는 전화를 여러 차례 걸었다고 한다.

이 날 장병조 비서관이 박 시장을 찾은 용무는 바로 '수서택지 특별공

---

10) 장병조는 1938년에 태어났고 노태우 대통령과는 경북중·고등학교 6년 후배였다. 경북대학교 경제학과를 졸업하고 인도로 건너가서 캘커타대학원을 수료했다. 1967년에 경제기획원 사무관으로 특채되어 경제협력 2과장, 동 3과장 등을 역임했다. 1982년에 체육부가 생기고 노태우 대통령이 초대 체육부장관으로 부임하면서 체육부 총무과장으로 발탁되었다. 고등학교 후배였기 때문이다. 그후 노 대통령을 따라 올림픽조직위원회, 청와대로 자리를 옮긴, 노 대통령 측근 중의 측근이었다. 그는 체육부·올림픽조직위원회 등에 재직하면서 한보그룹 정태수 회장, 박세직 서울시장과는 5공 때부터 두터운 친분을 쌓아 상당히 가까운 사이였다.

급의 건'을 독촉하기 위해서였다. "국회청원도 끝났고 시장도 바뀌었다. 건설부장관의 승인권도 서울시장으로 권한위임이 되었다. 이제 거리낄 것이 없으니 빨리 매듭을 지어달라"는 독촉이었다. 그렇게 독촉하도록 노 대통령이 하명을 했는지 아니면 정태수 회장의 부탁이 있었는지는 알 수 없다.

장 비서관이 시장실에 들자 바로 해당간부들이 시장실에 호출되었다. 마침 부시장실에 있던 이동 건설본부장, 김학재 국장 그리고 강창구 과장이 자리를 같이 했다. 서울시의 실무자 3명은 당연히 특별공급(수의계약)은 법적 근거가 없으니 곤란하다고 했다. 박 시장이 건설부 주택국장과 이태섭 의원을 부르도록 지시했다. 이동성 주택국장은 "지방청의 회의에 내가 참석할 이유가 없다"고 버텼으나 박 시장의 간청으로 11시경에 합석했다. 이태섭 의원은 연락이 잘 되지 않았으나 12시경에 이 자리에 합석했다. 이른바 '관계관대책회의'라는 것이었다. 특별공급을 희망하는 측 반대하는 측이 갈렸다. 이태섭 의원, 장병조 비서관은 희망하는 측이었다. 이동성 국장은 특별공급을 해줘도 법적으로는 문제가 없다는 입장이었다. 특별공급은 곤란하다, 만약에 집단민원에 굴복하여 특별공급하게 되면 시민여론이 비등해지고 시의 입장이 난처해진다는 것이 세 사람(이동·김학재·강창구)의 주장이었다. 12시가 넘어도 결론이 나지 않았다. 시장실에서 점심식사를 시켜 먹었다.

수세에 몰린 김학재 국장이 그동안 검토되었던 5개 방안이라는 것을 제시하고 각 안의 장단점을 설명했다. 5개 방안이란 다음과 같다.

제1안: 민원거부(택지개발촉진법시행령 제13조의 2 제3항에 규정한 '특별한 사유'가 인정된다 할지라도 그것이 공영개발지구내 택지를 수의계약으로 공급할 수 있는 근거가 되지 못한다).

제2안: 지구 내에 건설된 임대아파트(15평 이하) 650가구분을 특별공급한다. 여기서 650가구라는 것은 지구지정일(1989년 3월 21일) 이전부터의 주택조합원에 한정한다는 것이다.

제3안: 분양아파트 1,315가구분 공급. 1,315가구는 조합원 상호간에 자체 조정하도록 한다(여기서 1,315가구라는 것은 집단민원인들이 주장하는 3만 5,500평을 주택건축 최저평수인 27평으로 나눈 숫자이다. 3만 5,500평÷27평=1,314.8).

제4안: 주택조합 건축용지로 1만 8,021평만 특별공급키로 한다(이 1만 8,021평은 민원인들이 요구하는 3만 5,500평의 50%이다. 3,360명 중 약 반수는 주택조합원이 될 자격이 없는 자들일 것이니 요구면적의 50%만 수의계약해도 된다는 계산이다).

제5안: 국회 청원결과를 전면 수용하여 3만 5,500평 전부를 특별공급해 준다.

그런데 김학재 국장은 그 처리시기에도 제1~3안이 있다고 했다. 제1안은 즉시처리, 제2안은 건설부에 제출되어 있는 행정심판의 결과를 보고 난 뒤에 처리, 제3안은 얼마 안 가서 지방의회가 구성되니 지방의회에서 심의한 뒤에 처리한다는 것이었다.

오후 2시 반이 지났다. 박 시장이 단안을 내렸다. "제5안(전면수용), 그것도 즉시 처리한다. 모든 책임은 내가 혼자서 진다. 내일 오후까지 결재서류를 작성하여 내 집에 가져오도록 하라. 결재란에는 시장이 사인할 자리만 만들어오라." 실로 명쾌한 단안이었다. 전원이 자리를 뜬것은 오후 2시 40분이었다. 급히 서둘러 서류를 작성했다. 수서지구 26개 주택조합용 택지를 특별 공급한다는 기안서류, 기자실 보도용 자료, 그리고 기자들의 질의에 답변할 예상질의·답변서 등 세 가지 서류였다. 가장 기본이 되는 기안문 전문을 소개하면 다음과 같다.

수서택지개발지구내 주택조합용지 택지공급 계획

◦ 공급개요

위치: 강남구 수서택지개발사업지구내 15·16블록 전체 및 18블록 중 일부

* 15·16블록의 택지는 저밀도(5층)지역이나, 군부대 협의결과 고밀도개발이 가능할 경우 긍정적으로 처리(18블록 포함)

택지구분: 국민주택규모(18~25.7평) 택지

공급규모: 3만 5,500평

공급사유 및 근거: 국회 청원심사 결과 수용, 택촉법 시행령 제13조의 2 제3항 및 건설부의 유권해석

◦ 공급가액: 조성원가(건설부 지침)

◦ 행정사항

주택조합원의 자격은 택지공급 당시의 가입자로서 적법한 자에 한함.

이 기안문을 알기 쉽게 풀이하면 다음과 같다.

① 수서지구 제15·16블록 전부 그리고 제18블록 중 일부 합계 3만 5,500평을 26개 주택조합에 수의계약으로 공급한다.

② 토지가격은 건설부지침으로 정해져 있는 택지조성 원가이다.

③ 제15·16블록 및 제18블록은 군사시설보호구역에 인접해 있어 저밀도지역이나 고층아파트 건설이 가능하도록 군부대와 협의한다.

④ 26개 주택조합에 특별 공급하는 이유는 국회 청원 결과를 수용하는 데 있는 것이며 그 근거는 택지개발촉진법시행령 제13조의 2 제3항 및 건설부의 유권해석에 따른 것이다.

세 가지 서류를 작성하여 실무자 3인(이동·김학재·강창구)이 시장 사저를 찾은 것은 20일 오후 4시 반경이었다. 일요일 오후였음에도 불구하고 시청내 다른 부서 간부들도 와 있어 수서택지 결재가 난 것은 6시가 지나서였다. 19일의 관계관대책회의에도 20일 시장결재 때에도 윤백영 부

시장은 배석하지 않았다. 즉 윤 부시장은 그런 결정이 내려졌다는 것도 시장의 결재가 있었다는 사실도 모르고 있었다. 21일 월요일 아침에 출근하자마자 부시장에게 그런 사실이 보고되었다. 그 보고를 듣자 윤 부시장이 크게 꾸중을 했다고 한다. "시장 혼자서만 결재한다는 것은 말도 되지 않는다. 나도 사인을 할 테니 기안서류를 다시 작성해오라"는 것이었다. 급히 기안용지를 다시 작성했다. 부시장이 사인하고 그 옆자리에 시장이 다시 결재했다.

윤 부시장이 김학재 국장·강창구 과장을 데리고 시청 1층에 있는 기자실에 간 것은 그날 오후 2시 반경이었다. 윤 부시장은 "국회 건설위원회에서의 청원결과를 받아들여 수서택지 중 3만 5,500평을 택지조성 원가로 집단민원인들에게 특별공급키로 결정했음"을 발표했다. 그것을 발표했을 때 시청 출입기자실이 발칵 뒤집혔다. 집단민원, 그리고 정태수 회장이 벌인 로비의 위력에 서울시가 굴복했음을 선언한 것이기 때문이었다.

## 5. 사태의 반전 – 줄줄이 구속되다

### 여론을 선도한 ≪세계일보≫와 국회 행정위원회

서울시가 수서택지 집단민원을 수용했다는 사실은 그날 저녁부터 크게 보도되었다. 우선 TV·라디오로 보도되었고 22일자 조간신문에도 보도되었다. 경제정의실천시민연합(약칭 경실련)이 22일 오후에 그 부당함을 지적하는 성명서를 발표했고 23일부터는 수서·대치지구내 원지주 대표들이 시청에 몰려와 항의시위를 벌였다. 원지주들에게도 택지를 특별분양해달라는 시위였다.

그러나 1월 말까지는 그렇게 큰 사회문제가 되지는 않았다. 매스컴의 관심은 주로 미국이 이라크를 상대로 벌이고 있던 걸프전쟁 기사, 국회의원 뇌물외유사건, 그리고 예체능계 특히 음악실기시험을 둘러싼 현직 대학교수들의 고액과외사건 등에 집중되어 있었다. 각 기관으로부터 뇌물을 받아 외국유람여행을 한 상공위원회 국회의원 셋이 구속되었고 음악실기시험을 담당한 대학교수들이 줄줄이 구속되었다.

수서사건을 다룬 최초의 대형기사가 보도된 것은 ≪세계일보≫ 1991년 1월 31일자 사회면이었다. 「수서특혜시비 법정비화, 청약저축 22명 서울시 상대 택지공급 취소소송」「법적 근거 없는 불법분양, 공영개발 외압에 밀려나」라는 제목으로 사회면 톱 10단 기사로 보도되었다. ≪세계일보≫의 수서사건 폭로기사 제1탄이었다.

당시 세계일보 편집국장은 이두석[11]이었다. 그가 편집국장이 된 것은 서울시장실에서 '관계관 대책회의'라는 것이 있던 바로 하루 전인 1991년 1월 18일이었다. 그가 편집국장에 취임해서 맨 먼저 접한 사건이 바로 수서택지 특별공급이었다. 그가 1월 21일의 서울시 발표를 접했을 때 "수서민원 배후에는 청와대가 있다. 최고권력자가 조종하지 않으면 이런 일은 있을 수 없다"는 것을 직감했다고 한다. 그때부터 그는 사회부·경제부·정치부 취재진을 모두 동원하여 이 사건취재에 임하게 했다.

1월 21일의 서울시 발표가 있었을 때 거의 모든 언론사 간부들은 이 사건배후에 청와대가 있음을 공감했을 것이다. 그러나 그때까지의 우리나라 언론의 속성상 최고권력자를 상대로 한 취재·보도는 가급적 삼가는 것이 상례였다. 언론기관 자체가 항상 정부와 종횡으로 관계를 맺어

---

11) 이두석은 1939년에 경남 통영에서 출생했으며, 부산고등학교, 고려대학교 정치외교학과를 졸업하고, 1965년부터 ≪중앙일보≫ 사회부 기자생활을 시작했다. 내가 서울시에서 근무할 때에 그는 서울시청 출입기자였다. ≪중앙일보≫ 사회부 부장에서 ≪세계일보≫ 편집부국장으로 자리를 옮긴 것은 1989년이었다.

야 했고, 또 그렇지 않다 하더라도 최고권력과의 대립은 언론사 자체의 경영에도 바람직하지 않은 일이기 때문이었다. 그러나 통일교회가 경영하는 ≪세계일보≫만은 사정이 달랐다. 실질적인 경영주인 통일교회 교주 문선명·박보희 등이 주로 미국에 본거지를 두고 있었고 따라서 신문편집의 실권은 사실상 편집국장이 장악하고 있었다.

≪세계일보≫ 2월 2일자 3면에는 역시 10단 기사로 「수서특혜 건설위 로비설」이라는 기사를 실어 수서특혜와 국회 건설위원회와의 관련설을 심층보도했다. 수서택지 특별공급행위를 이른바 '수서사건'으로 발전시킨 결정적인 보도는 ≪세계일보≫ 2월 3일자 1면 머리기사였다. 「수서택지 분양특혜 정·경·관 유착의혹」이라는 제목을 단 이 기사는, 수서택지 특혜분양의 배후에 대통령비서실, 여당인 민정당, 야당인 평화민주당이 모두 관련되어 있다고 보도하면서, 그 증거로 1990년 2월 16일에 대통령비서실장이 서울시장에게 보낸 지시적 공문과 1990년 8월 하순에 평화민주당(총재 김대중)이 건설부장관에게 보낸 협조공문을 원문 그대로 복사하여 공개했다. 청와대, 여·야 전체 정치인을 바짝 긴장시킨 결정적인 보도였다. 2월 3일은 마침 TV뉴스 시간에 별로 보도할 자료가 없는 일요일이었다. 각 TV뉴스 프로그램은 ≪세계일보≫에 실린 이 공문내용을 되풀이해서 보도했다. 온 국민을 놀라게 하고 분노하게 한 기사였다.

다음날인 2월 4일의 국회 행정위원회는 서울특별시 업무현황보고를 듣도록 예정되어 있었다. 오전 10시 13분에 개의된 회의는 일반업무에 관한 질의응답으로 오전 시간을 보냈다. 오후회의는 13시 35분에 개의되었다. 오후시간은 수서택지 특별분양에 초점이 맞춰졌다. 이미 각 언론보도를 통하여 문제의 핵심은 알려져 있었다. 여당인 민자당 의원들이 예리한 질문을 하지 않는 것은 당연한 일이었다. 누워서 침 뱉는 일이

되기 때문이었다. 문제는 야당인 평민당 의원들이었다. "평민당도 정태수 회장으로부터 정치자금을 받아 한통속이 되었다"는 누명을 벗을 절호의 기회였다.

대다수 언론기관에서 엄청나게 많은 보도진이 몰려와 있었다. 방청석에는 경실련 등 시민단체 대표들도 와 있었고, 민원인측인 주택조합 대표들도 와 있었다. 국회 분과위원회 역사상 가장 많은 보도진·방청인들이 보는 가운데서 진행된 회의였다. 박실(서울 동작 을구), 김종완(서울 송파 을구), 양성우(서울 양천 갑구) 등 평민당 의원들의 질문은 실로 신랄했다. 사건의 경위가 샅샅이 거론되었고 문제의 핵심이 예리하게 지적되었다. 의원들의 질문이 모두 끝난 것은 16시 29분이었다. 의원들의 질의만 세 시간 가까이 진행된 것이다. 회의가 속개된 것은 19시 51분부터였다. 박 시장이 집단민원을 들어줄 수밖에 없었던 이유, 국회 건설위원회 청원결과, 건설부 유권해석 등을 설명했다. 시장의 궁색한 경위설명이 끝난 뒤 일문일답 회의가 진행되었다. 시장이 궁지에 몰리면 윤 부시장, 김학재 국장이 보충설명을 했다. 회의가 끝난 시간은 23시 2분이었다.

## 감사원 감사 및 검찰수사

≪세계일보≫는 1989년 2월 1일에 처음 발행된 신문이므로 다른 일간지에 비해 발행부수가 그다지 많지 않았다. 그러나 비록 발행부수가 적다 할지라도 한 사건을 집중 보도하게 되면 다른 언론기관도 따라가지 않을 수 없었다.

행정위원회가 개최된 다음날 아침부터는 모든 매스컴이 수서문제를 맨 먼저 또 가장 크게 보도하기 시작했다. 취재 및 보도경쟁이 일어난 것이었다. 국민의 관심이 이 문제에 모아졌고 국내외를 통하여 가장 큰 사건으로 부각되었다. 온 나라 안이 수서사건으로 들끓게 된 것이었다. 치열한 보도경쟁 속에서도 《세계일보》의 보도가 가장 치밀하고 규모도 컸다. 다른 언론기관보다 앞서서 취재진을 모두 동원한 결과였다. 정태수의 인물론, 한보그룹의 실체, 여·야 정계의 움직임, 택지공급제도의 허점, 국회 청원의 성격, 1월 19일의 관계관 대책회의, 2월 4일 행정위원회 내용, 장병조 비서관과 박세직·정태수의 인간관계 등으로 지면을 채웠다. 1991년 2월의 《세계일보》는 전체 지면의 3분의 1이 수서관련 기사로 채워져 있었다.

이두석에 의하면 당시 《세계일보》의 보도와 관련하여 상당한 외압이 있었다고 한다. 즉 "《세계일보》가 보도를 자제하지 않으면 통일그룹 전체에 대한 세무조사를 실시하겠다"는 압력이 가해졌다는 것이다. 통일중공업, 일화, 일성종합건설, 일신석재 등 17개의 기업체가 이른바 통일그룹이었다. 그러나 그런 압력이 제동을 걸기에는 이미 때가 늦었다. 설령 《세계일보》가 보도를 자제한다 해도 다른 언론사들이 잠잠해질 수 없는 상황이었던 것이다.

"수서사건을 수사하라"는 여론을 처음 환기한 것도 《세계일보》였고, 2월 5일자 사회면(19면) 톱 10단 기사로 서울대학교 사회학과 한상진 교수 등의 의견을 소개했다. 이 기사가 보도된 5일 아침부터 여·야 정치권은 부산한 움직임을 개시했다. 정부·여당은 삼청동 안가에서 고위당정회의를 열었고 평민당은 총재단회의와 당무회의를 열어 대책을 숙의했다.

마침 광주에 내려가 전남도청에서 새해 도정업무계획 보고를 받고 있던 노 대통령이 수서사건 관련 특별감사를 지시한 것은 2월 5일 오후 4시경이었다. 이 지시를 할 때만 하더라도 감사원 감사 정도로 국민감정이 가라앉을 것이라는, 실로 안이한 생각을 하고 있었던 것이다. 그러나 실제로는 대통령 특별감사 지시가 국민의 불신을 더 불러일으키는 도화선이 되었다. "감사로서는 부족하다. 검찰로 하여금 철저히 수사토록 하라"는 여론이 비등했다. 정치권도 그대로 있지 않았다. 서로가 발을 빼기 위해 큰 소리를 쳤다. "국회에서 특별조사권을 발동해야 한다. 관계관 전원을 파면처분하고 구속하라"라는 소리였다.

검찰수사가 시작된 것은 2월 9일부터였다. 대검 중앙수사부가 우선 주택조합장 8명을 소환하여 수사를 시작한 것은 2월 9일 오전이었다.

## 전·현직 시장의 갈등, 박 시장 경질

1990년 말에 서울시장에서 물러난 고건이 처음으로 한 일은 인사장 돌리기였다. 얼마나 많은 분량을 인쇄·발송했는지는 알 수 없지만, 나 같은 사람에게도 보내왔으니 수만 통은 족히 보냈을 것이라 짐작된다. 유명한 인사장이었으니 그 뒷부분만 소개하면 다음과 같다.

> 그러나 여러분들의 참여와 협조 속에서 오직 서울시정에 땀과 정성을 쏟을 수 있었던 것은 제 평생 커다란 보람이었습니다. 그리고 특히, 오랫동안 서울시를 괴롭혀온 외부압력이나 이권 청탁을 철저히 막아내겠다고 한 취임 때의 약속을 지킬 수 있었던 것을 무척 다행스럽게 생각합니다.
>
> 이제 훌륭하신 시장이 새로 오셔서 시정이 더욱 발전하리라고 믿습니다. 아무쪼록 계속해서 서울시정에 따뜻한 애정을 베풀어주시기 바랍니다.
>
> 추운 날씨에 건강하시고 새해에 하시는 일 모두 성취하시기를 빌면서, 다시 한번 저의 재임기간 중 보내주신 따뜻한 격려와 보살핌에 마음 깊이 감사 드립니다. 정말 감사합니다.
>
> 1991년 1월 고건 올림

나는 이 인사장을 보았을 때 솔직히 크게 놀랐다. "이런 인사장이 있을 수 있을까" 해서였다. 특히 "오랫동안 서울시를 괴롭혀온 외부압력이

나 이권청탁을 철저히 막아내겠다고 한 취임 때의 약속을 지킬 수 있었"다는 구절은 놀라운 것이었다. 서울시장에게 압력을 가할 수 있는 것은 대통령과 국무총리 정도뿐이다. 이권청탁을 할 수 있는 사람도 국회의원 정도가 있을 뿐이다. 그 인사장은 바로 대통령과 국회의원들을 향한 도전장이거나 항의성명 같은 느낌을 주는 것이었다.

그 인사장을 뿌린 후에 고건은 서울시립대학교 총장선거에 입후보했다. 마침 서울시립대학교 총장의 임기가 1991년 2월 말로 끝나고 후임 총장 후보는 교수들의 선거로 선출될 예정이었다. 1991년 1월 내내 선거운동에 골몰했다. 다행히 많은 교수들의 호응이 있었다. 이 글을 쓰고 있는 나 손정목 같은 교수가 앞장서서 그를 도운 것이다. 총장선거가 치러진 것은 국회 행정위원회가 있었던 바로 그날 오후 2시 30분이었다. 개표결과 총투표자 131명 중 고건 후보가 68표를 얻어, 득표율 52%로 당선되었다.

고·박 전 현직 시장의 갈등이 표면화된 것은 2월 5~6일에 걸쳐서였다. 발단은 박세직 시장의 기자간담회에서의 발언이었다. 박 시장은 2월 5일에 기자간담회를 자청하여 수서택지 특별공급을 해명했다. "수서택지 공급은 국회·건설부 등의 뜻을 받아들여 부처간 '이해 - 타협 - 상호협조'라는 세 가지 원칙을 토대로 신중히 검토해 결정했으며 법해석에 차이가 있을 뿐 법적 하자는 없습니다"라고 해명했다. 그리고 그는 "수서택지 특별공급은 이미 고건 시장 때부터 서울시 방침으로 결정되어 있었으며 내가 최종결재를 한 데 불과합니다"라고 덧붙였다.

이 간담회가 끝난 후 몇몇 기자들이 고건 전 시장댁을 방문했다. "고건 시장 당시부터 시 방침으로 결정되어 있었는가"를 확인하기 위해서였다. 고 시장은 "내가 시장으로 있을 때 그런 방침을 세운 일이 없다"고 완강히 부인했다. TV뉴스시간에 전·현직 시장의 얼굴과 그 발언내용이 보도되고 신문지상에도 보도되었다. 사태가 이에 이르자 노 대통령의 고건에 대한 분노가 절정에 달했다. "괘씸한 놈"이 되었다.

서울시립대학교 총장은 교수들의 투표만으로 임명되는 것이 아니었다. 교수들 선거에서 당선→서울시장 추천→문교부장관 경유→대통령 결재→임명이라는 과정이 필요했다. 노 대통령이 괘씸한 놈을 시립대학교 총장에 임명할 턱이 없었다. 끝내 총장임명이 안 되자 서울시립대학교는 다른 입후보자를 상대로 총장선거를 다시 실시하는 과정을 밟아야 했다.

그러나 노 대통령 입장에서 박세직을 그대로 시장직에 둘 수는 없었다. 시장을 바꾸지 않고는 서울시민의 민심을 수습할 수가 없었다. 박세직이 경질된 것은 2월 19일이었다. 후임시장에 제8대(1971년)부터 11대(1985년)까지 국회의원을 지내고, 보사부장관 등을 지낸 이해원을 임명했다. 박세직이 서울시장으로 재직한 것은 53일간이었으며 일제시대의 경성부윤, 광복 후의 서울시장 경력자 중 가장 단명한 시장이라는 기록을 세웠다(그후 김영삼 문민정부에서는 그보다 더 단명한 두 시장이 있다). 박 시장이 경질되면서 윤백영 부시장도 함께 경질되었다.

## 감사원 특별감사 및 검찰수사

노태우 대통령의 지시에 의한 감사원 특별감사는 2월 5일 저녁부터 시작하여 11일까지 계속되었다. 감사결과가 서울시에 통보된 것은 13일이었다. 감사결과의 내용은 실로 간단한 것이었다. 수서택지의 특별공급을 받기로 된 26개 주택조합을 조사해보았더니 단 한 개 조합도 "기득권이 있다고 볼 수 없음"이라는 것이었다. 또 26개 조합 조합원 3,428명을 조사해 보았더니 본인 또는 가족명의의 유(有)주택자 및 이미 다른 아파트의 당첨자 787명이 포함되어 있다는 것이었다.

서울시가 '조치할 사항'이 감사의 결론이었다. 그 내용을 원문 그대로 옮기면 다음과 같다.

공영개발은 개발이익을 지역발전에 재투자하기 위해 개발이익의 사유화를 방지하는 데 목적이 있으므로, 이 건과 같이 특정조합에 특별공급하는 것은 공영개발 취지에 어긋날 뿐 아니라, 현 80여만 명의 청약저축 예금가입자 및 유사한 처지에 있는 많은 주택조합과의 형평에 어긋나고, 이러한 선례를 남기면 앞으로 다른 지역의 공영개발에도 어려움이 많게 되며, 주택조합의 기득권을 인정하기에는 문제점이 있고, 주택소유 등 부적격한 조합원이 다수 있는 점 등을 감안하여, 수서지구택지를 주택조합에 특별공급하기로 한 방침을 재검토할 것.

검찰수사가 시작된 것은 2월 9일부터였다. 들끓는 여론에 견디지 못해서였다. 엄청나게 많은 사람이 불려가 조사를 받았다. 10여 명의 주택조합장들과 연합조합 간사 고진석, 한보주택 사장 강병수, 고건 전 시장, 박세직 현 시장, 윤백영 부시장, 김대영 건설부차관, 이동성 건설부 주택국장 등이 불려가 조사를 받았다. 정태수 한보그룹 회장이 검찰에 출두한 것은 12일 오후 1시 28분쯤이었다. 드디어 주역이 나타난 것이었다. 다음에는 국회의원들이었다. 오용운 건설위원장, 이태섭 의원, 김동주 의원, 평민당 이원배 의원, 김태식 의원 등이 불려갔다.

가장 먼저 구속된 사람은 연합주택조합 간사 고진석이었고 다음이 정태수 회장이었다. 청와대 관계자들도 검찰조사를 받았다. 김종인 경제수석비서관, 홍성철 전 비서실장, 이상배 행정수석비서관, 이연택 전 행정수석비서관(총무처장관) 등이 삼청동 소재 검찰별관에서 조사를 받았다. 이승윤 부총리·권영각 건설부장관 역시 검찰별관에서 조사를 받았다.

2월 15일은 음력 설날이었다. 검찰수사는 음력 설날을 끼고 진행되었다. 검찰은 당연히 이 사건의 배후에 대통령이 있음을 확인했을 것이다. 정 회장의 로비자금을 받은 여야 정치인들도 많이 있음도 알았을 것이다. 그러나 대통령을 건드릴 수 없었음은 당연한 일이었고 여야 정치인들을 무더기로 구속할 수도 없는 일이었다. 문제는 어떻게 안배를 함으로써 국민여론을 무마시키느냐 하는 것이었다. 철저한 축소·안배수사가 진행되었다. 결국 구속자가 결정되었다. 2월 16일 오전이었다.

청와대를 대표해서 장병조 비서관, 여당 국회의원 중에서 오용운 건설위원장, 김동주 건설위원, 그리고 국회 청원을 소개한 이태섭 의원, 야당 국회의원 중에서 김태식 평민당 총재비서실장, 이원배 건설위원회 간사 등 국회의원 5명, 그리고 건설부 국토개발국장이 1천만 원 뇌물을 받은 혐의로 구속되었다. 이 사건으로 구속된 사람은 모두 9명이었으니 정리하면 다음과 같다.

수서사건 관련 구속자

| 성명 | 직위 | 뇌물액수 | 적용법규 |
|---|---|---|---|
| 오용운 | 국회 건설위원장 | 3천만 원 | 특정범죄가중처벌법(뇌물수수) |
| 이원배 | 국회 건설위 간사 | 2억3천만 원 | 〃 |
| 이태섭 | 민자당 강남을구위원장 | 2억 원 | 〃 |
| 김태식 | 평민당 총재비서실장 | 3천만 원 | 공갈협의 |
| 김동주 | 국회 건설위원 | 3천만 원 | 특가법(뇌물수수) 및 공갈혐의 |
| 장병조 | 대통령 문화체육담당비서관 | 2억6천만 원 | 특가법(뇌물수수) |
| 정태수 | 한보그룹 회장 | | 국토이용관리법·업무상배임·증재 |
| 고진석 | 농협 인력개발부 서기 | 2억 원 | 업무상 배임수재 |
| 이규황 | 건설부 국토개발국장 | 1천만 원 | 특가법(뇌물수수) |

서울시는 시장 박세직, 부시장 윤백영을 경질하는 선에서 마무리되어 구속자는 없었다. 이 사건의 후유증은 엄청나게 컸다. 우선 박세직 서울

시장이 경질되는 그날 즉 2월 18일에 개각을 단행하여 부총리(경제기획원 장관)와 건설부장관을 바꾸었으며, 청와대 행정수석비서관도 경질했다. 2월 19일에는 민자당에도 문책인사가 있어 사무총장, 정책위원회 의장, 원내총무 등이 경질되었다. 그리고 그날 저녁 7시, 노태우 대통령은 TV·라디오로 생중계된 담화를 발표하여 전국민에게 정중히 사과했다.

≪세계일보≫가 「수서특혜분양 정·경·관 유착의혹」이라는 제목으로 수서택지 특별분양에 청와대와 여·야 정치권이 모두 관련되어 있다는 것을 보도한 1991년 2월 3일부터 검찰수사가 끝나는 2월 20일경까지 온 나라 안의 여론은 수서사건으로 들끓었다. 직장이건 가정이건 간에 사람이 모이는 곳이면 화제는 으레 수서사건이었다. 당시의 시민여론을 몇 장의 신문만화로 고찰해보기로 한다.

① ≪세계일보≫ 2월 5일자 19면에 실린 '두꺼비'(안의섭)는 수서사건에 관련된 사람이 너무 많을 것 같아서 미리 이 사건 관련자 전용 교도소를 만들어야 된다는 풍자이며, ② 아무리 감사원이 특별감사를 하고 검찰이 수사를 해도 그 전모가 밝혀지리라고 생각하는 사람은 아무도 없다는 것을 풍자했고(≪세계일보≫ 2월 8일자 19면), ③ "돈 준 사람을 대봐어서"라고 검사가 다그치자 피의자(정태수)가 "제일 높은 분(대통령)하고, 검사님하고, 그렇게 두 분에게만 안 드리고" 모두에게 주었다는 내용으로서 바로 대통령이 돈 받은 장본인임을 풍자했다(≪세계일보≫ 2월 12일자 19면). ④ ≪조선일보≫에 실린 '야로씨'(오룡)는, 야로씨가 수서라는 호수에 나가서 낚시를 하는데 고기가 한 마리 물리더니 줄줄이 물려 올라왔다. 첫째 고기가 한보, 둘째가 여, 셋째가 야, 넷째가 건설부, 다섯째가 서울시, 그리고 마지막이 청와대였다. 즉 줄줄이 걸려 있다는 것을 풍자했으며(≪조선일보≫ 2월 7일자 21면), ⑤ 야로씨가 검사나으리를 불러내어 점심이나 같이 하자고 했다. 검사나으리 "관례대로 합시다" 하면서 큰 소

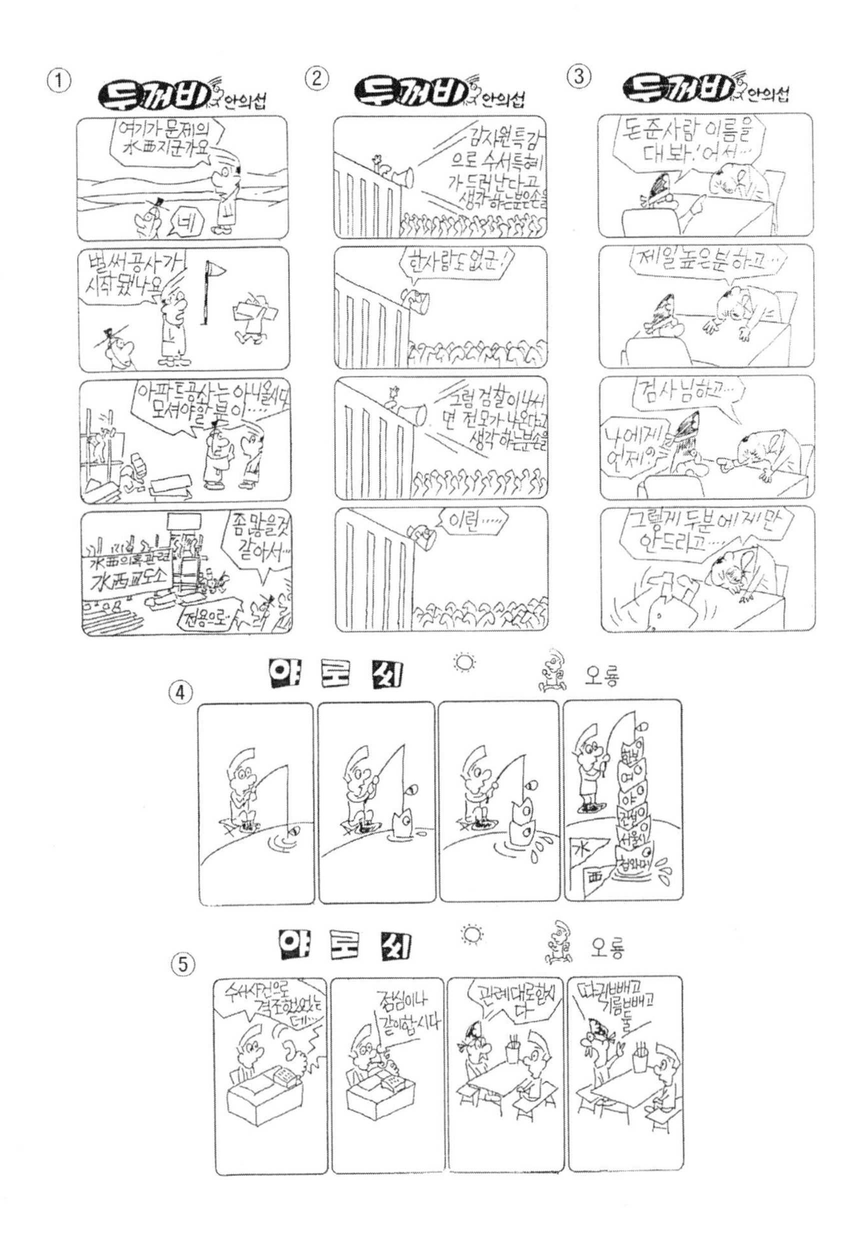
두꺼비 안의섭
여기가 문제의 水西지군가요
네
벌써 공사가 시작됐나요
좀 많을것 같아서…
水西교도소
전용으로…
두꺼비 안의섭
감사원특감으로 수서특혜가 드러난다고 생각하는분은손을
한사람도 없군!
그럼 검찰이 나서면 전모가 나온다고 생각하는분손을
이런……
두꺼비 안의섭
돈준사람 이름을 대봐.'어서…
제일 높은분하고…
검사님하고…
나에게 언제?
그렇게 두분에게만 안드리고……
야로쇠 오룡
水
西
야로쇠 오룡
수서사건으로 격조했었는데…
점심이나 같이합시다
관례대로 한지다
때리면 배고 기름 빼고 돌

리로 "따귀 빼고 기름 빼고 둘"이라고 주문했다. 즉 검찰수사는 항상 핵심은 빼버리는 축소수사임을 풍자한 것이다(≪조선일보≫ 2월 18일자 18면).

감사원 감사가 있었고 검찰수사가 있었으며 청와대 비서관, 여야 국회의원이 구속되고 검찰이 수사결과를 발표하고 문책인사가 단행되고 대통령이 대 국민사과를 하고, 그렇게 했음에도 불구하고 국민여론은 가라앉지 않았다. 한보 정태수 회장이 뿌렸다는 300억 원 로비자금의 실체가 전혀 파악되지 않았기 때문이었다. 총재 비서실장 김태식 의원이 구속된 평민당이 연일 재수사를 촉구했고 제2야당인 민주당(총재 이기택)이 가두시위를 벌였다. 여러 시민단체들도 재수사, 특별검사제 도입 등을 내걸고 연일 가두시위를 벌였다.

그러나 그런 국민여론도 사그라질 날이 있었다. 걸프전쟁, 특히 지상전이 시작되어 그 생생한 모습이 TV전파를 타고 전세계에 중계되고부터의 일이었다. 1990년 8월 쿠웨이트를 전격 점령한 이라크에 대하여 미국·영국·프랑스 등 서방진영과 사우디아라비아·이집트·시리아·모로코 등 일부 아랍진영으로 구성된 다국적군이 이라크를 상대로 1991년 1월부터 벌인 전쟁이 걸프전쟁이었다. 이라크에 대한 공습, 스커드미사일·토마호크미사일 등 신 무기에 의한 상호공습, 이라크의 원유 유출 및 쿠웨이트지역 유전방화로 인한 생태계 파괴 등 전세계인의 관심 속에서 진행된 이 전쟁이 절정에 달한 것은 2월 24일부터 시작한 지상전이었다. 소련제 T72 탱크를 앞세운 이라크군 과 미제 M1A1 전차를 앞세운 다국적군이 사우디·이라크 국경 사막지대에서 전개한 큰 전쟁이었다. 온 세계인이 TV 앞에서 숨을 죽였고 한국 국민 또한 예외가 아니었다. 이 전쟁에 비하면 수서사건은 하나의 거품과 같은 것이었다. 이 지상전은 불과 4일 만에 끝났다. 그러나 이 전쟁이 끝났을 때 수서사건에 대한 국민의 관심도 거의 식어 있었다.

## 사건종결, 형집행, 그리고 8년

서울시가 감사원의 감사결과에 따라 "수서지구내 주택조합용 택지공급계획을 변경하겠다. 즉 수서택지공급을 백지화하겠다"라고 발표한 것은 이해원 시장이 부임한 지 10여 일이 지난 1991년 3월 2일이었다.

서울형사지방법원에서 수서사건 관련자 9명에 대한 선고공판이 열린 것은 7월 5일 오전이었다. 이원배·이태섭·장병조 등 3명에게 징역 5~6년씩의 실형이 선고되었고, 오용운·김동주·김태식 등 3명 국회의원과 정태수 한보그룹 회장, 이규황 건설부 국토계획국장, 그리고 고진석 연합주택조합 간사 등 6명에게는 징역 2~3년에 집행유예 4~5년을 선고하여 석방했다. 구체적인 선고내역은 다음과 같다.

| | |
|---|---|
| 국회의원 이원배 | 징역 6년 추징금 2억 7천만 원 |
| 국회의원 이태섭 | 징역 5년 추징금 2억 원 |
| 국회의원 오용운 | 징역 3년 집행유예 5년 |
| 국회의원 김동주 | 〃 〃 |
| 국회의원 김태식 | 징역 2년 집행유예 4년 |
| 전비서관 장병조 | 징역 6년 추징금 2억 6천만 원 |
| 한보 회장 정태수 | 징역 3년 집행유예 5년 |
| 전국토계획국장 이규황 | 징역 2년6월 집행유예 4년 |
| 연합주택조합 간사 고진석 | 징역 2년 집행유예 4년 |

이 선고공판이 있자 제2야당인 신민당은 정태수 한보그룹 회장을 집행유예로 석방한 것은 납득할 수 없는 일이라는 성명을 발표했지만 그 밖의 정치권은 아무런 반응도 보이지 않았다. 실형이 선고된 3명 중 이태섭은 얼마 안 가서 형집행정지로 풀려났으며, 이원배·장병조 등 2명은 1992년 12월 24일에 있었던 대사면으로 잔형면제 석방되었다.

수서택지공급사건의 배후인물이 바로 대통령 노태우였으며 그는

1989년 12월부터 1990년 11월까지 모두 네 차례에 걸쳐 한보그룹 정태수 회장으로부터 150억 원을 전달받았다는 사실이 밝혀진 것은 1996년에 있었던 이른바 전두환·노태우사건 1심 판결에서였다(1심판결 선고 1996년 8월 26일, 「판결문」, 86~87쪽).

이 글을 쓰고 있는 시점은 수서사건이 일어나고 정확히 8년의 세월이 흐른 1999년 1월 중순이다.

정태수 회장의 한보그룹은 수서사건 이후로 그 사세를 엄청나게 확장했다. 노태우 제6공화국 정권과 김영삼 문민정권이 지원한 때문이었다. 아산만에 건설 중인 한보철강 공장부실로 한보그룹이 부도를 낸 것은 1997년 1월 23일이었고, 정태수가 구속 수감된 것은 2월 1일이었다. 이 사건으로 제일은행장·조흥은행장이 구속되었고 또다시 김우석 내무부 장관을 비롯하여 많은 수의 거물 정치인이 구속되었다.

이 한보철강사건은 1997년 상반기 최대의 사건이었고, 하반기에 일어난 기아사태와 더불어 한국경제 전반을 파탄시켜 IMF사태로 몰아간 양대사건 중 하나였다. 정태수 회장과 그의 아들 정보근 회장은 아직도 실형을 살고 있는 중이며 정태수 일가의 전재산은 국고에 환수토록 결정되었다.

수서사건으로 구속된 국회의원 5명(오용운·이태섭·김동주·김태식·이원배) 중 4명은 1996년 4월 11일에 실시된 제15대 국회의원 총선거 또는 그 다음에 실시된 보궐선거 등을 통하여 국회의원으로 복귀했으며, 모두가 당무위원 등 소속정당의 중진의원으로 있다(오용운·이태섭·김동주는 자유민주연합, 김태식은 새정치국민회의). 박세직도 15대 총선거에 경북 구미시에서 입후보·당선되어 자유민주연합 국회위원으로 있으며, 2002년에 개최될 월드컵축구대회의 조직위원장을 맡았다. 고건은 명지대학교 총장을 거쳐 김영삼 정권 마지막 국무총리로 재직했으며, 1998년 6월에 실시된 서울특별시장 선거에 당선되어 서울특별시장의 자리에 있었다. 그후 2003년 노무현 정권의 국무총리가 되었다.

수서택지 특별공급을 끝내 반대했던 서울시 실무자 3인 중 이동은 서울시 부시장을 거쳐 현재 서울시립대학교 교수, 김학재는 지하철건설본부장을 거쳐 현재는 서울시 건설담당 부시장, 강창구는 서울시 건설안전관리본부 관리국장으로 있다.

수서사건을 취재하고 집필하면서 정말 여러 가지 생각을 했다. 돈이라는 것이 무엇이며 권력이라는 것이 무엇이냐. 재벌이니 국회의원이니 하는 계층과 평생을 통하여 승용차 한번 제대로 타보지 못한 나 같은 인간을 비교해보기도 했다. 나처럼 평생을 전철과 버스만 타고 다니는 사람은 행복과는 거리가 먼 존재인가. 그들도 나도 다 같은 인간인데 그들의 가치관과 나의 가치관은 왜 이렇게도 멀리 떨어져 있는가 등이었다.

## 사건일지 및 2백만 호 건설 결산

수서택지사건일지

1988년 4월~1989년 11월 한보주택(주)이 임원 4명 명의로 수서지구 자연녹지 50,135평 구입

9월 13일 수서지구 등 녹지지역 토지거래 신고구역으로 결정

1989년 3월 21일 수서지구 택지개발예정지구 지정

9월 12일~11월 4일 26개 주택조합 수서택지 특별공급 요청(37회), 서울시 공급불가 회신

12월 20일 '제소전화해'에 의한 소유권 이전

1990년 2월 16일 대통령 비서실 서울시에 민원서류 이첩(지시적 공문)

5월 9일 서울시 건설부장관에게 공문발송

7월 21일 건설부장관 서울시에 회신

8월 17일 정부·여당 고위 당정회의

8월 31일 평민당 서울시에 주택조합용 택지공급에 대한 협조요청

9월 28일　서울시 현행 법규상 주택조합 택지공급이 불가함을 출입기자들에게 발표
10월 5일　주택조합원 중 91명 서울시에 몰려와 집단시위
10월 11일　시민과의 대화를 통해 택지 특별공급 불가결정
10월 15일　서울시 대통령비서실에 민원이첩에 대한 결과 회신
10월 27일　주택조합용 택지공급에 대한 국회 청원 제출
11월 하순　민원그룹, 서울시 경유 행정심판 청구
12월 11일　국회 청원심사 소위원회 및 건설위원회 심의
12월 13일　국회 사무총장 명의 청원결과 서울시에 통보
12월 27일　대규모 개각, 고건 서울시장 경질, 후임에 박세직 임명
1991년 1월 19일　서울시장실에서 관계관 대책회의, 수서택지 특별공급 확정
1월 21일　서울시 기자실에 수서택지 특별공급 방침 발표
2월 4일　국회 행정위원회 질의 응답
2월 5일　노 대통령 특별감사 지시
2월 9일　검찰수사 착수
2월 13일　특별감사 결과 서울시에 통보
2월 16일　국회의원 등 9명 구속 수감
2월 19일　박세직 시장·윤백영 부시장 경질, 후임시장 이해원
3월 2일　주택조합용 택지공급계획 변경 발표
7월 5일　수서사건 관련자 9명에 대한 선고공판

이 글은 주택 2백만 호 건설에 시작하여 수서사건으로 진전되어 결국 수서사건의 종말로 끝을 맺었다. 그러나 2백만 호 건설이 성공되었는가 아닌가, 성공되었다면 어떤 모습으로 이루어진 것인가를 궁금하게 생각하는 독자도 있을 것이니 간단하게 언급해두기로 한다.

제6공화국 노태우 정권이 공약으로 제시한 주택 2백만 호 건설은 성공리에 끝을 맺었다. 즉 목표년도인 1992년보다 1년이 앞선 1991년 말까지에 214만 호가 건설되어 주택문제 해결에 일대 전기를 마련한 것이었다. 이 계획의 전략사업이었던 수도권 5개 신도시는 총면적 1,800여

만 평으로 계획이 완료된 1995년에는 분당 9만 7,500호, 일산 6만 9천 호, 중동·평촌·산본에 각각 4만 2,500호씩 총 29만 4천 호의 신규주택이 들어서 일대장관을 이루었다. 아마 이 주택 2백만 호 건설은 제6공화국 노태우 정권이 이룩한 업적 중 가장 첫번째일 것이다. 그런데 이 2백만 호 건설은 엄청난 부작용도 수반했다.

그 첫째가 부실공사였다. 한국의 건설업계는 원래 만성적인 부실공사의 토양 위에서 성장해왔으나 그것이 극에 달한 것이 수도권 신도시 아파트건설이었다. 그 대표적인 것이 바닷물이 섞인 골재사용이었다. 일시에 과다한 골재수요를 감당할 방법이 없어진 건설업자 중 일부가 염분을 완전히 제거하지 않은 모래를 운반해와서 아파트 건설의 골재로 사용했던 것이다. 그리하여 신도시 아파트 중 일부는 다시 개축해야 했고 적잖은 수량의 아파트는 그 건축수명이 단축되지 않을까 의심되었다.

두번째의 부작용이 한국인 1인당 노동력비용의 상승, 즉 일당수준을 크게 향상시킨 점이다. 주택 2백만 호 건설이 단기간에 대량의 노동력을 흡수했기 때문에 노동력의 부족, 임금수준의 과다인상을 초래했다. 이 2백만 호 건설로 한국인 1인당 임금의 최저수준을 일당 5만 원 선으로 인상했으며, 그것은 아파트 건설현장이 아닌 다른 일반작업장에도 파급되어 마침내는 한국 제조업 전반의 국제경쟁력 저하를 초래했다. 한국인 일반이 이른바 3D업종(difficult·dirty·danger)을 혐오하게 된 것도 이 2백만 호 건설의 파급효과였다.

부작용의 세번째는 2백만 호 건설방안의 하나로 추진된 다가구주택 건설로 인한 주거환경의 악화를 들 수가 있다. 1960~70년대에 서울의 변두리에 수없이 건축된 이른바 '집장사집'은 원래가 아름다운 환경이 무시된 과밀·혼잡의 주거집단이었는데, 그것이 다가구주택이란 이름으로 확장·고층화(3~5층)됨으로써 서울 변두리의 주거환경은 구제불능의 상태로까지 악화되고 말았다. 주택 2백만 호 건설의 공과 죄는 실로 엄청난 것이라고 생각한다.

(1999. 1. 26. 탈고)

## 참고문헌

공보처. 1992, 『제6공화국 실록』, 공보처.
국토개발연구원. 1996, 『국토 50년』, 국토개발연구원.
서울특별시 도시개발과 소장 '水西地區' 서류철
관보·서울시보, 각종연표, 신문·잡지

# 청계천 복개공사와 고가도로 건설

## 1. 청계천 – 조선왕조의 인공하천

### 청계천 복원 결정

2002년 6월 14일에 전국 일제히 실시된 지방선거에서 제1야당인 한나라당 공천을 받아 서울특별시장에 입후보한 이명박(李明博)의 공약사항 1호가 청계천 복원사업이었다. 수명이 다 되어 안전성이 염려스러운 청계 고가도로를 철거할 뿐만 아니라 하천을 덮고 있는 복개부분도 철거하여 개천을 복원함으로써 시민들에게 아름다운 수경(水景)을 제공하겠다는 것이 공약내용이었다.

복개된 상태가 40년 이상 계속되어 그것이 정상인 것처럼 되어버린 대다수 시민들에게는 정말로 뜻밖이면서도 대단히 참신한 공약이었다. 대다수 시민이 그 공약을 받아들인 결과는 아니었겠지만 이 후보는 압도적인 표 차이로 당선되었고 7월 1일부터 이명박 시정이 시작되었다.

이명박 후보가 당선된 것은 여당인 민주당 정권에 극도의 염증을 느낀 대다수 유권자가 제1야당에 표를 던진 전국적인 현상이었기는 하나 이 후보가 당선되었다는 것은 결과적으로 대다수 시민이 청계천 복원을 찬성한다는 것이 되어버렸다. 결국 청계천은 복원되기로 결정되었고, 도시계획 수정이라든가 실시계획 수립이라든가 하는 실무적인 절차만이 남게 되었다. 아마 늦어도 2004년 중에는 하천 복원공사가 시작되는 것으로 알려지고 있다.

청계천 복개공사는 제1공화국 말기인 1958년 9월 10일에 착공, 5·16 군사쿠데타로 성립된 군사정권 때인 1961년 12월에 광교 - 오간수교(동대문) 간 제1차분이 완공된 공사였다. 반세기 가까운 세월 동안 복개된 청계천을 체험해온 대다수 시민은 늦어도 2005년경부터는 새 청계천시대를 맞이하게 되었다. 여기서 내가 새 청계천시대라고 하는 것은 복원이라는 이름으로 새로 마련될 청계천이 결코 조선왕조 500년간의 개천이 아니고 또 20세기 전반기의 청계천도 아닌, 새 모습의 하천이 된다는 뜻이다.

이명박 시장에 의한 청계천 복원이 엄청난 교통난 등 부작용을 가져올 수도 있다. 또는 그 규모(너비)가 너무 작아 별로 대단한 수경이 되지 못한다는 등의 실망을 가져올 수도 있다.

그러나 그와 같은 우려와는 별도로 그것이 가져다줄 수경이 상상 이상으로 좋은 결과를 초래함으로써 성공을 하게 된다면 서울뿐 아니라 많은 지방도시에서도 개천의 원상복구운동을 불러일으킬지도 모를 일이다. 여하간 이 시점에서 청계천이라는 하천의 성격과 그것이 이루어진 과정, 그것이 복개된 경위와 파급효과, 그 위에 고가도로가 가설된 과정 등을 정리하여 후세에 남겨두어야 할 것 같아서 이 글을 쓴다.

## 청계천이라는 하천

도성 안 서북쪽에 위치한 인왕산·북악산의 남쪽기슭과 남산의 북쪽기슭에서 발원한 두 개의 흐름이 중앙부에서 만나 서에서 동으로 흐르는 하천이 청계천이다. 그러나 한반도가 원래 비가 많이 내리는 지대가 아닌 데다가 특히 한양 일대의 우량은 대단한 것이 아니어서, 고려시대 말기까지의 이 하천은 여름 한철, 장마철이나 홍수 때가 아니면 얕고 좁다란 이름만의 하천에 불과했다. 고려 말기까지는 인가도 드문 저밀도 지대였기 때문에 특별히 배수시설이 필요한 것도 아니었었다.

그러나 한양분지가 조선왕조의 도읍지가 되고 많은 인구가 고밀도로 거주하게 되자 전 왕조 말까지의 이름만의 하천을 그대로 방치해둘 수 없게 되었다. 우선은 배수시설이 필요해졌고 여름철 강수량이 많을 때에 대비하여 하상을 넓게 깊게 고르게 파서 흐름을 좋게 하는 한편 제방을 쌓아 홍수피해를 최소화할 필요가 생긴 것이다. 그리하여 태종 11년(1411년) 말에 개천공사계획을 수립하고 정부에 개천도감(開川都監)을 설치하여 다음해 정월부터 공사에 착수했다. 전라·경상·충청도에서 불러올린 5만 명의 군인들을 시켜 한 달 동안의 강행군 끝에 제1차 개천공사를 마무리했다. 하상을 파내고 하폭을 넓히는 한편 상류부분의 제방은 돌로 쌓고, 지금의 3~4가에서 오간수문까지의 제방은 나무로 쌓으며, 대·소 광통교, 혜정교 등 중요한 곳의 다리는 종전까지의 나무다리를 돌다리로 바꾸었다.

그런데 이 공사는 충분한 사전계획과 보호조치를 강구했음에도 불구하고 병으로 죽은 자 64명을 내었으니 얼마나 고되고 힘든 공사였는지를 알 수가 있다. 그러나 하천 하나를 만든다는 것이 결코 쉬운 일이 아니었다. 개천공사를 마치고 준공을 했으나 홍수철이 되어보니 지류와

새천(細川)이 넘치기도 했고 성곽 밑의 수구(水口)가 좁아 큰 수해를 입기도 했다. 근본적인 보수공사가 필요해진 것이다.

세종 4년(1422년)부터 시작하여 16년 2월까지 장장 13년 간에 걸쳐 주로 농한기를 이용하여 보수를 거듭함으로써 마침내 개천공사는 끝을 맺게 되었다. 청계천은 이렇게 자연흐름을 기초로 많은 인력을 동원하여 오랜 기간에 걸쳐 개착한 개천(開川)이었다. 조선왕조시대의 개천이란 인공하수도라는 뜻을 가진 보통명사였으며, 청계천 본류만이 아닌, 중학천이니 청운천이니 하는 지류들도 개천이라는 이름으로 불렸고 서울만이 아니라 지방 각 고을의 인공하수도도 개천이라 불렀다.

개천의 본질이 인공하수도였으니 그것이 왕조 500년을 통하여 결코 깨끗하고 아름다운 하천일 수가 없었다. 많은 빈민들이 개천을 중심으로 모여들었으며 움막을 짓고 생활하였을 뿐 아니라 오물을 버렸고 심지어는 시체까지 내다버렸으니 악취가 멀리까지 미치는 등 그 불결함이 상상을 초월할 지경이었다. 예컨대 왕조 후기의 서울 지리를 소개한 『한경지략(漢京識略)』에서는 서울 거지들의 움집이 개천의 주요교량인 대광통교와 효경교에 집중되어 있어 "매년 섣달 추울 때에는 임금께서 친히 쌀과 포목을 내려 굶어죽지 않게" 했다고 기술하고 있다.

풍수지리설에 의하면 도성 안의 명당수(明堂水)에 해당하는 개천의 물이 맑지 못할 뿐 아니라 각종 폐기물까지 쌓여 악취가 풍기는 등 유지관리에 문제점이 있다는 것은 세종 16년에 이현로(李賢老)가 올린 상소 이후로 여러 차례 건의되어왔으나 정치·경제상의 여러 문제들 때문에 손을 쓰지 못하고 개천공사가 있은 지 어언 300년의 세월이 흘렀다. 그동안 임진·병자의 양대 병란을 겪었을 뿐 아니라 임진왜란 이후는 서울을 둘러싼 사산(四山)까지 황폐하여 비가 조금만 와도 많은 사석이 흘러내려와 하상을 메워 마침내는 강바닥과 뚝의 높이가 같은 정도가 되어버린다.

개천 준설의 대역사(役事)가 시작된 것은 영조 36년(1760년)이었다. 서울 장안의 주민 연 15만 명과 삯을 주고 채용한 인부 연 5만 명을 동원하고 경비로 전 3만 5천 량, 쌀 2,300석을 들여 2월 18일부터 4월 15일까지 57일간에 걸친 대역사였다. 건국 이래 최대의 역사를 벌리자 성 안팎 주민들이 기꺼이 응했을 뿐 아니라 부호들은 별도로 많은 인부를 바쳤고 도성밖 경기도 주민과 승려들까지 합세했다고 하니, 왕조 500년간 도성이 조성된 후로는 최대의 공역이었다. 수표교 교주에 경진지평(庚辰地平)이라는 네 글자가 있는데 경진은 영조 36년의 간지(干支)이니 그 해에 준설한 개천바닥의 표준을 나타낸 것이다.

대역사를 마치면서 영조는 준설 상설기관으로 준천사를 두었으며 삼정승을 도제조로, 병조판서·한성판윤·삼군대장 등 6명의 고관을 제조로 삼고 훈련도감·금위영 등 3군에 준설구역을 나누어 분담을 시켰다. 개천의 준설은 그 후에도 자주 실시되었는데 『왕조실록』에는 정조 원년 이후 모두 여덟 차례의 역사가 기록되어 있다.

연 날리기니 다리 밟기니 하는 낭만이 전혀 없었던 것은 아니지만 조선왕조 500년간 청계천은 한 줌밖에 안 되는 낭만에 비해 그 열 배 백 배의 오탁과 고난의 흐름이었을 것으로 나는 생각하고 있다.

## 2. 청계천의 역사 – 복개되기까지

### 일제시대의 청계천

한반도를 완전 식민지로 하고 서울에 조선총독부를 두었으며 70만이 넘는 일본인이 조선에 와서 정착했다. 한성이라는 공식명칭을 경성으로 바꾼 서울에도 많은 일본인이 정착했으며 그 수는 해마다 증가하여 1942년경에는 17만 명을 헤아리게 되었다. 이렇게 경성에 정착한 일본인들의 주거주지는 개천을 경계로 그 남쪽이 훨씬 많았으며 따라서 개천은 남촌·북촌현상의 경계가 되었다.

일제 때의 개천을 설명하는 경우 빠뜨릴 수 없는 것이 그 명칭이다. 일제는 개천 준설을 시작하면서 보통 명사인 개천에 고유명사를 부여하여 청계천이라 했다. 청풍계천(淸風溪川)의 준말이라는 것이다. 1918년부터 시작한 개천 준설은 주로 일본인이 많이 거주한 남촌의 지류들을 대상으로 한 것이었지만 청계천 본류도 여러 차례 준설했다. 그들이 청계천 준설을 게을리 하지 않았던 데는 콜레라·장티푸스 등 전염병의 만연을 크게 염려한 때문이었지만 한편으로 1925년(을축년) 대홍수 때의 피해도 한 원인이었다. 을축년 홍수 때는 청계천도 막혀 도심부도 막대한 피해를 입어야 했다.

청계천이 준설되어 맑은 물이 흐르게 되자 주변 아낙네들이 빨래거리를 들고 나왔다(여인들이 낮 시간에 다닐 수 없었던 조선왕조시대에는 없었던 풍경이었다). 1920년대에 촬영된 것으로 전해지는 빨래터 풍경이 청계천의 낭만을 크게 돋우어주고 있다. 그러나 일제시대의 청계천은 결코 낭만만이 흐르는 그런 냇가가 아니었다. 그곳은 남촌·북촌이라는 민족간의 대립, 민족감정과 민족문화가 대립하는 경계였고 때로는 종로 조선인 어깨들, 충무로 일본인 어깨들이 혈투를 벌이는 경계이기도 했다. 그런 청계천을 실제보다 훨씬 더한 낭만의 흐름이 되게 한 것이 있으니 박태원의 소설 『천변풍경』이었다.

1936~37년에 걸쳐 월간잡지 『조광(朝光)』에 두 차례로 나뉘어 연재된 『천변풍경』은 일제통치의 극성기라 할 1930년대 중반, 청계천변에서 생활한 서울 서민층의 삶을 꼼꼼히 재현하고 있다. 모두 50개의 짧은

제2청계교 일대의 무허가건물.

장으로 이루어진 이 소설에는 70여 명의 각종 인물이 뒤엉켜 등장하지만 중심이 되는 사건도 주인공이라 할 사람도 존재하지 않는다. 어찌 보면 청계천이야말로 진짜 주인공이라 할 수 있는 그런 스타일의 글을 모아 소설로 성공시킨 것이었다.

그러나 청계천의 낭만도 그것이 끝이었다. 1937년 중일전쟁, 1941년 태평양전쟁이 일어나면서 국고 및 서울시 재정의 악화, 노동력의 절대부족 등 요인이 겹쳐 청계천의 준설은 생각도 못하게 되었으며 따라서 하천의 오염이 급격히 악화되었다.

한편 청계천 본류 부분의 복개가 복격적으로 시작된 것도 1937년부터의 일이다. 1931년에 일어난 만주사변 이후 한반도는 대륙침략의 병참기지가 되어가고 있었고 서울이 그 중심에 있었으니 군수물자의 신속한 수송을 위한 교통로의 확보가 절실해지고 있었다. 그 방편의 하나로 도성의 중앙부를 가로지르는 청계천을 복개하여 도로를 확장함으로써 그들의 욕구를 충족시키고자 했던 것이다. 그리하여 1937년부터 광화문우체국 앞의 대광통교에서 청계천의 물줄기가 하나로 합류되는 광통교까지의 복개공사가 추진되어 1942년에 완성을 보았다. 그들은 계속해서 나머지 구간에 대한 복개계획도 수립하였으나 전쟁이 패망으로 치닫고 있는 상황이었기 때문에 이루어지지 못하고 광복을 맞았다.

## 광복 후의 청계천 – 복개공사 추진과정

1945년 8·15에 광복이 되었으나 대한민국 정부수립 때까지는 정치적 혼란기로 건설 전반이 거의 중단되었으니 청계천 또한 예외일 수 없었다. 한국정부가 수립된 뒤에도 정부의 기본 틀을 마련하고 겨우 숨을 돌릴 만했을 때 6·25전쟁이 일어나 역사상 유례 없는 참화를 당했으니 청계천 제방과 그 지류들도 적지 않는 피해를 입어야 했다. 특히 청계천은 태평양전쟁이 일어난 다음해인 1942년 이후 10여 년 간 방치되었으니 토사와 오물이 쌓이고 쌓여 준설을 할 엄두도 낼 수 없는 상태였다. 더 답답한 것은 사변 후부터 들어서기 시작한 판잣집이었다. 처음에는 오간수문(동대문)에서 동쪽 일대에만 들어선 것이 점점 6가와 5가 쪽으로 올라와서 마침내는 3·4가 쪽 양안에도 한치의 빈틈도 없이 다닥다닥 들어섰다. 정화조 같은 것이 있던 시대가 아니었다. 배설물이 하천바닥에 그대로 흘렀고 악취가 진동을 했다.

제1공화국시대 서울특별시장 중 허정(許政)은 출중한 인물이었다. 3·1운동에 가담한 후 중국 상해로 망명, 그곳에서 잠시 머물다가 프랑스·미국 등에서 수학했고, 미국에 있을 때 구미위원회 위원으로서 위원장인 이승만 박사를 보좌했으며, 뉴욕에서는 ≪3·1신문≫을 발행하기도 했다. 광복 후에는 제헌국회의원, 1948년 10월에서 50년 5월까지 교통부장관, 그후 석탄공사 총재를 거쳐 사회부장관, 국무총리 서리 등을 지낸다. 그가 시장으로 부임해보니 마침 1958년도 예산안이 심의되고 있었다. 실무자의 도움을 받아 4년간 계속사업으로 청계천을 복개하기로 했다. 직원들의 봉급과 최소한의 사무비, 그리고 전재민 구호비 등 필요경비를 지출하고 나면 건설비 등으로 사용할 수 있는 가용재원은 거의 남지 않는 시대의 일이었다.

1958년 9월 10일에 착공하여 광통교에서 장교까지의 450m, 방산시장 앞 30m가 복개되었다. 그리고 복개공사는 1959년에도 1960년에도 계속되었다. 허정 시장이 시작하여 임흥순(任興淳)·장기영(張基永)·김상돈(金相敦) 시장으로 이어졌다. 1년에 겨우 몇백m 정도, 후닥닥 해치우기를 바라는 한국인의 심성으로서는 정말로 답답하고 지루한 공사였지만 당시의 시 재정으로서는 그것이 한계였다.

그렇게 지지부지했던 것을 1961년 5월 16일부터 집권하게 된 군사정권이 맡아 후닥닥 진행했고 그해 12월 5일에 완공하여 동대문 남쪽 오간수교 자리에서 개통식을 거행했다. 다른 공사도 그러했지만 이 공사의 마무리 또한 "군사정권은 정말로 일 잘한다"라는 인상을 심어주는 데 일조를 했다. 여하튼 만 4년간에 걸쳐 총공사비 23억 3,252만 환, 연동원인원 24만 2,807명, 5,421톤의 철근, 1만 3,951톤의 시멘트, 207만 재의 목재, 116톤의 강재가 투입된 이 공사는 6·25전재복구기, 온 백성이 헐벗고 굶주리는 시대에 이루어진 것이었니 실로 혁명적인 공사였다.

그런데 이 복개공사는 엄청난 파급효과를 가져왔다. 복개되기 이전의 청계천은 정말로 골치 아픈 존재였다. 몇 년에 한 번씩 대규모 준설을 하지 않으면 토사가 제방높이까지 쌓였고 흐름이 막히면서 악취가 풍겼

청계천 복개공사와 무허가건물 철거가 동시에 진행되는 현장.

다. 이웃 주민들이 요강을 내다버렸고 구정물과 쓰레기를 버렸다.

하수도라는 것은 원래가 골치 아픈 것이라서 되도록 덮어버리고 싶은 것이었다. 그런데 나라 안 하수도의 우두머리격인 청계천이 덮어졌다. 그때까지의 더러운 흐름이 자취를 감췄고 악취도 풍기지 않게 되었다. 실로 신기한 일이었다. 여기저기에서 너도나도 뒤질새라 복개를 하기 시작했다. 우선 청계천 복개 자체가 오간수문에서 끝나지 않고 동으로 동으로 연장되다가 1970년대의 초에 이르러 마장동에 가서 끝을 맺었다. 복개공사가 진행되면서 다닥다닥 붙어 있던 무허가판잣집도 철거된 것은 당연한 일이다. 청계천의 지류들, 중학천·청운천·오장천·성북천 등 거의 모든 지류가 복개되었을 뿐 아니라 그 밖의 개천들, 예컨대 서울역 - 원효로를 잇는 만초천(일명 욱천)도 복개되었고 후암동의 후암천도 복개되었다. 윤태일·윤치영·김현옥 등 3대 시장에 걸쳐서였다. 지류였으니 너비가 좁았고 그러므로 복개도 어렵지 않게 추진될 수 있었다. 1995년 말 현재로 복개된 서울의 하천은 모두 25개, 그 연장은 7만 4,819m에 달했다(『서울은 안전한가』 496쪽). 거의가 1960년대에 복개되었던 것이다.

서울만이 아니었다. 부산·대구·광주·인천·대전 등의 개천도 거의 예외없이 복개되어 오늘날 도로나 주차장으로 쓰이고 있다. 개천만이 아니었다. 경주나 남원 같은 경우는 읍성(邑城)을 둘러싸고 있던 해자(垓字)까지 복개해버렸으니 실로 기가 막히는 일이었다. 우리나라 하수도의 역사에서 1960년대는 바로 복개의 연대였던 것이다. 확실한 통계를 알 수 없으나 전국에서 복개된 하천의 총연장은 청계천 복개면 연장의 100배인 500~600km에 달할 것으로 추측된다. 실로 가공할 수치라 아니할 수 없다.

## 3. 청계고가도로의 탄생과 소멸

### 청계고가도로 건설경위

청계천이 복개가 되자 그것은 너비 50m의 가로가 되었다. 강남이 개발되기 이전, 1960년대 후반기만 하더라도 50m 광로라는 것은 청계천로가 처음인 동시에 유일한 것이었다. 시청 옆 태평로가 50m 광로가 되는 것은 '대한문과 덕수궁 담의 후퇴'라는 말썽 많은 절차를 거쳐야 했으니 청계천로보다 훨씬 뒤의 일이고, 무교로나 종로가 50m 광로가 된 것은 '황야의 무법자' 구자춘 시정기(1974. 9~78. 12)가 되어서의 일이었다.

김현옥 시장은 일에 미친 사람이었고 해마다 미치는 대상이 달랐다는 점에 특징이 있었다. 부임 첫해(1966년)에는 도로건설에 미쳤고, 다음해에는 민자유치사업(세운상가 건설 등)에 미쳤으며, 3차년도에는 한강개발(여의도윤중제·강변도로 등)에 미쳤고, 4차년도에는 시민아파트 건설에 미쳤다. 이렇게 해마다 미치는 대상이 바뀌기는 했으나 유독 도로건설에 관해서만은 재임 4년간에 항상 방심하는 일이 없이 시내 어디선가에서는 도로·교량 공사가 추진되고 있었다. 그러므로 한마디로 평한다면 그는 도로시장이었다.

부임 다음해 봄을 지나면서 그는 문득 '미아리고개 - 시내중심부 청계천로 - 신촌·홍제 등을 연결하는 유료고가도로를 건설하면 서울의 교통소통이 훨씬 빨라질 수 있지 않을까'라고 생각했다. 그는 실로 기발하고도 즉흥적인 아이디어의 인물이었다.

서울에 고가도로라는 것이 처음 생긴 것은 아현고가도로(772m)였고 김 시장 부임 직후인 1966년 6월 10일에 기공, 1968년 9월 19일에 준공되었으니, 1967년 6~7월경에는 교각공사가 끝나가고 있을 때였다. 또 유료도로라는 것은 1967년 9월 23일에 준공된 강변1로(한강대교 남단 - 영등포·여의도 입구)가 처음이었다. 그러므로 김 시장이 '미아리고개 - 청계천로 - 신촌·홍제동' 유료고가도로를 착상한 것은 한국 최초의 고가도로와 유료도로가 각각 80~90% 정도씩 진행되고 있을 때의 일이었던 것이다.

그런 착상을 한 김 시장이 그 아이디어를 맨 처음 상의한 것은 건설담당 부시장 차일석도 도시계획국장 주우원도 아닌 건축가 김수근이었고 그런 구상을 빠른 시일 내에 스케치해봐달라고 부탁했다.

김수근은 서울시 도시계획위원, 여의도 신시가지 도시설계 등을 한 김현옥 건축·도시계획의 유일무이한 조언자였다. 김수근은 특히 1965년

5월에 발족한 국영기업인 기술부분 종합설계회사 한국종합기술개발공사(이하 한국종합)의 부사장이었고 실질적 제1인자의 자리에 있었으니, 김 시장 입장에서는 가장 믿을 수 있을 뿐 아니라 결코 말썽의 소지가 없는 편리한 조언자이기도 했다.[1]

마침 일본 도쿄에서 1964년 올림픽대회 개최준비의 일환으로 여러 개 고가도로 건설이 완료되고 있었고 그 추악함보다 편리함이 널리 회자되고 있을 때였다. 도쿄예술대학·도쿄대학에서 수학한 그가 도시고가도로 설계서를 구해 보는 것은 매우 쉬운 일이었다. 그가 직접 그렸는지, 한국종합의 실무자가 그렸는지 확실치는 않으나 여하튼 김수근이 스케치한 것으로 전해지는 조감도를 제시하면서 김 시장이 '유료고가도로 건설계획'을 발표한 것은 1967년 8월 8일 아침에 개최된 기자회견에서였다. 발표내용을 요약하면 다음과 같다.

① 총 공사비 35억 원을 들여 3개년 계획으로 서울시내 청계천을 관통하여 동북으로 미아리고개, 서쪽으로 서대문 - 홍제동, 서대문 - 신촌, 서대문 - 의주로 - 삼각지를 연결하는 유료고가도로를 건설, 1969년까지 완공한다.

② 금년에는 우선 제1차로 2억 원을 들여 용두동 - 청계천 - 동아일보사 - 세종로 - 서대문로터리 - 신촌로터리에 이르는 1만m 간선 중 동대문 - 동아일보사 위까지의 교각공사를 시행한다.

③ 이 공사의 2차년도인 1968년에는 이 교각 위에 도로를 입히고 일부를 소통시키며 연말에 가서는 지선인 ㉠ 홍제동 - 서대문로터리, ㉡ 미아리고개 - 용두동, ㉢ 성동교 - 용두동, ㉣ 서대문로터리 - 의주로 - (용산) 삼각지 간 공사를

1) 김수근도 훗날 나이가 들고부터는 도로·자동차문화에 대한 회의론자가 되었고 그와 같은 생각을 저서 『좋은 길은 좁을수록 좋고 나쁜 길은 넓을수록 나쁘다』(공간사, 1989)로 발표한 바 있지만, 유료고가도로 스케치의 의뢰를 받은 것은 겨우 36세밖에 안 되는, 좋게 말하면 신진기에, 나쁘게 말하면 한 개 애송이에 불과했던 때였다. 그가 얼마나 애송이었던가는 오늘날 한국 최악의 건물 중 하나인 세운상가를 설계한 것이 바로 한 해 전인 1966년이었다는 점에서 충분히 알 수가 있다.

착공, 1969년 말까지 완공한다.

④ 금년에 실시할 동대문 - 동아일보사 위까지의 교각공사 기공식은 오는 8월 15일에 거행한다.

실로 엉뚱하고도 기발한 발표였으니 그날 석간신문에 그 내용이 대대적으로 보도된 것은 당연한 일이었다.

내가 이 발표를 엉뚱하고도 기발한 것이었다고 하는 데는 이유가 있다. 그것이 발표되었던 1967년 말에 서울시에 등록된 차량총수가 2만 5,680대, 자가용 승용차수는 겨우 4,075대밖에 되지 않았으니 굳이 고가도로를 건설하지 않더라도 차량의 소통에 아무런 지장도 없던 시대였기 때문이다. 이 발표가 있은 지 4일이 지난 8월 12일자 ≪동아일보≫ 독자논단에 '고가도로 건설의 재고를'이라는 제목을 단 기사가 실렸다. 8단짜리 장문의 기사였는데 그것은 앞부분이었고, 뒷부분은 8월 15일자에 실렸다. 8월 15일자 기사에는 '상식을 벗어난 장축(長軸) 관통, 청계로 위 설치계획은 부당'이라는 부제까지 붙었다. 그런데 고가도로 건설을 반대한다는 그 내용은 고사하고라도 그것을 쓴 인물이 더 문제였다. 신문에 소개된 것은 '전 서울시 도시계획과장 한정섭'[2]이었던 것이다.

그의 반대는 일반인들보다 이른바 전문가들에게 더 관심이 있었다.

---

2) 1925년에 함경남도 함흥에서 태어나 1952년에 서울대학교 공대 건축과를 졸업한 한정섭은 1954년부터 서울시 도시계획위원회 연구원으로 있었으며, 1962년 5월부터 1966년 7월 14일까지 서울시 도시계획과장의 자리에 있었고, 그 후는 건설국 포장과장, 토목시험소 소장(직무대리) 등을 거쳐 그해 7월 13일자로 서울시를 떠났다. 즉 한정섭은 장문의 반대의견을 발표하는 한 달 전까지 김 시장의 부하였던 인물이었다. 그뿐만이 아니었다. 그는 도시계획과장 재직시 서울시 도시계획의 근간이 되는 방사선·순환선체계를 수립한 공로자였고, 1967년 당시만 하더라도 자타가 공인하는 서울시 도시계획 권위자의 자리에 있었던 것이다. 한정섭은 그후 단국대학교에 가서 공과대학 학장 등을 역임했고 정년퇴임 후 건재한 것으로 알고 있다.

그의 주장을 요약하면 두 가지였다. ① 35억이란 경비를 3년간 투입한다는 것인데 그만한 비용이면 청량리 - 서울역 간 지하철을 건설할 수도 있다. 지하철 건설 등 대중교통을 등한히 하고 승용차가 잘 소통되게 할 고가도로를 건설할 필요가 없다. ② 고가도로라는 것은 원래 외곽교통을 원활히 하기 위한 수단인데 그것을 시가지 중심부까지 끌어들인다는 것은 절대로 안 되는 일이다라는 것이었다. 지금의 시점에서 읽어봐도 백 번 이치에 닿는 의견이었다.

교각공사 중인 청계고가도로.

김 시장 입장에서 대단히 괘씸하고 또 배아픈 반대였지만 그 정도로 영향을 받을 위인이 아니었다. 예정했던 대로 8월 15일 오후 2시에 박 대통령·정일권 총리 등이 참석하여 성대한 기공식을 거행했다. 말하자면 무예산·무설계의 대표적인 공사였다. 무예산이라는 것은 예산조치 없이 일단 기공식부터 올려놓고 추가경정예산을 편성한다는 것이었고, 무설계라는 것은 일단 기공을 해놓고 설계를 해가면서 공사도 추진한다는 것이었으니 김현옥 시장이 즐겨 쓴 수법이었다.[3]

그러나 실제의 경우 고가도로를 무설계로 건설할 수는 없었다. 실제의 공사는 부분설계가 되고 난 뒤인 10월 14일부터 착공되었다.[4]

---

3) 중앙정부 공사에도 그런 예가 있었다. 경부고속도로의 초기공사 같은 것은 사실상 무예산·무설계 상태였다고 해야 할 것이다.

4) 훗날 이 시설의 설계자를 알 수 없다고 하여 말썽이 된 일이 있다(《조선일보》

한정섭의 반대가 계기가 되어 이 유료고가도로 구상은 크게 축소되었다. 첫째로 당초에는 무교동 - 신문로 - 서대문로터리를 거쳐 신촌과 홍제동에 이른다는 것이었는데, 실제공사는 광교에서 끝이 났고 신촌은커녕 서대문로터리까지도 가지 못했다. 광화문에서 남대문에 이르는 세종로·태평로는 서울에서 가장 중요한 거리인데 이 거리를 고가도로가 횡단할 수 없다는 것이 그 이유였다. 또한 용두동 - 미아리고개, 신촌로터리 - 용산 삼각지 등의 연결도 실현되지 못했다. 1970년 4월에 시장이 바뀌었고 후임시장은 고가도로보다 지하철 건설에 더 역점을 둔 때문이었다.

둘째로 당초에는 유료도로로 한다는 것이었는데 결국 유료화는 실현되지 않는다. 자동차 전용도로이니 공평의 원칙상 유료로 하는 것이 당연한 일이었고 따라서 1970년대에 들어서도 여러 번 검토가 되었지만, 어느 지점에 요금소를 설치하느냐, 요금소에서의 지체 때문에 도로소통 자체에 지장을 줄 수 있다는 이유로 유료화는 끝내 실현되지 않았다.

많은 반대자가 있어 고가도로의 규모를 축소하기는 했지만 김 시장 입장에서 절대로 양보할 수 없는 것이 있었다. 광교에서 청계천로를 거쳐 용두동까지에 이르는 노선이었다. 박 대통령의 워커힐 내왕을 쉽게 하기 위한 길이었기 때문이다. 아마도 김 시장에게 청계고가도로를 착상하게 한 참된 이유가 바로 그것이었을 것이다.

박 대통령은 워커힐 건설 중에도 그 건설상황을 점검하기 위해 자주 내왕했지만 1963년 4월에 개관되고 난 뒤에도 뻔질나게 그곳을 찾았다. 토요일·일요일에도 갔고 평일에는 밤에 갔으며 빌라에서 술자리도 가졌

---

1995년 12월 17일자, 27면 1단 기사). 1995년 6월에 서울시가 발간한 안전백서 『서울은 안전한가』에서 청계천 고가도로 '설계자 미상'으로 표시한 때문이었다. 이 시설의 설계자는 김수근이 부사장으로 있는 한국종합이었고 시공자는 현대건설이었다.

공사중인 청계고가도로.

고 잠자리도 가졌다. 워커힐의 빌라는 경호하기에도 쉬웠고 일체의 잡음이 절연된 공간이었다. 바깥방에서는 수행원들이 주연을 벌이고 안방에서는 고독을 즐겨도 외부세계에서는 전혀 알 수가 없었으니 박 대통령이 휴식을 취하는 데 안성맞춤이었다. 박 대통령의 잦은 워커힐 나들이는 1970년대 중반에 청와대 앞 궁정동에 안가(安家)라는 이름의 비밀 휴식처가 생길 때까지 계속되었다. 청와대 앞 안가는 끝내 그를 죽음의 길로 인도했다.

1969년 3월 22일에 고가도로가 (1차로) 준공 개통되었다. 용두동 제2청계교에서 청계2가 - 을지로 - 명동성당 입구까지에 이르는 길이 3,750m, 너비 16m, 내자 16억 원, 외자(강제 차관) 4억 3천만 원이 투입된 대공사였다.

1970년 4월에 시장이 양택식으로 바뀌고 난 뒤에도 고가도로 공사는 계속되었다. 첫째는 남산 1호 터널이 생겨 남산과의 접속이 필요해진 때문이었고, 둘째는 청계천 7가 - 마장교까지의 연장이었다. 대통령 워커힐나들이를 좀더 편리하게 하기 위한 충성심 경쟁에서 양 시장도 크게 뒤질 수 없었기 때문이다.

청계고가도로가 오늘날의 모습으로 완공된 것은 1971년 8월 15일이었고 본선 길이 5,864m, 25개 램프의 연장이 2,582m에 달하고 있다.[5)]

## 현재 그리고 미래

청계천 위에 가설된 고가도로의 원래의 이름은 3·1고가도로였으나 1984년 11월 17일에 그 이름이 청계고가도로로 바뀌었다. 그런데 이 고가도로는 그 교각이 세워질 때부터 육중하고 투박하여 결코 날씬한 인상을 풍기지 않았다. 당시는 아직 포항제철(주)이 생산을 개시하기 전이라서 철근도 철판도 수입해야 했다. 김현옥 시장의 건설철학은 적은 비용으로 많은 양의 건설을 한다는 것이었으니, 이 고가도로도 그 설계 단계에서부터 값싼 시멘트를 많이 쓰고 값비싼 철근·철판은 적게 쓰도록 되어 있었다. 그런 비용상의 절약이 반영된 설계의 취약이 직접적인 원인이기도 하고, 또 건설 당시에는 상상조차 할 수 없었던 차량의 증가, 통행량의 격증도 원인이 되어 이 고가도로는 정말 뻔질나게 수리를 거듭해야 했다. 건설 초기의 서울의 차량총수가 겨우 2만 5천 대 정도였는데, 2002년 6월 말 현재의 차량총수는 260만 대, 승용차만 200만 대에 달하고 있으니 청계고가도로가 견딜 수 없는 것은 당연한 일이다.

서울시가 1995년에 발간한 백서 『서울은 안전한가』에 의하면 이 시설

5) 워커힐 나들이를 위해서는 마장교에서 시작되는 천호대로 공사로 이어졌고 마침내 천호대교 - 시 경계까지의 도로를 낳게 된다.

서울의 동서를 연결하는 청계고가도로.

에는 1985~92년의 8년간 매년 5~6회 이상, 매회에 50~90일간씩, 그리고 매년 평균 9억 원 이상, 많은 해(1991년)는 29억 원 정도의 수리비가 들어간 것으로 기록되어 있다. 아마도 이 수리비는 1993~2001년에도 많으면 많았지 결코 감소되지는 않았을 것이다. 전해오는 바에 의하면 청계고가도로의 교각과 상판은 이미 그 수명을 다했고 대형사고를 미연에 방지한다는 관점에서도 조만간에 철거되어야 한다는 것이다.

그런데 그 건설 직후부터 안전문제 때문에 미군용 차량, 미국인 차량은 이 고가도로를 통행하지 않는다는 말이 유포되어 있다. 미국 또는 미군측이 공식견해를 발표한 일이 없는데도 불구하고 이 루머는 끈질기게 유포되고 있었다. 그리고 미군측에서 안전에 문제가 있다는 시설은 고가도로일 수도 있고 복개시설 그 자체일 수도 있다. 즉 복개된 내부에 가스가 충만하여 언제 폭발할지 모르며 그것이 폭발하면 대형사고가 따르게 되어 있다는 것이다.

복개된 하천바닥에 메탄가스가 발생하여 폭발하거나 각종 잡균이 서식할 수 있다는 것은 처음 복개할 때부터 알고 있었다. 그에 대한 대책으로 하상을 준설하거나 약품소독을 쉽게 할 수 있게 복개면 50m마다에 개폐출입구를 만들고 두께 20mm의 철판으로 뚜껑을 덮었다. 확실한 설치일자는 알 수 없으나 지금은 개폐출입구 자리에 대형 환풍기가 설치되어 가스폭발을 예방하고 있다.

복개공사 후 40년이 지났으니 복개 내부가 크게 손상된 것은 당연한 일이다. 서울시 하수과는 성수대교 붕괴사고가 일어나기 1년 전인 1993년 5월부터 1994년 10월까지에 걸쳐 8억 8백만 원의 예산으로 중요하천 구조물의 안전점검을 실시했는데, 청계천 복개시설의 경우, 여러 장소에서 콘크리트가 떨어져 나갔고 철근이 노출 부식되었으며, 맨홀 불량, 슬래브 처짐, 벽체 파손, 기둥 보(洑) 접합부분 팽창, 교각상태 불량·균열현상이 일어나 1995년에 57억 원 예산으로 긴급보수했다고 한다.

이명박 시장의 취임식은 2002년 7월 2일 오전에 있었다. 취임식에서 그가 가장 목청을 돋운 부분이 청계천 복원공사에 관해서였다. “일하는 시장, 이명박의 첫번째 약속은 맑은 물이 흐르는 아름다운 청계천을 시민 여러분께 돌려드리는 것입니다. 역사의 청계천, 문화의 청계천, 환경의 청계천, 경제의 청계천이 복원되는 날, 서울은 동아시아의 중심도시로 거듭날 것입니다”라고 했다.

그리고 취임 10일째 되는 7월 11일 오전에 각계 전문가, 기자단 등 60여 명을 대동하고 청계천 복개부분을 찾았다. 청계 3가 대림상가 부근 복개구조물 입구에서 광교까지 그리고 다시 되돌아서 청계 7가까지 내왕했다고 한다. 도시시설의 내부(이면)를 모르는 동행자들에게는 실로 위험천만이고 가공할 그런 공간이었을 것이다. 동행한 60명 중 작가 한

청계천 복원 조감도.

분의 취재기는 "처음 우리를 맞은 것은 코를 찌르는 시궁창 냄새, 메탄 농도 40ppm으로 바깥보다 30배 높은 수치였다. (……) 기둥은 군데군데 금이 가 있었으며 천장은 보수공사 흔적으로 멀쩡한 곳이 거의 없었다. (……) 청계고가를 떠받들고 있는 교각들의 심각한 부식도를 눈으로 보고 나니 (……) 한마디로 '험악함'과 '위험함' 바로 그것이었다"라고 기술하고 있다.

동행자들이 그런 광에 기막혀 하고 있을 때 신임시장이 큰 소리로 "이건 누군가가 해야 할 일입니다. (……) 제가 하겠습니다. 제가 욕을 먹겠습니다"라고 했다고 한다. 고위경영자 출신의 이 시장은 뛰어난 연출력도 지니고 있음을 실감한다. 그리고 서울시는 8월 13일부터 10월 29일까지 매주 화요일에 한하여 1회에 100명씩 12회에 걸쳐 청계천 내부를 시찰토록 할 것이라고 한다. 비전문가가 보면 누구나 공포를 느끼게 될 시설을 공개함으로써 널리 공감대를 넓히려는 발상임을 알 수가 있다.

고가도로와 복개부분을 철거하고 난 뒤에 어떻게 개발할 것인가에 관한 구체적인 발표는 아직 없으며 겨우 한 장의 조감도가 제시되고 있을 뿐이다. 그런데 전해오는 말과 이 시장과의 짧은 면담결과로 필자가 얻은 지식은 다음과 같다.

첫째, 빠르면 2003년 하반기, 늦어도 2004년 내에 청계천 고가도로 및 복개부분 철거공사를 시작하고 그것은 대단히 빠른 속도로 추진된다.

둘째, 복개부분을 들어낸 청계천을 빨리 준설하고 흐름 양측의 분류하수관로를 새로 가설한 후 매일 10만 통 정도의 물을 한강(청계하수처리장)에서 취수하여 광교까지 역도수(逆導水)하고 그 물을 광교 - 마장동 - 한강으로 흘려보낸다.

셋째, 이 철거·준설, 하수관로 및 역도수로 조성, 도수장치 설치 등에 소요되는 비용은 3,600억 원 정도로 추정하고 있다. 그 정도의 경비는 현재의 서울시 재정규모로는 결코 대단한 것이 아니다.

넷째, 현재 고가도로가 하루 11만 대 정도 처리하는 교통량은 청계천 양측에 조성되는 10m 너비의 도로와 종로·을지로의 일방통행 등으로 감당하되, 그것으로 부족할 때 종국적으로는 현재 미국 보스톤에서 진행되고 있는 방법과 같이 청계천 밑에 지하도를 조성함으로써 해결한다(이 비용은 별도).

다섯째, 청계천 양안 영세상인들의 반대는 행정·재정적 지원을 통하여 과감한 재개발을 유도함으로써 반대요인의 해소에 노력한다.

결국 이 시장과 그것을 연구한 젊은 학자들의 구상은 결코 지난날, 조선시대나 일제시대의 청계천과 같은 모습으로 복원하는 것이 아니라 전혀 새로운 모습의 청계천을 창조하겠다는 내용임을 알 수가 있다. 그런 새 청계천을 연구해낸 학자들 그리고 그것을 과감하게 받아들인 시장에게 격려의 박수를 보내고 싶다. 그런데 몇 가지 의문이 생긴다.

① 인공의 청계천에도 잠자리나 개똥벌레가 찾아올 것인가.

② 고가도로가 없는 명동이나 충무로·을지로도 재개발이 안 되고 있는데 복원되고 난 개천 양안의 재개발이 쉽게 추진될 수 있을 것인가.

③ 과연 3,600억 원만으로 가능할 것인가. 그리고 녹음이 우거지고 맑은 물이 흐르는 청계천이 과연 이 시장 임기 내에 조성 완료될 것인가.

일류 화가가 되려면 하늘색 내는 데 3년, 물색 내는 데 5년 세월이 필요하다는 글을 읽은 일이 있다. 아마도 엄청난 시행착오를 겪어야 할 것이고 지금은 상상조차 할 수 없는 허다한 비용이 더 필요해질지도 모를 일이라고 생각한다.

(2002. 8. 10. 탈고)

## 참고문헌


서울특별시 시사편찬위원회. 1965,『서울특별시사』 해방후 시정편, 서울특별시.

_____. 1984,『서울시 시사자료』 Ⅲ, 서울특별시.

_____. 1987,『서울시 시사자료』 Ⅳ, 서울특별시.

_____. 2000,『서울의 하천』, 서울특별시.

손정목. 1977,『조선시대 도시사회연구』, 일지사.

_____. 1996,『일제강점기 도시화과정연구』, 일지사.

≪새서울뉴스≫, 2002년 7월 25일자.

당시의 관보·신문·잡지 등

# 남산이여!

## 1. 일제강점 말까지의 남산

### 조선시대 말까지의 남산

인류가 자연의 힘을 이기지 못했던 시대, 외부로부터의 재해의 첫째가 바람이었고 둘째가 물이었다. 그러므로 바람이나 물로부터 얼마나 잘 보호받을 수 있는가가 풍수설에서 말하는 명당의 기준이 되었다. 동서남북 어느 곳에서 강풍이 불어와도 견딜수 있는 곳, 아무리 비가 내리지 않아도 물이 마르지 않고 흐르며 반대로 아무리 비가 많이 와도 배수가 잘되어 홍수피해를 막을 수 있는 곳이 명당자리였다.

어떤 고을이 그런 조건을 갖추려면 그렇게 험준하지 않으면서도 적당한 높이를 갖춘 산이 사방을 둘러줘야 했다. 조선 8도 중심에 위치한 한양이란 땅은 바로 그런 조건을 모두 갖춘, 풍수상 명당이었다. 북쪽에 산을 등지고 양지발라 따뜻하고 배수도 잘되는 자리에 궁궐과 종묘·사직을 배치했다. 궁궐이 등진 산이 주산(主山)이었다. 북악산이라 불리게 되었다. 주산의 좌우에 두른 산은 바람을 막아주었을 뿐 아니라 방위하기에도 편리했다. 낙타산이 좌청룡이고 인왕산은 우백호였다. 남쪽의 산은 풍수설에서 말하는 안산이었다. 안산이란 주산 앞에 놓인 밥상이나 책상과 같은 개념이었다. 주산인 백악산 높이가 해발 342m인 데 비해 남산은 265m로서 안산으로는 매우 적절한 높이를 지녔다.

이렇게 양기풍수의 표본과 같은 한양 땅을 도읍지로 정한 건국 당무자들은 건도한 지 얼마 안 가서 명당을 두른 네 개의 산을 빈틈없이 엮어 총길이 18km에 이르는 성곽을 쌓고 동서남북 네 개의 대문을 내었다.

풍수설은 배산임수를 그 주내용으로 했으니 궁궐·관아·주거 등 도성 안의 모든 건물이 남쪽을 향해서 앉았다. 그 모두가 단층 평가 건물이었으니 남산은 서울장안 모든 주민이 조석으로 대하는 앞산이었다. 남산은 고을마다에 있어 지명이라기보다는 오히려 보통명사였으니, 유식한 선비들이 목멱산이니 인경산이니 하는 이름을 붙였으나 그런 점잖은 이름들로 불리지는 않았다. 남쪽에 바로 보이는 산이니 남산으로 충분했고 그 이상도 이하도 아니었던 것이다.

보행이 주된 교통수단이었던 시대, 봉수는 나라 안팎의 변괴를 알리는 가장 빠른 수단이었고 남산마루에 마련된 다섯 기의 봉수대는 전국 각지 수백 개 봉수대의 종착점이었다. 그리고 이들 봉수가 내뿜는 횃불의 수가 각각 한 개씩임을 확인하면서 하루를 마감하는 나날을 보내 5백 년 세월이 흘렀다. 조선왕조 5백 년간, 남산은 도성을 두른 다른 산들과 마찬가지로 항상 울창하고 푸르를 수 있었다. 함부로 산에 들어갈 수 없었고 벌목과 채석이 엄하게 금지된 탓도 있었지만 도성 안 주민의 수가 겨우 10만에서 15만 정도에 불과했던 탓으로 사산(四山)을 침범할 필요성이 없었기 때문이다.

남산도로. 일제는 남산에 조선신궁을 세우면서 참배객들을 위해 사방으로 도로를 만들었다. 아울러 남산 일대를 공원으로 조성했는데 '남산파괴'는 이때부터 시작됐다. 사진은 남대문 쪽으로 조성된 참배도로의 1925년 당시 모습. 우측 상단으로 멀리 총독부 건물이 보인다.

## 일제강점기의 남산

갑신정변의 선후약조로 채결된 한성조약 제4에 의하여 남산 기슭 녹천정 자리를 일본공사관 부지로, 또 그에 바로 이웃한 박 모의 집터를 영사관 부지로 제공한 것은 1885년 봄이었고, 이어서 바로 그해, 일본공사관 부지에 이웃한 진고개 일대 오늘날의 중구 예장동·주자동에서 충무로1가에 이르는 지역을 일본인 거류구역으로 정했다. 그들 공사관·영사관 관계자의 입장에서는 바로 그 청사에 붙은 이웃지역이 거류민 거주지역이 되었으니 거류민 보호라는 입장에서 그 편리성·안정성이 확보될 수 있었고, 조선정부측에서는 남촌의 끝이면서 문자 그대로 진흙지대였던 그곳 거주환경을 매우 낮게 평가하고 있었기 때문에 쉽게 응낙했던 것이라고 추측된다.

일본인들은 그들의 거류구역이 공사관·영사관과 인접하고 그들의 공관 자리가 그들과 유서 깊은 왜성대(倭城臺) 자리라고 하여 크게 기뻐했다. 그들은 뒷날 이곳에 왜성대구락부라는 건물을 짓고 왜성대 일본공원을 만들었으며 마을이름도 왜성대정(倭城臺町)이라고 고쳤다. 그들이 이곳을 왜성대라고 한 것은 임진왜란 때 왜장 마스다나가모리(增田長盛)가 축성을 하고 장기간 주둔했으며 그 때문에 조선인들이 이곳을 왜장터라고 불러온 곳이라는 것이었다.

그러나 순조 때 저술된 것으로 전하는 『한경지략(漢京識略)』에 의하면, 이곳은 옛날 영문 군졸들의 연습장이었기 때문에 예장터라고 불러왔는데 그 음(音)이 전화되어 왜장터로도 불리게 된 것이며, 왜장과 관계된 이름이 아님을 밝혀두었다. 오늘날의 예장동이 바로 그곳이며 당시 일본인들이 왜장대라 불렀던 자리는 남산 케이블카의 기점에서 시작하여 아래로 내려와 구 대한제국시대 한국통감부(합방 후는 조선총독부)가 있었던 지금의 예장동 8번지 일대의 지구를 말한다.

1885년 봄에 진고개 일대가 일본인 거류구역으로 지정되자 그해 4~5월경부터 일본인 입경·거류가 시작되었고, 그해 말에는 19호 89인으로 집계되었다. 이렇게 처음에는 미미하던 것이 해를 거듭할수록 그 수가 급격히 늘어 청일전쟁이 끝난 1895년 말에는 5백호 1,839인, 러일전쟁이 끝난 1905년 말에는 1,986호 7,677인, 통감부시대를 거쳐 그들의 강점이 성취된 1910년 말에는 8,794호 34,468인에 달했다.

그들 일본인들 거의가 무지·무산자(無知·無產者)들이었으며 몇 푼 안 되는 영세자금으로 행상·노점·매춘·고리대금 등 돈이 되는 일이라면 무엇이든 닥치는 대로 하여 집을 사고 점포를 늘렸다. 사람의 머리수가 늘고 경제력이 늘었으니 종전의 거류구역으로는 감당할 수가 없었다. 당초에는 진고개 일대가 거류구역이었는데 점차 그 범위를 동서남북으로 확장하여 서쪽으로는 남대문 안팎까지, 남산 쪽으로는 회현동·남산동 일대, 북쪽으로는 명동·구리개(을지로)로 퍼졌고, 진고개는 6가 끝까지 차지해버렸다. 동리명도 멋대로 지어 부르게 되었으니 진고개는 혼마치, 명동은 메이지마치, 필동은 야마토마치, 주자동은 히노데마치, 쌍림동은 신마치라고 불렀다.

이렇게 남산 바로 아랫마을 일대를 일본인들이 모두 차지해버렸으니 조선왕조 500년간 도성 안(조선인) 주민의 앞산이었던 남산은 남촌 일본인들의 남산으로 바뀌어갔다. 남촌 일본인 세력에 밀려 북촌 조선인의 남산 접근이 사실상 어려워졌던 것이다. 하라다카시(原敬) 일본공사가 그들이 왜성대라 부르는 예장동 일부지역을 공원화하겠다고 교섭해온 것은 건양 원년(1896년)의 일이었고, 1정(약 109m) 4방의 땅을 공원조성의 목적으로 영대차지(永代借地)한 것은 광무 원년(1897년) 3월 17일이었다.

그해 7월, 일본거류민회는 이곳 명칭을 화성대공원이라 명명하고 제1기 경상비 300원을 계상하여 도로개설에 착수했으며 다음해부터 휴게소·분수·연못·주악당·연무대를 설치하고 벚꽃 600그루를 심는 등 노력을 기울여 공원으로 만들어갔다. 이 자리에 대신궁이라는 이름의 신사를 세워 그들의 수호신으로 한 것은 광무 2년(1898년)의 일이었다.

필동 2가 84번지, 약 2만 4천여 평의 땅을 점령하여 영구병사 건물을 세워 일본주차군사령부로 한 것은 러일전쟁이 일어난 해인 1904년 8월 29일이었다. 그러나 한국을 완전 식민지로 할 것을 결심한 일제는 용산에 1백만 평에 달하는 광역의 땅을 점거하여 1907년 10월 20일부터 대규모 병영건설에 착수, 다음해 10월 1일에 준공하여 주차군사령부를 옮기게 되자 필동 2가의 구 사령부 건물은 헌병대 청사로 이용했으며 일제 말기까지 헌병대사령부로 존속했다.

이미 만들어진 화성대공원 외에 또 하나의 공원을 만들기를 획책한

남산에 세워진 한국통감부.

일본거류민단이 내부대신 송병준 등 한국정부의 친일각료들에게 작용하여, 지금의 남산식물원, 시립남산도서관이 위치한 자리부터 남대문에 이르는 서북쪽 기슭 30만 평의 땅을 영구 무상으로 빌리는 데 성공한 것은 융희 2년(1908년) 초의 일이었다. 그들은 그해 봄부터 공사비 1,800원을 들여 도로개설, 정자 기타 각종 공원시설을 시작하여 정식 개원한 것은 융희 4년(1910년) 5월 29일이었다. 고종황제는 이 개원식에 칙사를 보내 치하하고 한양공원이라는 이름을 붙이게 했다(한양공원은 조선신궁 건설에 착수한 1920년에 폐지되고 그 시설 일체도 철거되었다).

예장동 8번지 일대, 그들이 화성대라고 불렀던 언덕 위에 목조 2층의 한국통감부 건물이 착공된 것은 통감부가 발족된 직후인 1906년 2월이었고 다음해 2월에 준공되었다. 그리고 1910년 8월 29일자 '한일병합에 관한 선언'으로 한국이 그들의 완전 식민지가 되자 그해 10월 1일부터는 조선총독부 건물로 쓰였다. 이 건물은 종로구 세종로 1번지 경복궁 앞자리에 새 총독부가 건립·준공된 1926년 9월 30일까지 총독부 건물이었다가 그 후는 은사과학관으로 바뀌어 일제 말기까지 존속했다.

일본거류민회가 광무 2년(1898년)에 화성대공원이라는 것을 만들고 그 곳에 대신궁이라는 이름의 신사를 세워 그들의 수호신으로 했다는 것은 앞에서 언급한 바 있다. 각 도마다 그 도청소재지에 한 개씩의 (대규모) 신사를 마련하고 중앙정부가 그 유지 관리를 지원한다는 신사정책에 따라 화성대의 대신궁이 경성신사로 개칭된 것은 1913년이었으며, 1928년 5월에 공사비 20만 엔으로 새 신전 건설에 착수, 다음해 8월에 준공하여 8·15광복 때까지 존속했다. 이 경성신사는 국폐소사(國幣小社)라는 자격으로 그 관리비가 국고에서 지급되었으며 그 너머 서남쪽에 조선신궁이 조성된 후에도 경성거주 일본인의 변함 없는 정식 본거지로 존재했다.

경성신사의 경내이면서 산길을 따라 50~60m 내려온 자리 약 2천 평의 땅을 빌려 노기신사(乃木神社)라는 것이 세워진 것은 1933~34년이었다. 전 조선내 각 지방유지들에게 후원금을 거두었으며 심지어 국민학교 학생들의 성금까지 거두어 일본 국내 도처에 산재하는 노기신사에 뒤지지 않는 아담한 신사가 마련되었다.

육군대장 노기는 러일전쟁 때 제3군사령관으로 참전, 여순요새 공격을 담당하여 처참한 공방전을 전개함으로써 세계 육전(陸戰)의 역사상 가장 치열한 전쟁을 수행했다. 수만 명의 부하장병을 전사케 한 이 전투에서 그 또한 두 아들을 모두 잃었다. 1912년에 명치천황이 서거하자 천황의 장사날에 맞춰 그 내외간도 할복 자결하여 널리 군신(軍神)으로 추앙되고 있는 인물이다. 노기신사라는 것은 이 노기대장 내외를 재신으로 하며 일본내 주요도시마다 노기신사라는 것이 있다.

조선총독부가 남산 중턱 13만 평의 땅을 정지하여 조선신궁이라는 것을 조성하기 시작한 것은 1918년부터의 일이며 예산총액 156만 엔을 들여 8개년간에 걸친 이 공사가 준공되어 이른바 진좌제(鎭座祭)라는 것

조선신궁 정면.

을 거행한 것은 1925년 10월 15일이었다. 일본의 개국신이라는 천조대신과 명치천황을 재신으로 한 이 신사는 바로 한반도 지배의 정신적 본거여서 개인과 단체의 끊임없는 참배가 강요되는 한편 신궁 위로 올라갈 경우 가차 없이 총살을 한다고 위협하는 등 산 중턱 위는 함부로 범접하지 못하는 신성한 지역이 되어버렸다.

지난날의 한국통감부·조선총독부가 있던 자리, 총독부가 경복궁 앞으로 이전해간 뒤로 소위 은사과학관으로 쓰였던 건물의 길 건너편, 남산정 3정목 34번지 4,300평의 땅에 일본사찰 동본원사(東本願寺)가 들어선 것은 1900년이었고, 한국통감부가 들어선 1906년에 13칸 4면의 본당건물이 준공되었다. 이 본당건물이 준공되자 그들은 이 절간에 조선 4대 명종의 하나로 칭송되던 상원사 범종(현 국보 36호)을 옮겨와 달았고 소공동 환구단 입구의 문루 광선문(光宣門)을 옮겨와 사찰 정문으로 하는 등의 거드름을 부리기도 했다.

1940년 3월 12일자 조선총독부 고시 제208호 '경성시가지계획 공원 결정 고시'는 시내 전역에 걸쳐 모두 140개 공원을 고시했다. 이때 남산공원은 제9호 공원으로 지정되었으며 그 넓이는 3만 48,000㎡였고 그와는 별도로 남산도로공원 19만 1천㎡를 제132호로 고시했다. 그런데 이 공원고시 때 13만 평에 달하는 조선신궁 경내는 제외되었을 뿐 아니라 신궁 자리를 경계로 그 동쪽 일대도 공원지정에서 제외되었다. 신궁터는 신역(神域)이므로 공원에는 포함되지 않는다는 것이 총독부 관리들의 논리였다.

## 장충단 일대

남산의 동쪽 봉우리, 종남산(終南山) 기슭에는 맑은 물이 흐르는 계곡이 있어 옛부터 경치 좋은 곳으로 이름이 높았다. 계곡길을 따라 산등성이에 남소문(南小門)이 설치된 일도 있고 남소영(南小營)을 두어 수도 방위의 일익을 담당케 한 일도 있다. 고종황제는 광무 4년(1900년)에 지난날 남소영이 있던 자리에 장충단을 꾸미고 을미사변(명성황후시해사건) 때 순사한 궁내부대신 이경식과 연대장 홍계훈을 비롯하여 국가를 위해 전사한 충신열사를 모시고 1년에 두 번씩 조제(弔祭)를 집행했다. 경성부는 1919년 이후로 이곳 일대를 장충단공원으로 이름하여 벚꽃 수천 그루를 식재하는 외에 광장·연못·어린이놀이터·산책로·공중변소·교량 등을 신설했다. 그후 그들은 상해사변 때 일본군 결사대로 전사한 이른바 육탄 3용사의 동상도 세웠다.

장충단의 동편에 이토 히로부미의 보리사(菩提寺)인 박문사가 들어서게 된 것은 1929년의 일이었다. 장충단공원의 동쪽, 소나무 우거진 지역

장충단공원. 명성황후 시해사건 당시 일본군과 맞서 싸우다가 장렬히 전사한 궁내부대신 이경식, 시위연대장 홍계훈의 충절을 기리기 위해 고종황제는 이곳에 '장충단'을 세우고 봄가을로 제사를 지내도록 했다. 그러나 일제는 이 일대에 벚꽃을 심어 공원으로 전락시키고 제사도 금지시켰다.

4만 1,882평의 땅을 나누어 27만 5천 원의 거금을 들인 이 일본식 사찰이 완공된 것은 1931년이었다. 이 박문사의 본전과 서원은 원래 경복궁 준원전 및 부속건물을 이축한 것이며, 입구의 문은 당시는 이미 경성중학교가 되어 있던 구 경희궁 홍화문을 이축한 것이었다.

1940년 3월 12일자 조선총독부 고시 제208호로 고시된 140개 공원 중 장충단공원은 제8호 공원이었으며 그 넓이는 41만 8천m²였다(이 공원 면적안에 박문사는 포함되지 않았다). 육탄 3용사의 동상은 8·15광복 후에 일찌감치 철거되었지만 박문사 건물은 그대로 남아 동국대학 기숙사 등으로 쓰이고 있었다.

## 2. 제1공화국시대의 남산훼손

### 미군정기 및 한국정부 수립 직후의 훼손 – 해방촌

8·15광복 후의 미군정 3년간, 그리고 대한민국 정부수립 이후에도 남산의 북쪽기슭은 거의 훼손되지 않았다. 조선신궁 건물은 일본인들의 손에 의해 해체 소각되었지만 경성신사나 노기신사 같은 것은 건물도 원래 모습 그대로 방치되어 있었다.

6·25한국전쟁이 일어나기 전, 남산의 북쪽기슭에는 별다른 변화가 없었던 데 비해 남쪽기슭, 특히 남서쪽기슭은 크게 훼손되었다. 지금의 용산구 용산동2가를 형성하는 일대, 북으로는 남산의 울창한 송림을 등에 지고 있고, 남으로는 완만한 경사지에 맑고 푸른 한강을 굽어볼 수 있는 광활한 터전이었다.

일제시대에는 일본군 제20사단의 사격장이었던 이곳 용산동2가 일대에 해외에서의 귀환동포, 38선 이북에서의 월남동포들이 들어가 정착한 것은 광복 직후부터의 일이었다. 처음에는 한두 동이었던 것이 소문을 듣고 찾아와 서너 동씩 더 늘어나던 것이 마침내는 마을을 형성했고 마을 이름도 '해방촌'이라고 불렀다. '8·15해방 덕으로 생겨난 마을'이라는 뜻이었다.

한집 두집 모여 마을이 되고 그것이 점점 불어나는 세가 워낙 강하여 걷잡을 수 없이 팽창해가자 정부도 그대로 보아넘길 수 없게 되었다. 3,500가구 2만 5천 명이 정착할 수 있게 일제가 사격장으로 쓰던 자리인 국유지 42정보(12만 6천 평, 약 41만 6,531㎡)를 대부 조치했다(≪동아일보≫ 1948년 9월 30일자 기사). 이 나라 최초의 대규모 판자촌이었다. 그리고 다음해 7월 25일에 새로 동제가 실시되자 종전까지 후암동에 속했던 해방

촌을 분리하여 새 행정동을 창설했다. 새 동명을 해방동이라고는 할 수 가 없어 신흥동(新興洞)이라는 이름을 붙였다.

한국전쟁이 끝나 휴전협정이 체결되기도 전인 1952년 하반기경, 아직 서울시민 대다수가 피난지에서 돌아오지 않았는데 유독 해방촌만은 활기를 띠었다. 전쟁 전부터의 주민들이 재빨리 돌아와 정착한 데다가 더 많은 새 피난민들이 들어와서 판자집을 짓고 정착했던 것이다. 이렇게 새 식구들이 정착을 하게 된 데는 서울환도(1953년 8월 15일)와 때를 같이 하여 올라온 한국해병대 사령부가 바로 이 해방촌에 자리하여 새 길을 내고 상수돗물이 공급되고 한 것이 주거환경을 더욱 편리하게 했기 때문이기도 했다. 이렇게 주민수가 늘어나자 경찰관파출소도 생겨 그 이름이 '용산경찰서 해방지서'였고 개신교 해방교회라는 것도 생겼다. 그리고 그들 수만 명 주민 대다수의 주소지는 한결같이 '용산동2가 산 2의 5'였으니 하늘 아래 둘도 없는 고밀도 저질의 환경이 창출된 것이었다.

### 숭의학원의 경성신사터 점거과정

일제시대 경성신사의 신직(神職)들은 모두 일본인이었지만 유독 조선인 하나가 있어 그 이름을 홍도재라고 했다. 광복 후 그는 자기가 근무했던 경성신사 건물에 '단군성묘'라는 표찰을 붙이고 사물화하고자 했으나 얼마 안 가서 동양의학전문학교라는 표찰로 바뀌었다고 한다(森田芳夫, 『朝鮮終戰の記錄』, 406쪽). 이 건물을 이렇게 사유화하고자 한 것은 그것이 원형 그대로 남아 있었기 때문이고 또 당시의 정치적·사회적 사정이 그만큼 혼란했기 때문이다.

휴전협정이 체결되고 부산에 내려가 있던 정부가 환도한 것은 1953년 8월 15일이었다. 이때부터 피난갔던 시민들의 귀환도 본격화되었다. 그런데 그런 시민들 중에서 한발 빨리 돌아온 사람들이 있었다. 비어 있던 공공시설을 차지하기 위해서였다. 경성신사 터와 신사건물을 차지한 사람은 최기석이라는 여인이었다. 군경유자녀보육원이라는 고아원을 경영하면서, 개신교의 강신명 목사가 설립하여 운영 중이던 동광중학교 학생 50명도 함께 수용 관리하고 있었다.

1930년대 후반, 중일전쟁을 일으켜 군국주의의 길을 치닫고 있던 정책의 일환으로 조선총독부는 신사참배를 강요하고 그에 불응하는 기독교계통 각급학교에 대해서 설립자 추방, 폐교조치를 강행했다. 평양에 있던 미국 북장로교 계통 3개 학교(숭실전문·숭실중학·숭의여고)가 자진 폐교를 결의한 것은 1937년 10월 23일이었으며 재학생 처리문제 등의 우여곡절 끝에 1938년 3월에 3개 학교 모두가 문을 닫았다.

일제에 의해 폐교되었던 숭의여학교를 1952년 피난지 부산에서 부활하고자 하는 움직임이 있었다. 숭의 제6회 졸업생이면서 대한민국 정부의 무임소장관이었던 박현숙, 제19회 졸업생 이신덕, 그리고 정치인 주요한·황성수 등이 힘을 합쳤다. 청년실업가 박이봉이 희사한 강원도 횡성군·홍천군 소재 광산 85만 8천 평을 기틀로 재단법인 숭의학원이 인가된 것은 1953년 4월이었고 그해 5월과 8월에는 여자 중·고등학교 설립도 인가되었다. 피난지 부산에서 올라와 중구 남산동2가에 있던 고학생 기숙사 송죽원을 빌려 개교한 것은 1953년 6월 1일이었고, 학생수는 겨우 24명에 불과했다. 그때부터 마땅한 교지 찾기 작업에 들어갔다.

누군가의 소개로 남산 중턱 경성신사 자리를 알게 되었고 그곳을 사실상 점거하여 관리하고 있던 군경유자녀보육원장 최기석과의 끈질긴 교섭이 시작되었다. 그 땅은 국유지였고 남산의 일부였기 때문에 사유권이란 것은 처음부터 있을 리가 없었다. 그러나 최기석이 남보다 먼저 점거했다는 점, 또 고아가 된 군경유자녀보육원을 경영한다는 점에서 흡사 토지건물 소유권자와 같은 고자세일 수가 있었다. 같은 개신교 신자들이었기에 공동의 지인들도 많아 응분의 금적적 보상도 있었을 것으로 추측된다. 우여곡절 끝에 양자간 협상이 이루어진 것은 1954년 6월 초의 일이었다. 최기석 원장 명의의, 마치 소유권 양도증과 같은 것이 교부되었다. 관리권이 최기석으로부터 숭의학원으로 이전되었던 것이다.

숭의학원이 중구 예장동 산 5번지, 경성신사 자리로 서둘러 이사를 한 것은 6월 24일이었다. 당시 그 경내에는 각각 20·15평쯤 되는 일본식 절간과 같은 신사 건물 7~8개가 있었고 "주위에는 돌기둥의 담과 나무의 숲으로 뒤덮여 있었다. 그 건물 중 하나를 교무실로, 다른 하나를 음악실과 사무실, 그리고 또 하나를 교장실로 사용하였다"(『숭의 1980년사』, 282쪽). 그리고 그 주위에 몇 개의 천막을 쳐서 교실로 사용했다.

학교 건물을 지어야 했지만 그것은 결코 쉬운 일이 아니었다. 그곳이 남산이고 공원용지였기 때문이다. 그러나 당시의 숭의여학교의 설립자 박현숙과 그를 둘러싼 세력은 힘이 있었다. 다음과 같은 이유 때문이다.

첫째, 박현숙은 이북 5도에서 남하해온 세력 중 여성계·기독교계를 대표하는 인물이었다. 대한부인회 최고위원인 데다가 이승만 대통령의 총애를 받아 1952년 10월~54년 6월에 무임소장관, 1958년에는 자유당 공천을 받아 강원도 금화에서 입후보, 제4대 국회의원에 당선되었다(그녀의 그와 같은 영향력은 제3공화국까지 이어져 1963년~67년에는 전국구로 제6대 국회의원을 지냈다). 이승만 대통령이 서울특별시장에게 직접 "숭의여학교 건물을 짓도록 해주라"라고 당부한 것인지 여부는 지금은 알 길이 없지만 아마도 비슷한 정도의 압력은 있었을 것이라 추측된다.

둘째, 그를 둘러싼 세력이란 바로 개신교 영락교회의 신도들이었다. 중구 저동 2가의 영락교회는 미국 북장로회의 선교활동을 계승한 평양노회·평북노회가 월남하여 세운 교회이며 그 교회용지(중구 저동2가 63번지 일대) 역시 이승만 대통령의 배려로 국유지(귀속재산)를 불하받은 것이었다. 초창기 신도들의 대다수는 북한으로부터의 피난민들이었고, 평양 숭실·숭의 졸업자가 그 중심에 있었으며 그 정점에 숭실전문 출신의 한경직 목사가 있었다. 한 목사는 박현숙과 친교가 두터웠고 음양으로 숭의학원을 도왔으니 영락교회가 바로 숭의학원 성장·발전의 모체였다고 해도 과언이 아닐 정도였다.

셋째, 숭의여학교가 남산 경성신사 터에 교사신축 허가원을 제출했을 당시의 서울특별시장은 김태선이었다. 김태선의 부인 김보환은 박현숙과 개인적인 친분이 두터웠을 뿐 아니라 1953년에 재단법인 숭의학원을 설립할 때 맨 처음으로 일금 10만 환을 선뜻 희사한 사람이었다. 당시의 10만 환은 지금의 금액으로는 능히 몇천만 원에 해당하는 거금이었다(『숭의 1980년사』, 247쪽). 그리고 1956년 7월 5일에 김태선이 시장직에서 물러난 뒤 서울시장에 취임한 것은 고재봉이었다. 고 시장은 박현숙과 익히 잘 아는 사이였을 뿐 아니라 그 자신이 개신교(감리교)의 목사였으니, 숭의여학교 교사신축 허가를 내주는 데 적극적일 수밖에 없었다.

숭의여학교 건물신축 허가를 둘러싼 홍정에서 당시의 고위층들, 이승만 대통령, 김태선·고재봉 시장이 적극적이었는 데 반해 도시계획과장 장훈을 비롯한 실무자들이 소극적·비판적이었음은 당연한 일이다. 그들 반대파들을 잠재우기 위해 실로 엉뚱한 논리들이 동원되었다.

첫째, 환도한 지 얼마 안 되어 치안상태가 나빠 남산길을 마음놓고 걸어다닐 수가 없는 상태이다. 그것을 보강하기 위해서는 하루 빨리 학교가 들어서야 한다. 둘째, 학교가 들어서지 않으면 이 지역은 불건전한 유흥장·오락장으로 사용될 가능성이 크다. 셋째, 숭의여·중고의 적극적인 산림보호·녹화사업으로 행정당국의 노력보다 더 큰 효과를 거두고 있다. 넷째, 국가재정이 매우 어려운 상태이니 남산공원이 본격적으로 개발되려면 앞으로도 30~40년이 걸릴 것인데 그동안에 계획이 어떻게 변경될지는 아무도 모를 일이다.

실무자들이 버티는 데는 한계가 있었다. 최종적으로 실무진에서 제시한 조건이 있었다. 첫째, 가건축이어야 한다. 둘째, 당국의 지시가 있을 때는 언제든지 철거할 수 있어야 한다. 셋째, 이 약속을 확인하기 위하여 각서를 제출해야 한다. 넷째, 시 당국이 구상하는 설계에 순응해야 한다. 6개월에 걸친 끈질긴 교섭의 결과였다. 학교측 입장에서는 가건축이건 어떻건 간에 일단 건축허가만 나면 그만이었다. 1956년 9월 1일자로 건축허가서가 교부되었다. 당시의 학생수는 중·고등학교를 합하여 820명, 12개 학급이었다.

최초의 건축설계도는 건축허가의 조건에 따라 시 당국에서 지정한 설계 기술자에 의해서 작성되었다. 설계의 기본바탕으로 세 가지가 제시되었다. 첫째, 현존하는 남산의 풍치와 조화되도록 한다. 둘째, 현존 교지에 18교실 정도의 건물을 짓되 지형에 따라 산줄기가 낮은 왼편에 3층으로, 산줄기가 높은 바른편에는 4층으로 지어 전체의 산 모양과 균형을 이루도록 한다. 셋째, 산모양과 지형이 궁형(弓型)으로 되어 건물 전체를 반월형으로 한다.

건축허가가 나기도 전인 1956년 8월경부터 사실상의 공사가 시작되었다. 종전까지 있던 신사건물을 철거하는 작업이었고 이어서 기초공사에 들어갔다. 공사비가 부족하여 높은 이자의 사채를 얻어 쓰기도 했지만 많은 기관과 개인으로부터 협조를 받았다. AFAK(Armed Forces Assistance to Korea, 미8군 산하의 원조기관)로부터 1만 3천 달러분의 물자를 배정받았고 미국 장로교회 선교부로부터는 여러 차례에 나누어 7만 달러의 보조금을 받았다. 많은 시련을 겪기는 했지만 마침내는 시공을 맡은 풍전건설(주)의 도움도 받아 제1교사 건물이 준공된 것은 1958년 1월

22일이었다. 건평 894평, 철근콘크리트 4층 건물에 모두 26개 교실이었다. 허가 당시의 18개 교실이 준공될 때는 26개가 되어 있었다.

그로부터의 17~18년간 숭의는 하루가 다르게 성장 발전해갔다. 중·고등학교로 분리되었으며 유치원이 생기고 초등학교가 생겼다. 보육학교가 생겼고 전문학교가 생겼으며 그것은 대학으로 발전했다. 새 학교가 생기고 학급수가 늘어나자 제2교사를 지었고 제3교사도 지었다. 도서관도 지었고 음악관도 지었다. 계곡을 깎아 운동장을 만들고 그 운동장 일부에 다시 건물을 세웠다. 『숭의 1980년사』에는 1960년 12월 20일에 제2교사가 준공된 것을 자축하여 "새소리 물소리만 들리는 조용한 계곡에 그 웅자를 자랑하며 선 제2교사는 (……) 명실공히 자랑스런 교육의 전당이 되어 숭의의 자랑이 되었다"라고 기술하고 있다(313쪽).

숭의학원이 학교를 늘리고 시설을 늘리고 계곡을 허물어 운동장을 만들고 하는 데는 엄청나게 많은 사람이 돕고 또 도왔다. 그것이 하나님의 뜻인 것으로 판단한 때문이었다. 그런 도움들 중에 미8군 제76공병대대 장병들이 있었다. 숭의학원 공사를 위해 "자갈 283차분을 제공했고 운동장 정지작업을 위해 불도저, 콤프레셔로 3천여 명분의 노력을 대행했고 스탠드공사, 보육전문학교 신축에 쓰일 모래 200여 차분을 날라주었다." 그와 같은 협조에 감사하여 숭의학원은 1963년 7월 25일 오전에 대대장 하손(S. J. Hathorn) 중령을 이 학원 명예이사로 추대했고, 부대대장 워타노브스키(H. P. Wojtanowski) 소령과 동 대대에게는 감사장을 전달했다.

발전한 것은 시설만이 아니었다. 숭의의 농구는 여왕의 자리를 차지했고 배구·수상·음악·무용·문예활동 등에 걸쳐 숭의의 이름은 전국에 떨쳤다. 새소리 물소리만 들리던 조용한 계곡이 개신교 선교교육이라는 간판을 단 철옹성이 되었다. "당국이 지시만 하면 언제든지 철거해야 하는 18개 학급의 가건축 단일건물"이 당초의 허가조건이었는데, 불과 10여 년의 세월이 흐르면서 그 누구의 지시로도 허물 수도 철거할 수도 없는 겹겹의 철옹성이 되어버렸으니 그 책임을 과연 누구에게 물어야 할 것인가. 나는 이 글을 쓰면서 인간이라는 것이 얼마나 어리석고 아둔한 것인지를 실감해야 했다. 그런데 그 책임질 날이 찾아온 것이다.

재건의 의욕만으로 맨 주먹으로 교사를 세우고 무리하게 확장을 거듭하는 동안 건축비는 물론 운영비에도 무리가 겹쳐 예산집행의 압력은 날이 갈수록 가중되었다. 늘어나는 부채를 갚기 위해서 여러 가지 수익사업을 벌이게 되었는데 그것 또한 모두 실패하여 결국은 빚더미에 오르게 되었다. 재정파탄을 맞이하여 종전의 이사진이 퇴진하고 관선이사체제로 들어간 것이 1974년 8월 7일이었고, 이어 재미실업가 박동선이 숭의학원을 인수했다. 이렇게 재단이사진이 바뀌고 또 바뀌는 과정에서 숭의학원은 장로교 선교재단에서 일반교육재단으로 그 체제가 바뀌었다.

종전까지의 숭의학원 재단은 장로교 서울노회 산하의 선교재단이었는데, 1975년에 새 이사진이 영입되면서 종전까지의 정관(제6·10·39조 등)이 개정되어 일반 학교법인으로 그 체제가 바뀐 것이다. 그후 숭의학원 교주(재단이사장)는 미국 국회의원을 상대로 한 로비활동으로 국제적으로 이름을 떨친 박동선 모자, 백화점 붕괴사고로 너무나 유명한 이준 삼풍 회장 등으로 바뀌면서 현재에 이르렀다. 들리는 바에 의하면 중·고등학교는 동작구 대방동에 교사를 신축하여 2003년 새학기부터 옮겨간다고 한다.

그런데 과연 지금의 학교운영자들 그리고 서울시 간부들이 남산 숭의학원 (최초의) 건물이 언제든 헐려도 된다는 것을 전제한 가건축물이었다는 점, 제2·3교사 기타의 시설도 건축개념 자체는 제1교사와 마찬가지라는 점을 알고나 있는지, 그리고 만약에 남산의 옛 모습을 되찾아야 한다는 강한 시민요구 때문에 숭의학원을 철거·이전해야 한다면 그 이전보상비가 얼마나 될 것이라는 것을 상상이라도 해보았는지, 최초 허가 당시의 건축개념 때문에 토지·건물보상비는 크게 감축될 수 있다는 점을 알고 있는지 등을 궁금해하면서 이 항을 마친다.

## 동국대학교가 입지하는 과정

건설부라는 기구가 생기기 전인 1950년대는 전국의 도시계획 업무를 내무부(토목국)가 전담하고 있었다. 그 내무부가 1955년 7월 11일자로 고시 제303호를 발하여 종전까지의 장충공원·남산공원의 면적을 크게 확장했다. 즉 종전의 공원번호 8 장충공원과 번호 9 남산공원의 면적이 각각 41만 8천㎡, 34만 8천㎡였는데 이를 각각 69만 9,500㎡와 125만 6천㎡로 확장한 것이었다. 종전의 두 공원은 남산의 일부분만 공원으로 하고 나머지는 자연녹지인 보안림(保安林)으로 존치시켰는데 이때의 변경으로 기존공원의 일부분은 공원용지에서 제외하는 한편 종전까지의 보안림은 모두 공원 경내에 포함하여 결국 118만 9,500㎡의 광역을 공원면적으로 추가시켰다.

그러나 1950년대는 무질서하고 혼란했던 시기로 1950~53년에 한국전쟁을 겪었고, 1954년 이후는 전재복구기로 온 국민이 헐벗고 굶주리는 상태가 계속되었다. 특히 1956년 이후는 거듭되는 선거에서 관권과 금권이 난무했으며 행정권의 남용이 공공연히 자행되었다. 특권층이라는 것이 생겼고 만민이 법 앞에 평등하다는 원리는 망각되었다. 시대가 그렇게 혼탁했으니 "자연은 있는 그대로 보존해야 한다. 공원용지는 존중되어야 한다" 라는 인식 자체가 희박했다. 자연보호보다는 건물을 지어 사람이 살고 봐야 한다는 생각이 훨씬 앞서고 있었다.

그것을 입증하는 예로 1957년 10월에 당시의 고재봉 서울특별시장은 담화문을 발표하여 "계획공원 용지에 조건부 가건축을 허용키로 한다"라는 방침을 밝히고 있다(당시의 서울시 홍보물인 ≪뉴스서울≫ 49호, 1957년 10월 15일판). 위정자들이 지닌 그와 같은 자세가 숭의학원·동국대학교·직업소년학교·중앙방송국 등에 의한 남산점거를 가능하게 한 것이었다.

동국대학교가 남산의 북쪽기슭, 중구 필동 3가 26번지, 장충동 2가 산 14번지 일대를 점거하게 된 경위는 정확하게 알 수 없다. 1976년에 발간된 『동국대학교 70년사』와 1998년에 발간된 『동국대학교 1990년지』를 아무리 뒤져봐도 어떤 경위로 이 일대를 점거하게 되었으며, 누구의 도움과 지시로 언제 어떤 조건의 건축허가가 나서 그렇게 거대한 시설이 들어서게 되었는지 알 수 없었다. 교사·교지와 『사진으로 본 동국대학교 1980년』(1986년 발간), 1936년판 「대경성정도(大京城精圖)」, 그리고 중구청이 가지고 있는 1910년 이후의 토지대장 등 여러 자료들을 통해서 그나마 알 수 있었던 것은 다음과 같은 사실이다.

첫째, 오늘날의 동국대학교는 1906년에 서울 동대문 밖 창신동에 새로 지어진 불교대법산 원흥사(元興寺)에서 명진(明進)학교라는 이름으로 개교하였으며, 그후 중앙학림·불교전문학교·혜화전문 등으로 그 이름을 바꾸어가면서 일제강점기를 지냈다. 1944년 5월 30일에 일제에 의해 폐교되었을 당시 혜화전문학교의 학과는 불교학을 가르치는 불교과와 일본의 동아침략정책에 순응한 흥아과(興亞科) 등 2개 과뿐이었고, 입학정원은 각각 50명씩, 전교생의 정원은 1·2·3학년 합계 300명이었다. 폐교될 당시의 교사는 종로구 명륜동에 있었으며 건평 251평의 2층 건물이었다.

일제 말기에 폐교된 혜화전문학교가 동국대학이라는 이름으로 부활한 것은 광복 다음해인 1946년 9월이었고, 문학부·경제학부 등 2개 학

동국대학교 전경(1970년대 초반).

부와 전문부를 두었다. 광복될 당시 남산의 북쪽기슭은 아직도 울창한 산림지대였고, 그 수풀 사이사이에 고야산별원(高野山別院)이니 경왕사(經王寺)니 서본원사(西本願寺) 별원이니 하는 일본식 사찰들이 흩어져 위치하고 있었다.

둘째, 그들 일본식 사찰들의 서쪽 끝, 필동3가(당시는 大和町 3정목) 26번지에 조동종(曹洞宗) 양본산별원인 일본식 사찰 조계사(曹谿寺)가 있었고 그 넓이는 1,379평이었다. 이 조계사 또한 일본식 사찰이었지만 그 본전은 일제가 1926년에 신문로 소재의 경희궁을 헐 때 경희궁 정전을 옮겨 지은 건물이었다(현 서울시 유형문화재 제20호).

8·15광복이 되자 일본인이 버리고 간 부동산은 귀속재산이라는 이름

으로 국유화되었고 선점한 자들에게 연고권을 인정하여 불하했다. 종전의 혜화전문이 광복 후에 부활하여 동국대학이 되자 새 교사를 필동3가 26번지 소재 일본식 사찰인 조계사 건물로 정하고 그 일대에 산재하고 있던 다른 일본식 사찰들도 교사건물로 사용했다. 비록 일본식 사찰이었기는 하나 다 같은 불교사찰이었으니 불교재단의 입장에서는 충분히 연고권을 주장할 수 있었던 것이다. 이렇게 해서 동국대학의 교사가 된 건물군은 모두 합쳐서 목조 기와건물 7동이었고, 그 부지면적은 2만 3,987평이나 되었다. 1950년에 6·25가 나자 그 건물들을 그대로 둔 채 대학도 피난길에 올라야 했다.

셋째, 동국대학이 불교·문과·법정·농림 등 4개 단과대학과 3개의 석사과정을 가진 대학원으로서 종합대학교가 된 것은 부산 피난 중인 1953년 2월 6일이었고, 그해 7월 31일에 철학박사 백성욱[1]이 총장에 선임되었다.

그해 7월 27일에 휴전협정이 체결되고 8월 15일에 부산에 내려가 있던 중앙정부가 환도하면서 동국대학교도 환도했지만, 전쟁 전에 학교건물로 사용했던 지난날의 사찰건물들이 제대로 있을 리 없었다. 폭격으로 없어진 건물의 공터에는 판잣집을 지었고 그나마 남은 사찰건물은 수리해서 교사로 사용했다. 필동 3가에 바로 이웃한 묵정동 1번지에 전매국 인쇄공장 터가 있었는데 이 자리에 판잣집을 지어 교사로 사용했으며,

---

1) 백성욱은 1897년 서울에서 출생하여, 14세 때인 1910년에 출가했으며 1919년에 동국대학교의 전신인 중앙학림을 졸업했다. 1920년에 유럽으로 건너가 25년 독일 불쓰블록 대학에서 철학박사 학위를 취득, 귀국 후에는 주로 금강산에서 수도했다. 이마 한복판에 불상과 흡사하게 큰 흑점이 있었으며 자세가 준수하여 일찍부터 국가·민족의 장래를 예언하느니, 국가경영의 경륜이 뛰어나느니 하는 등의 풍문이 돌았다. 대한민국 정부수립 후 이승만 대통령의 두터운 신임과 총애를 받았으며, 1950년 2월에 내무부장관에 취임, 재임 5개월 만에 한국전쟁 발발로 교체되었고, 1952년 대선 때는 부통령으로 입후보하는 등 다채로운 경력의 소유자였다.

조명기 교수가 개인으로 점유하여 유치원으로 사용했던 부지도 인수했다. 그 과정에서 동국대학이 차지한 부지면적은 모두 2만 7,800평이 되어 있었다.

넷째, 1954년 4월 1일부로 건축가 송민구를 건축사무소장으로 임명하여 새 교사 건축업무를 맡겼고, 그해 9월 8일에 석조 3층, 35개 교실 1,462평 건물의 설계도가 완성되었다. 명진관이란 이름을 단 이 건물이 어떤 경로로 건축허가가 되었는지에 관해서 두 권의 교사·교지는 일체의 설명을 생략했다. 내가 1982년에 학교 사무처에 문의한 바에 의하면 백성욱 총장이 이승만 대통령의 특별승낙을 받았다는 것이었다. 아마 숭의학원의 경우와 마찬가지인 가건축허가였을 것으로 추측이 가지만 지금의 시점에서는 확인할 방법이 없다.

숭의학원의 건립을 개신교 교단, 특히 영락교회가 후원한 이상으로 전국의 불교사찰들이 동국대학교 건립을 갈망하고 지원했을 것이다. 숭의학원 건립에 미8군 산하의 AFAK가 도왔듯이 동국대학교 건립도 미8군이 지원했다. 즉 1955년 3월부터 3만 5천 달러 상당의 목재·시멘트 기타 건축물자가 미8군으로부터 지원되었다.

1954년 9월 8일에 기초공사에 착수한 본관(명진관) 신축공사가 채 끝나기도 전인 1956년 9월부터 제2차 건축공사가 시작되었다. 제2차 공사는 건축 중인 본관의 정북방향으로 5층짜리 대학본부와 중강당의 신축 및 본관 후면의 정남방향으로 과학관을 신축하는 것이었다. 『동국대학교 1990년지』에 소개된 본관(명진관) 건축 때의 2장의 사진(99, 102쪽)을 보면 동국대학교 신축건물이 들어서기 이전의 이 일대, 필동 3가 26번지 및 장충동 2가 산 14번지 일대는 허허벌판으로 남산과는 나대지로 이웃하고 있음을 알 수가 있다. 여하튼 1958~59년경 남산의 북쪽기슭은 동국대학교라는 이름의 석조 또는 철근콘크리트 건물로 완전히 점거되었다.[2)]

## 그 밖의 훼손－리라학원·경성중앙방송국·이승만 동상

① 리라학원

중구 예장동 8번지, 일제 때 노기신사가 있던 자리에 '직업소년학교'라는 시설이 들어간 것은 1957년이었다. 1953년에 휴전협정이 체결되면서 서울역전에는 피난지 부산에서 무작정 상경한 부랑소년들 다수가 모여 소매치기 등의 범죄를 저지르고 있었다. 권응팔이라는 청년이 있어 그 우범집단을 데려다가 전기·기계·토목 등 가벼운 기술을 가르치기 시작했다. 타의 모범이 될 선행이었고 그 선행이 어느 신문지상에 크게 보도되어 널리 세인에게 알려지게 되었다. 우연히 그 기사를 읽은 이승만 대통령의 지시로 경무대에서 노기신사 터를 임시 가교사로 알선해주었다고 한다.

그것이 노기신사 자리로 옮기면서 '재단법인 직업소년원'이 되었으며, 1962년에 남산학원, 1963년에 남산공업학교. 1973년에 법인이름이 리라학원으로 바뀌었고, 학교이름도 리라공업, 리라공업고등학교로 발전해갔다. 리라라는 이름은 설립자 권응팔의 딸 이름이었다. 1965년에 큰딸 리라 양이 국민학교에 입학하면서 리라국민학교가 설립된 것이다. 병아리를 닮아 교모·교복은 물론 교사의 색깔도 노랑으로 통일되어 있

---

2) 백성욱은 동국대학교 총장이 된 다음해인 1954년부터는 재단이사장도 겸하여 1961년까지 총장·이사장을 겸임한 강력한 독재자일 수 있었다. 그리고 부총장의 자리에서 그를 도운 사람은 대한민국 정부 제2대 총무처장(훗날 기구개편으로 총무처장관이 된 자리)을 지낸 전규홍이었다. 1906년 평남에서 출생하여, 일본 중앙대학교 법학과를 졸업한 후 도미하여 시카고 대학 등에서 법학박사를 받았다. 일제 때는 일본 중앙대학교 교수를 지냈고, 광복후 미군정 특별검찰총장, 법무부차관, 대한민국 정부가 수립되면서 초대 국회 사무총장, 제2대 총무처장, 유엔총회 한국대표, 주 프랑스공사, 유네스코총회 한국대표 등을 거쳐 동국대학교 부총장 겸 대학원장을 역임한 인물이며 역시 이승만 대통령의 두터운 신임을 받았다.

다. 노기신사를 건립할 당시, 훗날 그 자리가 노란색으로 통일된 초등학교·공업고등학교로 바뀔 것을 누가 상상이나 했으랴.

② 경성중앙방송국

남산으로 올라가는 어귀, 중구 남산동3가 34번지는 원래 일본식 사찰 동본원사가 있던 자리였다. 이 자리에 경성중앙방송국 건물이 지어지기 시작한 것은 1955년 9월 22일부터였고, 최신식 3층 건물이 준공되어 화려한 준공식이 거행된 것은 1957년 12월 10일이었다. 원래는 덕수궁 뒤 정동 1의 10 자리에 있던 중앙방송국 건물이 협소하여 해외방송을 담당한 제2방송과만 남겨둔 채 전시설이 새 건물로 이전했다. 국유지인 동본원사 자리에 국가중추기관인 방송국이 새 집을 짓고 옮겨갔으니 그 누구도 간섭할 사람이 없는 실로 당당한 이전이었다. 5·16군사쿠데타가 일어나던 해 12월 31일에는 TV방송국도 생겼고, 다음해 1월에는 기존 건물의 왼쪽에 3층 건물이 새로 지어져 정동에 남아 있던 해외방송과가 이전해와서 국제방송국이 되었다.

여의도에 한국방송공사 새 청사가 준공된 것은 1976년 12월 1일이었다. 돌이켜보면 남산은 1957년 12월에 시작하여 1976년 12월에 이르는 20년간 이 나라 안의 방송센터였다. 그러나 국영방송기능이 여의도로 옮겨간 후에는 그 소유권이 총무처 연금관리공단으로 이관되었으며, 방송국으로 지어진 건물은 결코 헐리지 않고 이런저런 민간시설에 임대 또는 매각되어 오늘에 이르고 있다.

③ 이승만 동상

숭의학원, 동국대학교, 리라학원 등이 남산의 일각을 점령한 과정에는 이승만 대통령의 입김이 강하게 작용했음을 알 수 있었다. 1950년대에 걸쳐 독재자 이승만의 존재는 실로 대단한 것이었다. 그는 이미 서울시민 대다수를 포함한 국민대중의 신망을 잃고 있었지만, 그를 둘러싼 집권층에게 그는 조국독립의 대들보인 동시에 건국의 선봉이요 원동력이었고 6·25한국전쟁을 승리로 이끈 구국의 영웅이었다. 국부라는 호칭이 널리 사용되고 있었고 이른바 충성심 경쟁이라는 것이 치열하게 전개되고 있었다.

그 한 예로 1956년 7월 6일에 서울특별시장에 임명된 고재봉은 그 취임사에서 "이 대통령 각하의 숭고한 애국애족정신을 시행정을 통해 반영시키고 거기에서 오는 반응을 다시 검토해서 그 사이에 간격이 없도록 하는 것이 나의 신념이다"라고 했을 정도였다. 고재봉에게 이승만은 하나님 다음의 존재였고 그것은 신앙과 같은 것이었다.

1955년 3월 26은 이승만의 81회 탄신일이었다. 국부의 81회 탄신을 기념하는 뜻에서 지난날 조선신궁이 있던 남산 중턱에 동상을 건립키로 했다. 각의(국무회의)에서 정식으로 의결한 사항이었다. 동상건립위원회를 결성하고 위원장에는 국회의장 이기붕이 선출되었다. 건립기금 3억 환의 조달은 경축금조로 전국의 극장 입장권에 10~20환씩 더 받기로 결정했다 (입장권 200환 미만이면 10환, 200환 이상이면 20환씩). 동상건립에는 당장 현금이 필요했으므로 조흥은행 등 4개 은행으로부터 우선 3억 환을 빌렸다. 채무자는 이기붕이었고 전국극장연합회 회장 임화수 등 4명이 보증을 섰다(『조흥 백 년 숨은 이야기』 참조).

81회 탄신을 봉축하는 뜻에서 건립한 이 동상은 몸통의 길이가 23.5척, 축대의 높이를 합하면 81척으로서 당시로는 세계에서 가장 큰 동상이었다는 것이다. 작가는 이 나라 최고의 조각가로 알려진 홍익대학교 교수 윤효중이었다. 이 동상은 1955년 10월 3일 개천절에 기공하여 그 다음해 8월 15일 광복절에 제막되었는데, 희한한 것은 기공식·제막식에 관한 신문보도를 전혀 찾을 수 없다는 점이다. 즉 당시의 모든 언론이 완전히 침묵을 지킨 것임을 알 수 있다(『서울시 시세일람』, 1959년도판, 234쪽).

4·19가 나자 성난 군중들이 이 동상 앞에 몰려들어 파괴작업을 시작했다. 돌멩이와 괭이, 로프 등을 들이대고 파괴를 시도했지만 그렇게 쉽게 파괴될 공작물이 아니었다. 그렇다고 그대로 놓아두는 것은 당시의 국민감정이 허용하지 않았다. 4·19가 일어나고 4개월이 지난 8월 22일에 정식 발파작업으로 파괴해버렸다(작업을 담당한 것은 서울시 공원·녹지 당무자들이었다).

남산 상봉에 대지 1,420평 건평 40평의 팔각정 건물이 기공된 것은 1959년 6월 23일이었고 11월 14일에 준공되었다. 이 팔각정은 이승만의 아호인 우남을 따서 우남정이라 이름하였으나 4·19 때 파괴되어 없어지고만 것을 1968년 11월에 남산팔각정이란 이름으로 다시 지어져 오늘에 이르고 있다(면적 64.17㎡).

## 국회의사당 입지결정과 중단의 과정

국회의사당 건물을 먼저 지어놓고 그 자리에서 국회가 개설된다면 그보다 더 다행한 일은 없을 것이다. 그러나 대한민국 (제헌)국회가 처음 개설된 1948년 5월 31일 당시 국회의사당 건물이라는 것은 존재하지 않았으며 부득이 중앙청 건물 중앙홀을 의사당으로 사용해야 했다. 여기에서 중앙청이라 함은 일제가 건설하여 1935년 이후로 조선총독부로 사용해왔던 건물이었다. 6·25한국전쟁이 일어나 중앙정부가 대구로, 부산으로 피난가면서 국회도 대구·부산으로 따라가야 했다.

대구에서는 시내에 있던 문화극장을 임대하여 국회의사당으로 썼고, 부산에서는 부산극장을 빌려 의사당으로 쓰다가 나중에는 경상남도 도청 내의 무덕전을 의사당으로 써야 했다. 협소하기 이를 데가 없었고 의장실·부의장실이니 상임위원회실 같은 것은 이웃에 있는 여관 건물을 빌려 쓸 정도로 수모를 겪었다. 서울에 돌아가면 무엇보다도 앞서 독립된 의사당 건물을 지어야 한다는 것은 전체 국회의원들에게 공통된 인식이었고, 국회뿐만 아니라 행정부측에도 절실한 과제였다.

1953년 7월에 한국전쟁의 휴전협정이 체결되자 8월 15일을 기하여 중앙정부가 환도하고 한 달 후인 9월 15일에는 국회도 환도했다. 행정부가 환도한 지 한 달이 넘어서야 환도할 수 있었던 것도 의사당 때문이었다. 행정부 각 부처는 적당한 4~5층짜리 빌딩을 얻어 옮겨올 수 있었지만 중앙청의 피해가 커서 중앙홀을 쓸 수 없는 국회는 규모가 큰 회의실을 갖추지 않으면 본회의를 열 수 없었기 때문이다. 3년여 만에 서울에 돌아온 국회는 중구 태평로1가의 시공관 건물을 사용했다. 일제시대 경성전기(주)가 제공한 비용으로 경성부가 건립한 부민관 건물이었으며 연건평이 2,445평밖에 안 되어 국회의사당으로 쓰기에는 너무나 협소하여 그 불편함이 이만저만이 아니었다.

제3대 국회가 개원된 지 약 1년이 지난 1955년 5월 5일의 국회 운영위원회에서 국회의사당건립추진위원회가 구성되었다. 의사당건립추진위원회는 먼저 국회가 들어설 부지선정부터 착수하여 그 후보지로 종묘 앞, 남산 위, 사직공원, 장충단공원, 중앙청 구내 등을 대상으로 그 장단점을 논의했다. 지금의 시점에서는 납득이 되지 않는 지점들이지만 서울시민의 총수가 157만 명밖에 안 되었고 1인당 국민소득이 겨우 65달러밖에 안 되었던 시대, 국회의원 중의 적잖은 수가 전차와 도보로 등원을 하는 시대의 일이었다.

대상지 선정으로 내건 조건은 약 3만 평 정도의 넓이와 주위환경의 아름다움 등이었지만, 국회의원 개개인이 바랐던 가장 절실한 조건은

부민관. 요즘으로 치면 '시민회관' 격인 이 건물은 해방 후 국회의사당, 세종문화회관 별관으로 쓰이다가 지금은 서울시의회 청사로 쓰이고 있다.

중앙청과의 근거리성, 즉 중앙청과 국회 간에 전차와 도보만으로 접근할 수 있어야 한다는 조건이었다. 그와 같은 조건들, 넓은 면적, 주위환경, 그리고 근거리성을 모두 갖춘 적지로 선정된 곳이 종로 3~4가 사이의 종묘 앞이었다.

한국전쟁 전재복구계획으로 1952년 3월 25일자로 고시된 서울시 도시계획에 의하면 종묘 앞에는 3만 6천㎡에 달하는 대규모 광장이 개설토록 되어 있었다. 이 광장자리에 국회의사당이 들어간다면 안성맞춤이었다. 바로 앞에 너비 50m의 소개도로가 있고 그 정면은 남산과 마주보며 주위의 환경도 최고급 수준인 데다가, 무엇보다 종로 3~4가 사이라는 위치가 그만이었다. 운영위원들 모두가 찬성하는 분위기였다. 서울시 도시계획 당국도 국회의 기세를 꺾을 힘이 없는 데다가 행정부 또한 적극적으로 반대할 입장이 아니었다.

그런데 이 종묘 앞 국회의사당 건립을 적극 반대한 것은 문화재관리국이었다. 종묘는 중요한 문화재인데 그 앞에 고층의 중후한 국회의사당을 지을 수는 없다는 것이었다. 국회와 정부 일각의 압력으로 반대의견을 관철할 수 없게 된 문화재관리국장은 이승만 대통령에게 반대의견을 직소했다. 그때까지 국회와 정부 일각에서 종묘 앞에 국회의사당을 건립할 계획이 추진되고 있다는 것을 대통령은 알지 못하고 있었다. 문화재관리국의 직소를 받은 이승만 대통령이 노발대발했다고 한다.

이승만 대통령 스스로가 전주이씨 양녕대군파였으니 전주이씨의 정신적 본거인 종묘 앞에 국회의사당을 짓는다는 것은 도저히 참을 수 없는 일이었다. 대통령이 대안을 제시했다. 남산 위, 지난날 조선신궁이 있던 곳 바로 서쪽자리였다(지금의 야외음악당자리). 결국 제3대 국회는 의사당 위치선정의 결론을 내리지 못한 채 그 임기를 마감했다. 1954~58년의 제3대 국회는 상임위원회 회의록을 작성할 수 없을 정도로 가난했다. 운영위원회 회의록은 제4대 국회부터 작성되었고 그것도 인쇄물이 아니고 등사판이었다.

대통령의 강력한 지시가 있어 남산이 국회의사당 신축부지로 결정된 것은 1958년 11월 29일, 제4대 국회(제30회 정기회) 제29차 운영위원회에서였다. 일제시대에 조선신궁이 위치했던 자리의 서편 일대로 결정되었으니 서울의 중심이라는 점, 전망이 좋고 환경이 아름답다는 점 등의 조건을 모두 갖추고 있었다. 부지면적이 3만 5천 평 건물 연면적을 2만 9,300평 정도로 하였으며 공기는 대지조성에 2년, 건물신축에 3년 총 5년 계속사업으로 추진한다는 것이었다. 이승만 대통령 등 삼부요인, 주한 외교사절 등 다수가 참석한 가운데 부지 정지공사 기공식이 남산 현지에서 거행된 것은 1959년 5월 15일 오전 11시였다.

한편 국회의사당 설계도안이 현상공모된 것은 그해 5월 26일이었으

현상공모에서 당선된 남산 국회의사당 건립안.

며 10월 15일에 마감한 결과 모두 17점이 응모했다. 김윤기·김중업·이균상·이천승·정인국 등 당시 이 나라를 대표하는 건축가·건축행정가 18명이 심사한 결과 김수근·박춘명·강병기 등 재일교포 공학도 5명의 작품이 당선작으로 선정 발표되었다. 1959년 11월 19일에 발표된 기본설계안은 이 대통령 동상 뒤로 의사당과 의원회관이 스카이라인을 이루도록 구상되었으며, 특히 24층 130m 높이의 의원회관 건물은 국내는 물론 동양에서도 가장 높은 건물이 될 것이라고 했다.

당선작가 5명을 대표하여 기자들의 질문에 또박또박 대응한 젊은이는 동경대학 대학원 수료, 나이 30세, 이름은 김수근이었다. 바로 풍운아 김수근이 등장하는 장면이다. 지반을 다지고 석축을 쌓고 도로를 넓히는 등의 정지공사를 맡은 것은 1201 건설공병단 209대대였다. 의사당이 들어설 지대의 정지공사를 이렇게 육군공병단이 맡은 것은 전적으로 경비 절약을 위해서였다. 민간건설업자에 맡기면 약 8억 환의 경비가 드는데 현역군인들이 맡으면 인건비가 들지 않아 2억 환 정도의 재료비만으로 충분했던 것이다. 1인당 국민소득이 80달러밖에 안 되던 시대의 실로 어이없는 발상이었다.

기공식보다도 앞선 4월 20일에 시작한 이 정지공사는 1959년에만 연인원 8만 3,118명의 병력과 트럭·불도저 등 다수의 장비가 동원되어 약 63%정도 진척되었고(≪조선일보≫ 1959년 12월 27일자 기사), 1960년에 들어서도 활발하게 진행되었다. 그런데 공병단 장병들에 의해 이렇게 강행군이 계속되어 도로가 넓혀지고 높은 계단이 생기고 석축이 쌓이고 하는 일들은 남산 아래, 회현동·남장동·예장동 등 주민의 입장에서는 엄청나게 괴로운 일이었다. 고요했던 산길에 트럭들이 질주하고 울창했던 산등성이 벌거숭이가 된 데다가 무엇보다도 견디기 어려웠던 것은 요란하게 울리는 발파소리였다.

그래도 국회가 남산에 지어지는 것이 대통령의 지시이고 공사담당자가 육군공병단이었으니 4·19가 일어나기 전까지는 그 누구도 불평할 수가 없었다. 함부로 입을 열 상황이 아니었던 것이다. 그러나 4·19가 일어나고 자유로운 분위기가 되자 주민들에게 쌓였던 불만의 소리가 튀어나오고 그것을 반영하여 신문들이 들고일어났다. 왜 국회의사당이 하필이면 남산에 서야 하는가, 왜 울창했던 산림을 함부로 훼손하느냐, 왜 산길을 그대로 두지 않고 그렇게 확장하느냐, 기사로 썼고 사설로 비난을 했다. 뼈아픈 비판의 소리였다.

언론이 이렇게 공격의 포문을 열자 공사장에 동원된 장병들의 사기가 땅에 떨어졌다. 원래가 군사에 관한 일이 아니었고 특별히 보수가 나오는 일도 아니었다. 하고 싶지 않은 일에 끌려나온 것이었다. 1960년 6월 경부터는 거의 손을 놓아버렸다. "도저히 일을 더 계속할 상황이 아니다. 군부대를 공사현장에서 철수시켜야 하겠으니 승낙해달라"는 육군공병감의 공문이 국방부장관 앞으로 상신된 것은 1960년 10월 초의 일이었다(국회 운영위원회 속기록 1960년 6월 18일자, 10월 21일자 참조).

당시의 제2공화국 장면 정권은 일하기 싫다는 군장병들을 독려하여 의사당 정지공사를 강행시킬 만한 힘을 가지지 못했다. 1961년 5월 16일에 쿠데타를 일으켜 새로 집권하게 된 군사정권이 시민의 여론이 좋지 않을 뿐 아니라 장병들이 일하기 싫어하는 의사당 정지공사를 강행시킬 이유가 없었다. 군사정권은 집권한 지 반 년 이상이 지난 1961년 12월 16일에 서울특별시장을 시켜 남산 국회의사당 건립계획 취소방침을 발표하게 했다. 결국 남산에의 국회 입지는 한갓 물거품이 되었고 그 최종 결정은 여의도윤중제 공사가 끝나는 1960년대 후반까지 기다려야 했다.

## 3. 제3·4공화국 시대의 훼손

### 공권력에 의한 직접훼손 – 재향군인회·중앙공무원교육원·반공연맹회관

쿠데타를 일으킨 1961년, 박정희의 나이는 44세, 김종필은 겨우 35세였다. 그런 젊은이들에게 자연이 참으로 소중하다든지, 남산은 더 이상 훼손해서는 안 된다든지 하는 인식을 바랄 수는 없었다. 우리나라의 경우는 아직도 자연보호 같은 개념이 생겨나지도 않았던 시대였다. 당시 그들의 입장에서 봤을 때 국가경영상 아직도 많은 시설이 부족하고 그러므로 자기들이 열심히 갖추어나갈 사명을 지녔는데, 그나마 서울시내의 중심에 남산이라는 국유지가 남아 있어 얼마든지 건물을 짓고 시설을 할 수 있는 것이 다행한 일이 아닐 수 없었다.

내가 그렇게 추측하는 것은 제1공화국시대 이승만에 의한 대규모 남산훼손은 공권력이 적극적으로 개입한 것이 아니었고 박현숙이나 백성욱이 간절히 부탁을 해와서 도리없이 승낙을 하는 형식이었는데, 3·4공화국 박정희 정권 때의 남산훼손은 예외없이 공권력에 의한 직접적 훼손이었기 때문이다. 재향군인회회관, 중앙공무원교육원, 자유센터와 타워호텔 건설은 어느 쪽이 더 앞서고 뒤선다는 식이 아니라 군사정권하에서 동시다발적으로 행해졌고 그 모두가 그들이 편찬한 군사혁명사 책자에서 '정권의 업적'으로 소개되어 있다. 말하자면 남산을 훼손한 일이 그들의 업적이 된 것이다.

① 재향군인회

재향군인회는 부산 피난시절인 1952년 2월에 발족한 이래 제대로 된 회관건물을 가지지 못하고 이곳저곳을 옮겨다녔다. 곁방살이도 했고 임시 가건물도 사용했다. 천신만고 끝에 장충단공원의 한구석, 장충동2가 산 7의 2 국유지 2,454.5평의 대지사용권을 얻어낸 것이 1960년 11월이었다. 『재향군인회 30년사』『재향군인회 40년사』에서는 이 국유지 2,454.5평을 국가로부터 불하받았다고 기술하고 있으나, 법률상 공원용지는 불하할 수 없으므로 임시사용권을 얻는 데 불과했을 것이고 건축은 가건축허가를 받았을 것이다. 그밖에는 다른 방법이 없었다. 허약할 대로 허약한 제2공화국 정권 때 150만 재향군인의 힘을 빌려 이루어진 일이었다.

여하튼 토지가 생기고 가건축이기는 하나 건축허가까지 받은 데다가 착공한 지 얼마 안 가서 그들의 후배·동료들이 주축이 된 군사정권까지 탄생했으니 실로 신바람 나는 일이었을 것이다. 많은 액수의 국고보조금을 받을 수 있었고 현역군인들이 거출한 성금까지 받아 건평 630.8평에 달하는 철근콘크리트 3층 건물이 이룩되어 성대한 준공식을 거행한 것은 1962년 11월 1일이었다.

재향군인의 수는 하루가 다르게 늘어갔고 건물은 협소하기 짝이 없는데 회관부지가 공원용지이고 건물이 가건물이었기 때문에 증축도 개축도 할 수가 없었다. 공원용지를 해제하기 전에는 증·개축은 물론이고 전매할 수도 없고 권리이전도 불가능했다. 공원용지 해제를 위한 끈질긴 노력이 계속되었다. 마침 군장성 출신의 김현옥이 서울시장으로 부임했다. 1966년이었고 막강한 힘을 가진 시장이었다. 재향군인회 부지 8,440㎡가 공원용지에서 해제된 것은 1968년 11월 2일자 건설부 고시 제681호에 의해서였다. 이로써 토지가 재향군인회 소유가 되고 건물이 가건물의 상태를 벗어날 수 있었다.

재향군인회가 장충단을 떠나 송파구 신천동으로 옮겨간 것은 1988년이었다. 장충단의 구 회관 부지·건물은 1987년 10월에 이웃한 동국대학교에 매각되었고 지금은 동국대학교 예술대학 건물이 되어 있다.

② 중앙공무원교육원

쿠데타에 성공하여 집권하게 된 박정희 정권이 무엇보다 중점을 둔 시책이 공무원 재교육이었다. 6·25 후의 단시일에 한국군부가 크게 발전하게 된 기초가 훈련제도였다는 데 착안하여 쿠데타정신을 침투시킴과 아울러 공무원의 자질을 향상시키기 위해서는 공무원훈련제도 확충이 선결문제라고 판단한 때문이었다. 쿠데타 이전의 공무원교육원은 종로구 경운동에 있었다. 그런데 일제 때부터 써오던 건물로서 전국의 고급공무원을 빠른 시일 내에 재교육하기에는 가당치 않게 협소한 시설이었다. 마침 남산에 있는 동국대학교 구내, 장충동 쪽에 위치한 건평 3천여 평의 4층 건물을 1천만 원 전세로 빌릴 수가 있어 1962년 2월 10일부터 사용하게 되었다. 어디까지나 임시방편이었고 결코 항구대책이 될 수는 없었다.

중앙공무원교육원설치법이 제정 공포된 것은 그보다 앞선 1961년 10월 2일자 법률 제747호였고 12월 8일에는 시행령도 공포되었다. 전세를 얻어 교육원으로 쓰고 있던 건물의 바로 동편에 1만여 평의 부지가 있었다. 국유지가 8천여 평이고 시유지가 4천여 평이었다. 당연히 남산의 일부였고 당시는 장충단 공원에 속해 있었다. 국가재건최고회의 의장이 승낙했고 국무회의(당시는 각의)에서 청사 신축계획이 통과되었다. 막강한 독재정권이 정권유지의 목적으로 쓰겠다는데 그 누가 반대할 수 있었겠는가.

서울대학교 이광노 교수가 설계한 대지면적 1만 2,638평, 연건평 3,399평의 6층 건물이 기공된 것은 1962년 6월 15일이었고 1963년 9월 9일에 준공되었다. 준공식에는 박정희 최고회의의장 겸 대통령권한대행이 치사를 했고 김현철 내각수반을 비롯한 다수의 각료, 주한 외교사절들도 참석했다.

당시의 중앙공무원교육원은 전체 공무원사회에 군림하다시피 한 기관이었다. 거기서의 교육성적이 공무원 각자의 승진에 직접 영향을 미쳤기 때문이다. 그런 권한을 가진 중앙정부 직속기관이 최고회의의장 겸 대통령권한대행의 전폭적 승인 하에 장충단공원 중 1만 2천 평의 토지를 잠식했으니 서울시와 건설부는 그 토지를 공원용지에서 서서히 해제해갔다. 일시에 해제하기에는 그 덩치가 너무나 컸기 때문이다(1963년 4월 26일자 건설부고시 제299호 등).

그러나 남산의 허리부분을 이렇게 무지하게 잠식한 교육원 건물의 수명도 겨우 10년여를 넘기는 데 불과했다. 1970년 1월 총무처를 연두순시한 박대통령이 "각 부처별로 흩어져 있는 교육기관을 통합하는 방안을 연구하라"라는 지시를 내리자 대전에 통합교육원 부지가 조성되고 중앙공무원교육원도 대전으로 내려갔다. 1974년 5월의 일이었다. 그러나 중앙공무원교육원은 1981년 12월에 다시 경기도 과천시로 이전해왔다.

재향군인회 회관의 경우가 그러했듯이 장충동 중앙공무원교육원도 그 위치로 보나 기능으로 보나 동국대학교 이외의 기관은 인수할 수가 없는 것이었다. 동국대학교 입장에서는 중앙정부가 공원용지를 해제하여 건물까지 지어 넘겨주겠다니 호박이 덩굴째로 굴러떨어지는 격일 뿐 아니라 배부른 흥정도 가능했다. 동국대학교에서 인수한 공무원교육원은 지금 농과대학 건물이 되어 있다.

③ 반공연맹회관

5·16쿠데타세력이 내건 혁명공약 제1호가 "반공을 국시의 제일의로 삼고 지금까지 형식적이고 구호에만 그친 반공태세를 재정비 강화한다"는 것이었다. 박정희는 남로당에 참여한 자신의 과거경력 때문에 미국의 의심을 받는 상황을 타개하기 위해서도 대내외에 자신이 반공세력에 앞장설 것을 천명해야 했다.

1962년 5월 10일에서 6월 16일까지 서울에서 개최된 아시아반공연맹 임시총회는 쿠데타 혁명공약 제1호를 내외에 과시하는 행사였고 총회의 결론으로 도출된 것이 반공자유센터 한국 설치안이었다. 자유센터를 한국에 설치한다는 것은 바로 한국이 아시아반공연맹의 종주국이 된다는 것을 의미했으며 그 내용은 첫째 한국정부가 부지 6만 평을 무상대여하고, 둘째 그 부지 위에 국제회의장과 본부, 그리고 숙소를 가진 대규모 복합건물을 지으며, 그 비용은 한국정부가 국고보조 1억 원과 일반모금 1억 원, 특별모금 1억 원 등 3억 원을 부담하고 나머지는 우방 각국(자유중국 대만·월남·미국 등)의 지원금으로 충당한다는 것이었다.

한국정부가 반공연맹을 위해 무상대여한다는 6만 평 부지라는 것이 남산의 동쪽자락, 중구 장충단공원에서 용산구 한남공원에 걸친 일대의 지역이었다. 1962년 7월 20일자 건설부고시 제26호로 한남공원 용지 8만 5,289㎡, 장충단공원 용지 12만 2,975㎡ 합계 20만 8,264㎡(약 6만 3,110평)가 해제되었다.

당시만 하더라도 이 일대는 울창한 산림지대였다. 이 산림지대에 김수근 초기의 걸작이라고 하는 자유센터 및 숙소건물이 설계되어, 1962년 9월 15일에 기공식이 거행되었고 1964년 12월 3일에 자유센터만 준공되었다. 원래는 약 4억 원의 금액으로 3개 건물이 건설키로 되었으나 국내의 모금실적이 좋지 않았을 뿐 아니라 우방 각국으로부터의 지원금도 거의 들어오지 않아, 결국 2억 3,500여만 원을 들여 자유센터 1개 건물만 준공했고 숙소는 17층 골조만 이룩되어 방치되다가 1967년 7월 1일에 한국관광공사에 매각되었고, 인수한 관광공사가 호텔 건물로 완공하여 타워호텔이라는 이름으로 1968년 11월에 민간인에게 불하했다. 타워호텔을 불하받은 남 모씨는 자유센터 건축의 주역이었던 김종필 중앙정보부장과 막역한 사이로 이 호텔의 실소유자는 김종필이라는 소문이 오랫동안 그치지 않았다.

## 국립극장과 신라호텔·장충단공원 합병

박정희 대통령의 업적 중에는 자연보호·산림녹화라는 것이 큰 비중을 차지했다. 그의 어록이라는 것을 보면 산림녹화에 대해 여러 번 강조했고 또 그의 19년간 재임 중에 시탄(柴炭)에서 연탄(煉炭)으로의 제1차 연료혁명이 일어나 이 나라 도처의 산림이 크게 그 모습을 바꿀 수 있었다.

그런데 그런 그가 왜 남산에 대해서만은 보호는커녕 잔인하리만큼 파괴만 했던가. 이 글을 쓰면서 아무리 생각해도 그 의문만은 풀리지 않는다.

우리나라에 국립극장이라는 것이 최초로 발족한 것은 1949년 10월 8일자 대통령령 제195호 '국립극장 직제'의 공포에서였고 국립극장의 건물이 최초로 생겨난 것은 그로부터 10일이 지난 10월 18일에 중구 태평로 1가, 지난날의 경성 부민관을 접수하면서부터의 일이다. 그로부터 만 20년의 세월이 흐르는 동안 국립극장은 태평로 부민관에서 시작하여 한국전쟁 피난 중에는 대구의 문화극장을 빌려 쓰기도 했고, 환도 후에는 명동 1가 54번지에 있던 일제시대의 극장 명치좌를 서울시와 공동으로 쓰기도 했다. 즉 한 개 건물을 서울시는 시공관이라는 이름으로 썼고 중앙정부는 국립극장이라는 이름으로 사용한 것이다.

그러다가 서울시가 세종로에 시민회관을 지어 떨어져나간 1961년 이후는 단독의 국립극장이 되어 숱하게 많은 연극·영화가 상연되었고 음악회와 무용발표회도 열렸다. 그러나 명동의 국립극장이라는 것은 일제시대의 건물인 데다가 대지가 505평, 건평이 749평, 객석 820석 규모의 초라한 시설이었다. 무대면적이 50평밖에 안 되어 외국의 유명 오페라단이나 교향악단이 오더라도 시설이 낡고 협소하여 처음부터 상대가 되지 않았을 뿐 아니라, 냉난방시설이 안 된 건물이라 여름철 한 달 겨울철 한 달은 아예 문을 닫아야 했다. 그런데 무엇보다도 문제가 된 것은 도로가 좁아서 자동차가 출입하기 힘들 뿐 아니라 주차공간 또한 없었다.

1960년대 후반이 되자 서서히 자동차가 늘어가고 있었고 얼마 안 가서 자동차시대가 오리라는 것이 예측되고 있었다. 1966년 4월에 부임해 온 김현옥 서울시장은 도로의 신설·확장, 지하도·고가도로·육교 등 이른바 교통도로 확충에 온 정력을 기울이고 있었다. 얼마 안 가서 자동차가 거리에 넘칠 것이 예상되는 그런 시대에 협소한 도로에 주차공간조차 전혀 없으니 귀빈들은 처음부터 내왕할 수 없는 '국립극장'이라는 것은 사실상 시대착오적인 것임에 틀림없었다. "명색이 문화국가·문화민족이라고 하면서 제대로 된 극장 하나 갖추지 못했다"는 비난이 퍼부어졌다. 원래 문화인들이란 말이 많은 법이다. 특히 무대예술인들은 말이 생활 그 자체인 인생들이다.

정부의 입장에서도 그들을 무마할 필요가 있었다. 새 국립극장을 지어주기로 했다. 무대예술인들이 당초에 희망했던 장소는 종묘 앞과 사직공원 경내 등이었다고 한다. 시내전차가 없어진 것은 1968년 11월 28일이었다. 지하철은 아직 생각도 안 하고 있을 때였으니 시민들이 이용하는 교통수단은 오직 시내버스뿐이었다. 국립극장이 착공된 1967년에는 아직도 강남개발이라는 것은 싹도 트지 않았고 여의도윤중제 공사는 겨우 그 윤곽이 잡혀가고 있을 때였다. 국립극장 입지를 둘러싸고 무대예술인들과 정부 당무자(당시는 아직 문교부) 간의 홍정이 있었지만 그것은 형식적인 절차에 불과했다. 최종적으로는 박 대통령의 결정에 달린 문제였다.

당시의 박 대통령에게 만만한 것은 남산이었고 또 남산뿐이었다. 장충동2가 산 14번지 67. 어려운 설명이 필요 없다. 장충단공원 경내의 일부이고 여기서의 '산'은 남산 바로 그것이었다. 아마 동국대학교 구내의 상당부분의 번지도 장충동 2가 산14번지일 것이다. 박 대통령이 국립극장 용지로 잘라준 넓이는 1만 2천 평, 토지대장 등 공식문서에는 3만 9,600㎡로 기술되어 있다.

1,500명 수용의 객석, 400평짜리 무대를 갖춘 대형극장 기공식이 거행된 것은 1967년 10월 10일이었다. 열주식 건물의 설계자는 이희태였다. 그는 1966~67년에 지어진 한강변 절두산 복자기념성당의 설계로 매우 좋은 평을 받고 있었다. 원래는 2년간 계획으로 1969년 준공을 예상했던 국립극장 건물이 완공되어 준공식을 거행한 것은 1973년 8월

26일이었다.

국립극장에서 아래로 내려와 도보로 5분 거리에 있는 영빈관이 삼성그룹에 불하된 것은 국립극장이 준공된 그해의 일이었다. 대형호텔을 건설 운영하기 위해서였다. 일제시대 이등박문의 보리사로 지은 박문사 뒤터에 외국 대통령 등 귀빈을 숙박케 할 영빈관을 짓게 된 것은 1959년, 이승만 대통령의 지시에 의해서였으며 그해 1월에 기공되었다. 4·19와 5·16을 거치면서 공사가 중단된 것을 1965년 2월에 박 대통령 특명으로 영빈관 건축추진위원회가 구성되고 총무처 주관으로 공사가 본격화되어 1967년 2월 28일 준공을 보았다. 이런 시설은 처음부터 수지채산은 도외시되어야 할 것이었지만 그래도 경영난이 문제가 되어 관광공사, 중앙정보부, 총무처 등으로 그 관리기관이 뻔질나게 바뀌었다. 민간경영으로 전환되면 경영개선이 이루어져 크게 발전할 수 있다는 논리가 힘을 얻어가고 있었다.

1960년대 하반기부터 1970년대 전반기에 걸쳐서 많은 국영기업체가 민간기업에 불하되었다. 이 불하과정에 참여한 기업은 재벌로 성장할 수 있었고 탈락한 기업은 쇠퇴의 길을 걸어야 했다. 이 불하를 둘러싸고 대기업 상호간에 치열한 경쟁, 맹렬한 로비작전이 전개되었음은 물론이다.

국내 운송업을 거의 독점해왔던 대한통운이 건설업체인 동아건설(주)에 불하되었고, 대한항공공사(KAL)가 한진상사 조중훈에게 불하되었다. 외형상은 공매입찰의 형식을 취했지만 사전에 인수자가 정해져 있었고 내용은 수의계약이나 다를 바 없었다. 아마도 당시의 박대통령과 그 측근들은 평소의 통치자금 상납실적, 정부에의 협조 등 여러 가지 상황을 종합하여 대기업간에 이권과 특혜가 균등 배분되도록 고려했을 것이다.

반도호텔, 워커힐, 영빈관 불하 때에도 그와 같은 고려가 면밀하게 있었을 것이다. 현대건설에는 경부고속도로 총 428km 중 102km(약 24%)

의 시공을 담당케 했으므로 국영기업체 불하를 고려할 필요가 없었다. 럭키에게는 1967년 5월에 호남정유(주)라는 엄청난 특혜를 주었으므로 국영호텔 분배에서는 제외시킬 수 있었다. 대우에 대해서는 항상 배려를 하고 있었으니 굳이 호텔까지 불하할 필요는 없었다. 삼성과 선경 그리고 재일교포 기업가 신격호가 배려의 대상이었다.

나는 1960년대 후반기 1970년대 전반기의 상황을 면밀히 고찰하면서 '특혜 또는 이권의 배분'에 관한 박 대통령의 배려가 실로 천재적인 것이었다고 생각한다. 물론 정보기관에 의한 면밀한 조사·분석자료가 밑바닥에 깔려 있었을 것이다.

국영호텔 불하에 관한 종용과 홍정은 1970년의 후반기부터 시작되었다. 불하받을 의사가 있는가 없는가의 타진, 불하를 받은 후의 구체적인 발전계획, 그리고 반대급부(통치자금제공)의 액수 등이 극비리에 검토되었다. 경제부 기자출신의 박병윤이 1982년에 발간한 『재벌과 정치－한국재벌성장이면사』는 '국영기업체 불하에 얽힌 뒷이야기'를 다루면서 "국영기업체 불하가 매번 시끄러운 것만은 아니었다. 삼성의 영빈관 인수나 선경의 워커힐 인수는 감쪽같이 넘어가버렸기 때문에 경합이고 뭐고 벌일 여유도 없었다"라고 기술하고 있다.

대지면적 19만 평의 워커힐이 26억 3,200만 원으로 선경그룹에 불하되었고, 당시 한국 최대의 건물이었던 을지로 1가의 반도호텔이 41억 9,800만 원으로 재일교포 재벌 신격호에게 불하되었다. 그리고 같은 시기에 실시된 형식적인 공매입찰에 의해 연건평 1,097.3평인 영빈관과 그 주변임야 2만 7,883평이 삼성그룹 자회사였던 (주)임피어리얼에 28억 4,420만 원으로 낙찰되었다. 영빈관의 경우는 '그 주변임야 2만 7,883평'이 더욱 애석한 것이었다. 그것이 남산 끝자락의 일부였기 때문이다. 관광진흥이다, 경영혁신이다, 그것은 조국이 근대화되기 위한 하나의 절차요 단계였다라는 등의 변명은 얼마든지 끌어댈 수가 있다. 그러나 그 모든 것은 남산을 훼손한 데 대한 정당한 이유가 될 수는 없다.

호텔 기공식이 거행된 것은 1973년 11월 1일이었다. 그날 신축될 호텔의 이름이 호텔신라가 되고 회사명도 (주)호텔신라가 되었다. 지하 3층 지상 22층, 연건평이 6만 6,525㎡에 달하는 중후한 건물의 설계자는 일본 다이세이(大成)건설이고 한국측 파트너는 박춘명이었다. 만 5년이 지난 1978년 12월 22일에 준공되었고 다음해 3월 8일에 전관 개관되었다.

호텔신라는 한국이 세계에 자랑하는 최고급 호텔이고 내로라 하는 최고급귀빈들이 끊임없이 이용 투숙했다. 남산의 동쪽어귀에 솟아 있어 1960~70년대 한국인이 이룩한 고도경제성장을 상징하는 건물 중 하나로 평가되었다. 그러나 그것은 동시에 무엇이든 하면 된다, 못할 일이 없다는 독재권력과 독점자본의 우직함과 횡포를 상징하기도 한다.

1940년 3월 12일자 조선총독부 고시 제208호에 의한 경성시가지공원 중 제8호로 지정될 당시의 장충단공원 면적은 41만 8천㎡였다. 그리고 1955년 7월 11일자 내무부고시 제303호에 의한 공원경역 조정으로 그 면적은 69만 9,500㎡로 확장되었다. 20만 평이 넘는 서울시내 최대의 근린공원이었다. 그런 대규모의 울창했던 공원에 수없는 훼손과 해제가 되풀이되었다. 장충체육관·영빈관·신라호텔·자유센터·타워호텔·국립극장(국립국악원 포함)·재향군인회관·중앙공무원교육원 등.

1955년에 69만 9,500㎡였던 장충단공원의 면적은 1984년에는 겨우 29만 7천㎡로 축소되었다. 그 밖에도 어린이야구장·테니스장·수영장 등의 체육시설이 들어서게 되어 장충단 일대가 지녔던 지난날의 정취는 도저히 찾아볼 수 없을 정도로 훼손되어버린 것이었다. 근린공원이었던 장충단공원을 폐지하여 자연공원인 남산공원에 합쳐버린 것은 1984년 9월 22일자 건설부 고시 제374호였다. 자연공원에 흡수시키면 더 이상의 훼손을 막을 수도 있다는 바람이 첫째 이유였고, 원래가 하나인 것을 2개로 나누어 관리하고자 한 것이 잘못이었다는 반성이 두번째 이유였다.

## 어린이회관·외인아파트·하얏트호텔

① 어린이회관

남산에 케이블카를 놓기로 한 정확한 이유를 알 수가 없다. 아마도 새 집권자인 군사정권 고위직 누군가의 주선으로 박정희 최고회의 의장의 승낙을 받았을 것이다. 결코 서울특별시장 윤태일 정도의 힘으로 이루어질 그런 성질의 것이 아니었다. 당시만 하더라도 그 정도는 엄청난 이권이었기 때문이다.

남산에 케이블카를 놓기로 했다는 것이 보도된 것은 군사쿠데타가 일어난 지 100일 정도가 지난 1961년 8월 26일이었다. 한국색도(索道)공업(주)이라는 민간회사가 2억 3천만 환 예산으로 길이 605m의 케이블카 설치 기공식을 거행한 것은 1961년 9월 16일이었고 1962년 5월 12일에 준공되었다. 요금은 편도 250환, 왕복 400환이었다.

서울시가 1961년 12월 16일에 남산 국회의사당 건립취소를 발표할 때 그 예정지에는 국회의사당이 아닌 다른 시설이 들어서게 될 것이라고 했다. 그것이 '시민관광휴식처'라는 것이었고 그 설계도가 현상공모되기도 했다. 그러나 결국 그 자리에 들어선 것은 야외음악당이었다. 조개껍질형 콘크리트 구조의 야외음악당 기공식이 거행된 것은 1962년 9월 5일이었고, 총면적 1만 3,790평, 수용인원 1만 5천 명 규모의 야외음악당이 준공된 것은 다음해 8월 5일이었다.

이 글을 쓰면서 인간이라는 것이 얼마나 어리석은 존재인가를 실감한다. 야외음악당 같은 것이 대표적인 예라고 생각한다. 야외음악당은 그 준공일에도 음악이라는 것이 연주되지 않았다. 그 후에도 이곳에서는 심심찮게 관제데모나 구국기도회 같은 것이 열린다 혹은 열렸다는 보도는 접한 일이 있으나 음악회가 개최되었다는 보도는 없었다.

우리나라는 여름철에는 덥거나 비가 잦아서, 가을철부터 다음해 봄까지는 쌀쌀한 날씨 때문에 야외음악을 즐길 여건이 되지 않는다고 생각한다. 그리고 또 한 가지, 대중교통으로 시내전차와 버스만 있던 시대였다. 서울역전이나 퇴계로 등에서 하차하여 야외 음악당까지 가려면 반쯤은 등산하는 마음을 가져야 할 것이다. 언제인지도 모르는 사이에 음악당 시설(관람석·무대·연습실)은 말끔히 철거되었고 지금은 '백범광장'이라는 이름의 잔디밭이 되어 있다. 이 광장 구석에 백범 김구의 동상 제막식이 거행된 것은 1969년 8월 23일이었다.

야외음악당보다 몇 갑절이나 더 어리석은 짓은 남산에 어린이회관을 지은 일이었다. 대구사범학교를 나와 초등학교 교사를 지냈던 경력 그대로 박 대통령은 어린이에 대한 관심이 적잖았다. 해마다 1월 1일에는 국민 전체를 향한 신년사와 함께 따로 '어린이를 위한 신년 메시지'라는 것을 발표했고, 또 5월 5일 어린이날에는 빠짐없이 특별담화를 발표했다. 그러나 어린이는 역시 어머니의 몫이라야 어울렸다. 영부인 육영수 여사의 역할이 시작되었다.

육영수 여사가 직접 관리·운영하는 어린이를 위한 '육영재단'이 설립된 것은 1969년 4월 4일이었고 한 달 뒤인 5월 5일 어린이날, 남산 허리에서 어린이회관 기공식을 가졌다. 대지 600평에 지하 5층 지상 13층이나 되는 거대한 어린이회관이 준공된 것은 1970년 7월 25일이었으며, 모든 신문이 사회면 톱기사로 '동심의 궁전, 여기는 우리들 세상, 동양 최대의 어린이회관' 따위의 표제를 달아 대대적으로 보도했다. 독재권력자에 대한 충성심 경쟁이었다.

육영수 여사와 남산의 어린이회관.

백범광장 건너편 동쪽, 지난날 조선신궁으로 올라가는 급경사 비탈에 자리하여 접근하기도 어려웠고 교통편의도 좋지 않았지만 대통령 영부인이 세워 운영하는 시설이니 이용자가 끊겨서는 안 되는 일이었다. 서울시내 초등학교·중학교 교장들이 학생을 데리고 이 시설을 참관했다. 그 또한 잘 보이기 위한 경쟁이었다. 이 시설이 들어선 1970년 7월 25일 이후 1973년 말까지 3년 반 동안 이 회관을 이용한 어린이의 수는 328만 9,845명으로 집계되었다. 하루 평균 3,179명이 이용했다는 것이다(박목월, 『육영수 여사』, 386쪽).

그러나 이 건물은 개관 당초부터 어린이회관으로는 부적합하다고 판명되었다. 교통편이 좋지 않았을 뿐 아니라 어린이들이 올라가기에는 너무 힘든 장소였던 것이다. 마침 소공동 소재의 국립도서관 이전문제가 제기되고 있었다. 일제강점기인 1924년에 장서 28만 권으로 개관하여 연건평이 1,441평밖에 안 되었던 이 구식건물은 1945년 광복 당시에는 이미 포화상태여서 도저히 국립중앙도서관으로서의 기능을 다할 수 없는 처지였다.

문교부는 1969년 3월 29일부터 도서관이전계획 추진위원회를 구성하고 이전계획을 수립하고 있었다. 그리고 1971년 12월 13일에는 그 매각 이전을 전제로 총무처 정부종합청사관리 특별회계로 건물관리 일체가 이관되었다. 정부종합청사 관리사무소에서는 1973년 5월에 당시 한창 개발이 진행되고 있던 여의도에 도서관청사부지를 물색하고 있었다. 이런 계획이 추진되고 있다는 것을 알게 된 박 대통령이 남산의 어린이회관을 중앙도서관으로 쓰고 구 도서관은 호텔롯데에 매각하도록 지시했다. 실로 어이가 없는 지시였지만 누가 반대할 수 있겠는가.

남산에 어린이회관을 짓게 한 일, 그것을 국립도서관에 강제로 인수시킨 일, 도서관 건물을 호텔롯데에 매각하라고 지시한 일 등 일련의 독재행위를 당시의 어떤 매스컴에서도 보도하지 않았으므로 일반시민은 무엇이 어떻게 이루어지는지 전혀 알 수가 없었다. 제3·4 공화국 정권이 어떠했으며 박 대통령의 절대권력이 얼마나 대단했는가를 알려주는 한 예이다.

국립중앙도서관이 남산 어린이회관으로 가고 원래의 자리는 호텔롯데에 매각한다는 정부방침이 확정된 것은 1974년 7월이었다. 당시의 중앙정부는 다음과 같은 이유를 들어 도서관 남산 이전을 합리화했다. 첫째, 도심지에 위치하고 공원 풍치지대로서 도서관에 적합하다. 둘째, 4,145여 평의 현대식 건물로서 국립중앙도서관 기능수행에 알맞도록 시설을 개조할 수 있다. 셋째, 현 청사 매각대금과 대차 없이 이전이 가능하다. 이렇게 결정한 다음달에 정부는 8억 4,600만 원으로 어린이회관을 인수하고 9월부터 보수공사에 들어갔다. 어린이회관은 성동구 능동 어린이대공원 부지 중 3만여 평을 할애받아 지하 1층, 지상 4층, 연건평 5,200평의 새 회관을 지었다.

국립도서관은 정부청사였기 때문에 그 매각은 공개경쟁입찰의 형식을 취하지 않을 수 없었다. 당시 수유리에 주소지가 있던 한 민간인이 들러리로 참가했다. 문자 그대로 들러리였다. 호텔롯데의 낙찰 가격은 8억 3,600만 원이었으며 낙찰일은 1974년 11월 20일이었다. 그리고 약 10여 일 후인 12월 2일에 국립중앙도서관은 남산으로 이전 개관했다.

남산 어린이회관을 정부가 8억 4,600만 원으로 인수한 후, 중앙도서관을 8억 3,600만 원에 매각하고 어린이회관 유지재단(육영재단)은 8억 4,600만 원으로 어린이대공원 옆에 새 건물을 짓고 하는 시나리오는 과연 누가 만든 것일까. 컴퓨터와 같은 정확성을 지닌 부정행위가 공공연히 자행되고 있었으나 일반국민은 아무도 알지 못하는 일이었다.

어린이회관을 중앙도서관으로 개조하는 공사는 이미 1974년 8월부터 시작되었고 11월 말까지 철야작업이 계속되었다. 수리·개조에 8억 3,500만 원이 소요되었으니 소공동 구 도서관 매각대금에 버금가는 비용이 건물 보수비에 투자된, 어이없는 낭비였다. 이렇게 울며 겨자 먹기식으로 인수한 이 건물은 방대한 비용을 들여 보수를 했다 할지라도 결코 국립도서관 건물로서 적합한 것이 아니었다. 우선 서고의 50% 정도가 지하층이라 장서의 안전관리에 문제가 있었고, 고지대의 고층건물이어서 바람과 소음 때문에 독서 분위기가 저해되었으며, 지하서고에서 지상 4~11층까지의 책 운반시간에도 문제가 있었다. 그 밖에도 난방 등 구조상에도 여러 가지 문제가 있어 되도록 빠른 시일 내에 신축 이전해야 할 필요성이 절박하게 대두되고 있었다.

다행히 1980년 10월 20일에 대통령 순시가 있었다. 8월 27일에 장충체육관에서의 통일주체국민회의 선거에서 당선되어 9월 1일에 취임한 전두환 대통령이 취임한 지 50일 만에 남산 중앙도서관을 찾은 것이다. 국립 도서관의 어려운 처지가 보고되었고 신축이전의 필요성이 강조되었다. 전두환 대통령은 단순하고 결정이 빠른 사람이었다. "빠른 시일 내에 적지를 선정, 신축 이전하라"라는 지시가 떨어졌다. 서초구 반포동, 대지 14만 1,290㎡, 연건평 4만 2,975㎡, 지하 1층 지상 7층의 새 건물이 준공되어 이사를 간 것은 1988년 5월 28일이었다. 어린이회관 건물이 중앙도서관으로 쓰인 날짜는 정확히 13년 5개월 26일간이었다.

그런데 국립도서관이 옮겨가고 난 뒤에도 이 건물은 없어지지 않고 현재는 '서울특별시 교육과학연구원'이라는 이름으로 남아 있다. 서울특별시 교육청이 관리하는 기관으로서 과학체험학습장인 탐구학습관 운영, FTP자료실 운영 및 각종 교육용자료 제공, 진로정보센터 및 교과교육연구회 지원활동 등을 하는 기관이라는 것이다. 나의 기분 같아서는 하루빨리 철거해버리고 싶은 건물이다.

② 남산 외인아파트

남산 외인아파트라는 것은 인간이 얼마만큼 바보일 수 있는가의 극치를 알려주는 사례 중의 하나일 것이다.

중앙도시계획위원회는 몇 달에 한 번씩, 그것도 넷째주 목요일 오후에 열리는 것이 관례였다. 그런데 정부가 어떤 급한 일 때문에 긴급발표를 해야 할 사태가 있을 때에는 관례를 깨고 위원들을 비상으로 소집하여 의결하게 하는 경우가 있다. 나의 오랜 도시계획위원 시절을 통해 비상소집으로 의결된 사례가 두 번 있었다. 서울대학교 이전부지를 신림동 관악골프장 자리로 결정, 대통령이 긴급담화로 발표했을 때가 첫번째였고, 남산 외인아파트 부지의 공원용지 해제가 두번째였다.

1969년 5월 하순의 어느 날, 긴급소집되어 무슨 큰일이나 났는가 해서 갔더니 남산 능선 너머 용산구 쪽 산허리, 한남공원용지 중 일부를 해제하여 외인아파트를 짓겠다는 것이었다. "제2차 경제개발 5개년계획이 추진되면서 공업화가 진행되자 많은 외국인이 일시에 몰려오는데 그들이 거주할 곳이 없어 수출전선에 큰 애로사항이 되어 있다. 조속한 시일 내에 그들의 주거가 제공되지 않으면 경제개발계획에 큰 차질을 빚을 수 있다"는 것이었다.

당시의 중앙도시계획위원회라는 것은 정부의 독주에 어느 정도의 제동은 걸고 있었는데, 그러나 그것도 궁극적으로는 어용기관이며 거수기관이었으니 경제개발에 큰 차질을 빚을 수 있다는 대의명분 앞에는 허약할 수밖에 없었다. 당시의 주택공사 총재는 군인 출신으로 박 대통령 측근 중의 한 사람으로 알려진 장동원이었다. 그는 건설부장관을 제쳐놓고 직접 청와대로 가서 대통령 결재를 받았고 도시계획위원회가 개최되고 있을 때는 건설부장관실에서 대기하고 있었다고 한다.

도시계획위원회에서 공원용지 해제가 의결되자 건설부는 바로 고시절차를 밟았는데, 1969년 5월 31일자 건설부고시 제319호 용산구 이태원동 한남공원 4만 7,137㎡의 해제가 바로 그것이었다. 16·17층 각각 한 동씩, 모두 427호분의 외인주택 기공식이 거행된 것은 1969년 6월 25일이었고 국무총리 정일권, 총무처장관 이석제가 참석했다. 설계는 엄덕문이 맡았고 구조계산은 한양대학교 교수 함성권이 맡았다.

주택공사가 외인아파트를 굳이 고도가 100m나 되는 남산 비탈에 세우기로 한 데는 이유가 있었다. 16·17층 아파트라는 것은 한국 최초의 일이었다. 힐탑아파트라는 11층짜리 아파트가 한남동 외인주택촌에 지어졌지만 그것은 일본 다이세이건설과 주택공사가 합작으로 지은 것이었다. 1960년대 후반기, 16·17층짜리 고층건물은 종로·중구에도 없었다. 장동운 총재 입장에서는 경부고속도로에서 서울로 들어오면서 바로 바라보이는 남산 언덕에 주택공사가 지은 고층아파트가 자리함으로써 주택공사 아파트가 지닌 우수성, 기술적 우월성 등을 자랑하고 싶었다.

바로 같은 시기, 김현옥 시장이 시민아파트라는 것을 시내 고지대마다에 짓고 있었다. 높은 곳에 지어야 대통령을 비롯한 많은 사람이 볼 수 있고 칭찬을 받을 수 있다는 발상이었다. 군인 출신 지휘자들이 지닌 현시성 때문에 전시효과가 높은 산 위에 지은 게 시민아파트였고 외인아파트였다. 남산 외인아파트는 2년여가 지난 1972년 11월 30일에 준공되었다. 준공식에 임석한 박 대통령이 매우 흡족해했다고 당시의 매스컴은 보도했다.

③ 하얏트호텔

그런데 이 외인아파트는 또 하나의 부산물을 낳는다.

이 건물 옥상에는 헬리포트가 시설되어 있었다. 대연각호텔 화재사건 같은 것이 일어났을 때의 외국인입주자 안전을 위해서 추가 시설된 것이었다. 이 헬리포트를 보기 위해 최주종 주공 총재의 안내로 아파트 옥상에 올라간 박 대통령이 아래를 내려다보면서 바로 밑에 보이는 군사시설을 가리켜 질문을 했다. "저게 뭐냐?" 그것은 특수임무를 띤 군사시설이었다. 콘센트와 천막으로 이루어진 가설건물이었기 때문에 17층 옥상에서 내려다봤을 때 조잡하고 불결했을 것이다. "저 시설을 빠른 시일 내에 딴 곳으로 옮겨가도록 조치하라. 그리고 그 뒷자리에는 고급아파트나 관광호텔이 들어서도록 하라"고 지시했다. 그 지시는 그날 안으로 나에게 전달되었다. 나는 당시 서울시 기획관리관 자리에 있었는데 1973년 1월 1일부터는 도시계획국장도 겸하고 있었다. 당시의 서울시 건축과는 도시계획국에 속해 있었고 건축허가업무는 도시계획국장 소관사항이었다.

대통령의 그 지시가 떨어지자 얼마 안 가서 군부대가 옮겨갔다. 현재 지하철 2호선 서초역에서 서쪽으로 바로 보이는 위치, 서초구 서초동 1005번지 일대에 있는 부대가 바로 그 정보사령부이다. 부대가 옮겨가자 몇 대의 불도저가 들어와서 정지공사를 시작했다. 그리고 얼마 안 가서 관광호텔 건축허가원이 제출되었다. 건축허가원을 제출한 것은 미라마관광(주)이라는 회사였고, 경춘관광개발(주)이라는 회사가 4분의 1, 일본의 후지다공업이라는 회사가 4분의 3 지분을 가지는 기업체였다.

내가 용산구 한남동 747번지에 들어서게 된 지하 2층 지상 18층짜리 대형 고급호텔 건축허가 업무를 취급하면서 확실히 안 것이 있었다. 박대통령이 외인아파트 옥상에서 고급아파트·관공호텔 건립을 지시했을 때 그분은 이미 이 자리에 고급호텔을 건립하겠다는 업자측과 접촉하고 있었고 응분의 통치자금도 받고 있었을 것이라는 사실이다. 훗날 하얏트리젠시호텔이라고 불리게 되는 이 건물의 건축허가가 난 것은 1973년 12월이었고, 준공 개관된 것은 1978년 7월이었다.

대한주택공사 총재가 아마 해발 100m도 넘는 고지대에 외인아파트 2동을 지은 데는 서울시민 다수가 남산을 쳐다보면서 "주공의 건축기술은 대단한 수준에 있다" 또는 "주공은 참으로 일 잘하고 있다"라는 칭찬을 들을 생각이 강하게 깔려 있었다. 그런데 그것은 큰 오산이었다.

경부고속도로는 1970년 7월 7일에 전장 개통되었다. 그런데 지방에서 경부고속도로로 서울에 들어오는 모든 사람의 눈에 남산의 조망을 크게 가려버리는 외인아파트가 보였다. "왜 굳이 저 자리에 저런 아파트를 지었느냐"라는 비난의 소리가 일었다. 처음에는 잔잔한 소리였는데 점점 커져갔다. 그리고 모든 시민이 남산을 다시 인식하기 시작했다. 생각해보면 2동의 외인아파트 건립이 남산경관 보호의 분기점이었다.

당시만 하더라도 정치 이야기 같은 것은 강한 금기사항이었다. 그러므로 정부와 정권에 불만을 품고 있더라도 그것을 표시할 수가 없었다. 그 불만의 일단이 남산의 경관훼손 문제로 터져나온 것이었다. "죽일 놈들, 남산을 저 모양으로 해놓고"라는 것이었다. 외인아파트 이후부터 남산에는 호텔·극장·아파트 같은 것 일체가 들어서지 않았다. 시민의 눈과 입이 두려워진 것이다.

## 소월길과 남산 1·2·3호 터널

남산에는 원래 자동차가 다니는 길이 없었다. 1920년대 이전에는 겨우 조선총독부·경성신사 앞까지만 약간 넓은 길이 있었을 뿐이었는데 조선신궁을 만들면서 참배도로라는 명목으로 예장동 쪽에서와 서울역-후암동 쪽에서 신궁까지 가는 너비 20m 정도의 도로를 개설했다. 내가 6·25전쟁 중 남산을 횡단해서 중구 신당동에서 용산구 후암동까지 간 일이 있는데, 그때 남산의 둘레와 능선에는 겨우 오솔길 정도밖에 없었던 것으로 기억한다.

남산의 남쪽기슭, 한남동에서 후암동을 거쳐 남대문에 이르는, 길이 4천m가 넘는 도로가 개설된 것은 1962년에서 1963년에 걸쳐서였다(『서울특별시사』 해방후 시정편, 616-618쪽). 남산순환도로 또는 남산관광도로 등의 이름으로 불린 너비 20m의 이 길은 남산을 대표하는 큰길이기는 하나 제3한강교 공사가 착수되기 이전, 그것도 서울시내를 달리던 자동차의 수가 겨우 1만 2~3천 대밖에 안 되던 시대였으니 하루의 자동차 통행량은 겨우 몇백 대도 되지 않았다. 이 도로변에 '소월 시비'가 세워진 것은 1968년이었는데, 그때까지만 해도 이 길은 김소월의 「산유화」라는 시가 알맞게 어울리는 도로였다.

제3한강교가 준공 개통된 것은 1969년 12월 26일이었고 다음해 7월 7일에는 경부고속도로가 전장 개통되었다. 그로부터 이 길은 자동차가 폭주했다. 이 길에 소월길이라는 이름이 붙여진 것은 1984년의 일이지만 그때에는 이미 낭만적 분위기는 전혀 찾아볼 수 없는 혼탁한 도로가 되어 있었다. 아마 남산의 생태계를 망가뜨린 여러 가지 요인 중 가장 큰 것을 들라면 나는 소월길을 들 것이다. 만약에 이 길이 없고 그렇게 많은 차량만 다니지 않았다면 야생동물이 전혀 살지 않는 오늘날의 남산은 되지 않았으리라 생각한다.

그런데 이 길은 또 하나의 기능을 지니고 있다. 이 길 위에 서면 한강까지의 조망이 확 트이는 것이다. 그리하여 이 길에서의 조망에 방해가 되는 건물을 지어서는 안 된다는 원칙이 세워진다. 1966년 12월 26일자 건설부고시 제2986호에 의한 '노선미관지구 제3종 지정'이라는 것이 그것이었다. "남산 우회도로이며 시내 유일한 관광도로로서 건축물의 무질서한 건립으로 조망과 관광도로로서의 미관을 상실할 우려가 있는바 이의 유지를 위해 지정함"이라는 것이 그 제정이유였다.

도로 양측이라고 하나 북측은 공원용지이니 문제가 되지 않았고 남측만이 문제였다. 도로 높이보다 높은 건물은 짓지 못하게 된 것이다. 내가 서울시 도시계획국장이던 1970년대 전반기, 이 도로에 바로 붙은 독일문화원과 여당인 민주공화당 당사건물 때문에 양택식 시장이 곤욕을 치른 것을 생생히 기억한다. 도로면 높이보다 조금만 더 높여야 되겠다는 것이 건물소유주의 주장이었고 그것은 절대로 곤란하다는 것이 시의 입장이었다.

그런데 이 미관지구 지정에 의한 건물의 높이규제는 처음에는 노선미관지구로서 길 양쪽에만 해당되는 것이었다. 즉 선적(線的) 규제였다. 그런데 남산제모습찾기운동이 전개되는 1991년 이후는 평면적 규제로 바뀌었다. 즉 소월길에서 한강 쪽을 내려다봐서 그 조망을 가리는 고층건물은 지을 수 없다는 것이다. 여러 번의 개정 끝에 가장 최근인 1998년 3월 5일자 서울시 고시 제98-67호에 의하면 소월길에서 남쪽으로 바라보이는 용산구 후암동·이태원동·용산2가동·한남동 일대의 지구에는 지상 높이 18m(5층) 이상의 건물은 짓지 못하도록 규정되어 있다.

북한에서 특수산악훈련을 받은 제124군 특공대원 31명이 청와대 뒷산까지 침입해온 것은 1968년 1월 21일 밤이었다. 이른바 김신조사건이라는 것이다. 휴전선에서 서울까지 겹겹이 쳐진 방위망을 뚫고 청와대 뒷산까지 들어올 수 있었다는 것은 그동안의 수도방위체계에 얼마나 허점이 많았던가를 여실히 알려준 사건이었다. 그로부터 이틀이 지난 1월 23일에는 미 정보함 푸에블로호가 원산 앞바다에서 북한군에 납치되는 사건도 일어났다. 휴전협정이 체결된 지 15년 만에 연거푸 일어난 사건이었으니 서울시민은 물론 국민 전체가 놀라고 자유세계인 전체가 놀란 일이었다.

2월 6일에 서울시 경찰국에 전투경찰대를 창설했다. 서울시는 부랴부랴 효자동 - 세검동 간 도로확장·포장계획과 아울러 미아리 - 정릉 - 북악산 - 자하문을 연결하는 북악스카이웨이 건설계획을 발표했다. 250만 향토예비군이 창설된 것은 그해 4월 1일이었다. 사건이 일어난 지 정확히 한 달 뒤인 2월 21일에 착공된 북악스카이웨이 9천m가 개통된 것은 9월 28일이었다. 그동안 완전히 폐쇄되었던 청와대 뒷산이 확 트이게 되었다. 청와대 주변 방위체제에 이러한 재정비가 진행되고 있던 11월 2일, 이번에는 울진·삼척지방에 무장공비 100여 명이 나타났다. 강원·경북 접경 태백산 일대에 총·포성이 진동하는 사태가 벌어졌다. 1·21청와대 습격사건과 11·2삼척·울진무장공비사건은 북한의 대규모 남침이 언제라도 재현될 수 있다는 것을 강하게 예고하는 사건이었다.

1969년 1월 1일, 박 대통령은 1969년 한 해를 '싸우면서 건설하는 해'로 한다는 신년사를 발표했다. 대통령 신년사가 발표된 지 엿새가 지난 1월 7일, 김현옥 시장은 '서울시 요새화계획'이라는 것을 발표했다. 북한의 남침이나 간첩들의 침투에 대비, 서울시 전체를 요새화하겠다는 것이었다. 매사에 성급한 김 시장이라 이 요새화계획의 추진도 빨랐다. 우선 3월 4일에 평화시에는 교통수단으로 쓰고 전시에는 30~40만 명 수용의 대피소로 사용되는 남산 1·2호터널 계획을 발표했다. 당시 이 계획을 게재했던 신문기사는 다음과 같다.

> 서울시는 평화시에 교통의 원활한 소통을 위해 이용하고 전시에는 대피소로 쓸 수 있는 대규모 지하터널을 남산공원에 마련키로 했다. 30~40만 명을 일시에 수용할 수 있고 동서남북을 가로지르는 통로를 갖춘 이 지하터널을 21억 6,900만 원의 예산으로 3월 중에 착공, 70년 말에 완공될 계획이다.
>
> 4일 김현옥 서울시장은 이 남산터널 계획은 이미 박 대통령의 재가를 받은 것이라고 밝히고 터널이나 터널 외부에 설치되는 군사시설은 발표할 수 없다고 말했다.

3·1로에서 보광동에 이르는 길이 1,530m, 너비 9m, 높이 4.5m의 남산 1호터널 기공식을 김현옥 서울시장, 전신용 한국신탁은행 행장 등이 참석한 가운데 거행한 것은 3월 13일 오전이었다. 이 1호터널 소요공사비 10억 100만 원은 한국신탁은행이 부동산설비신탁사업으로 실시하는 것이며, 개통되면 통과차량 1대당 60원씩의 통행료를 받아 1년간 약 4억 5천만 원의 수익을 올릴 수 있는 것으로 계상되어 있었다.

남산 1호터널이 개통된 것은 1970년 8월 15일이었으며, 약 16억 원의 공사비가 투자되었다. 한국신탁은행의 신탁자금으로 북악터널(1971년 9월 10일 개통, 길이 810m, 너비 12.5m, 높이 6.3m)도 시공되었다. 신탁은행은 이들 부동산설비신탁을 위해 한신부동산(주)이라는 자회사를 설립 운영하게 했으나 사회간접자본 운영수익의 예측이 부정확했고, 경험 및 전문적 지식의 부족 등 때문에 부채가 누적되어 결국 남산 1호터널과 북악터널을 서울시가 인수하게 되었다. 이양계약은 1975년 1월 13일에 체결되었으며, 이양조건은 남산 1호터널 23억, 북악터널 15억으로 인수총액 38억 원을 서울시가 5년 거치 균등상환하고 이자는 연리 8%로 6개월마다 후불한다는 조건이었다.

용산구 이태원동-중구 국립극장 옆을 이어주는 길이 1.5km, 너비 9.6m, 높이 8.1m의 남산 2호터널 기공식이 거행된 것은 1969년 4월 21일이었다. 서울시에 의해서 공사가 추진된 이 남산 2호터널이 개통된 것은 1970년 7월 8일이었다.

제1·2터널이 남산 요새화계획이란 군사적인 이유에서 건설된 것인데 대해 제3터널은 전혀 다른 목적에서 건설되었다. 강남 고속버스터미널이 1차 준공된 것은 1976년 9월 1일이었다. 몇 개의 가건물만으로 고속버스정류장이 발족된 것이었다. 그런데 당시에는 아직 강남에 살고 있는 주민은 극소수에 불과하였으며 서울시민 대다수는 강북주민이었다. 그들 대다수 이용승객이 강남터미널까지 가장 빠른 시간에 접근할 수 있는 방법이 강구되었다.

한강에 잠수교라는 것을 가설키로 결정했다. 홍수기 1~2주간은 물속에 잠겨버리는 교량이었다. 강남·북을 가장 싼 값으로 가장 빠르게 연결시키기 위해서는 그것이 적격이었다. 너비 18m, 길이 1,125m, 4차선의 이 교량은 1975년 9월 5일에 착공, 10개월 만인 1976년 7월 15일에 준공되었다. 공사비는 겨우 28억 6천만 원이었다.

그런데 잠수교만으로서는 강남·북이 연결되지 않았다. 남산이라는 벽이 가로막고 있었다. 당시의 서울특별시장은 뚝심의 사나이 구자춘이었다. 남산의 벽을 뚫어버리기로 결심했다. 남산 3호터널 굴착공사가 착공된 것은 잠수교가 준공되기 2개월 전인 1976년 5월 14일이었고 만 2년이 지난 1978년 5월 1일에 개통되었다. 중구 회현동2가에서 용산구 용산동2가까지 길이 1,270m 너비 9m, 처음부터 2열 쌍굴로 굴착된 이 터널의 공사비는 97억 5천만 원으로 당시로서는 규모가 대단히 큰 토목공사였다.

견해의 차이가 있을 수 있겠지만 이 1·2·3호 터널은 남산의 생태계를 훼손한 요인으로 대단히 큰 비중을 차지한다. 2호터널의 교통량은 그리 많지 않지만 1·3호 터널을 통과하는 차량의 수는 많고 그것이 배출하는 배기가스의 양 또한 방대하다고 생각한다.

## 서울타워 – 송악이 보인다

남산의 정상, 용산구 용산2가동 산 1의 1번지에 높이 236.7m 되는 서울타워 기공식이 거행된 것은 1969년 12월 3일이었다. 산 자체의 높이가 해발 243m이니 결국 탑의 높이는 해발 479.7m가 되는 것이었으며, 당시 세계에서 가장 높은 모스크바타워(537m)보다는 낮지만 그때까지 동양 최고의 탑으로 알려진 도쿄타워(333m)나 파리의 에펠타워(315m)보다는 훨씬 더 높은 탑이었다.

KBS·MBC·TBC 등 3개 TV송신탑으로의 기능이 가장 큰 것이었지만 그보다도 탑의 건설을 절실하게 한 요인은 이북으로부터의 전파방해 행위를 저지하는 한편 이북에서 송신되는 전파를 방해하는 기능 때문이었다. 사실 이 탑이 완성되기 전에는 서울 북부지역, 구파발·불광동 등지에서는 북한의 TV방송을 시청할 수 있었고, 시내 어디에서도 북한 라디오방송을 청취할 수 있었다. 그 밖에도 당시 이 탑은 청와대나 국방부의 무선을 중개하는 기능도 가졌고 서울시의 공해측정, 습도계·풍향계 등 관측시설과 화재감시 기능까지 갖추게 될 것이었다.

기공식은 1969년 말에 거행되었지만 그것은 지반공사였고 건축허가는 1973년 초에 내려진 것으로 알고 있다. 내가 서울시 도시계획국장으로서 건축허가 업무를 보기 시작한 초기에 이 건축허가 서류를 접수한 것으로 기억한다. 내가 그것을 기억하는 이유는 그 서류를 가지고 온 사람이 정보기관원(중앙정보부)이었고, 그 서류에 체신부·공보부·농림부·경제기획원 등 엄청나게 많은 기관의 국장·차관·장관의 도장이 빽빽이 찍혀 있었기 때문이다. 건축허가원을 정보기관원이 가져온 것은 아마도 전파관리상 대 이북관계의 시급성 때문에 탑 건설 자체를 정보기관이 주선한 때문이겠지만, 허가원을 제출한 명의인이 정보기관일 수는 없었고 당시의 국내 민간방송 3개사, 동아·동양·문화 3개 방송사가 공동출자로 설립한 기업체였고 그 대표는 동아방송(주) 사장이었다.

그런데 한 가지 이상한 일이 있었다. 뒤에 알게 된 일이지만 청와대 비서실에서 이 시설을 잘 알지 못하고 있었다는 점이다. 당시에 국내에서 일어나는 작고 큰 일 모두가 빠짐없이 대통령에게 보고되어 그 재가를 받고 시행되고 있었다. 심지어 각 부처의 국장급 인사까지도 사전에 대통령에게 보고된 것으로 알려졌다. 그런데 아마도 이 전파관리탑은 주관부처가 체신부·공보부·정보부 등으로 나뉘어 있어 서로 보고를 미루었거나 아니면 "그쪽에서 보고했겠지"라는 오해가 있어 충분히 보고가 안 된 것이 아니었을까 생각된다.

그리고 이 탑은 그 건설기간 중 송신·전파관리 등 주된 기능은 거의 홍보되지 않고 그것이 지닌 부수적 기능, 즉 모두 5층으로 이루어진 전망대 기능만 크게 보도되었다. 그러므로 전혀 그 사정을 모르는 사람의 입장에서는 남산 위에 높은 탑을 세워 그 탑 위에서 주위를 전망하고 고급요리를 시켜먹으면서 서울의 야경 등을 즐기는 그런 시설 정도로 오해하기 십상이었다.

나로 하여금 대통령에게 사전에 충분히 보고되지 않았다고 생각하게 하는 사건 하나가 있었다. 주탑공사가 거의 마무리되어가던 1974년 5월 초에 ≪한국일보≫ 기자가 탑 위에 올라갔다. 전파탑보다 50m 정도 더 높은 철탑부분까지 올라가 밑으로 내려다본 사진을 찍고 사방을 휘둘러본 전경을 묘사했다. ≪한국일보≫ 1974년 5월 12일자 사회면 톱기사는 '북의 땅 송악이 보인다. 북악도 성큼 수채화처럼'이란 표제로 얼마 안 가서 준공될 남산타워에서의 전망을 생생하게 보도했다. 서울에서 인천, 서울에서 개성까지의 전망이 흡사 한 편의 서사시처럼 소개되어 있었다. 청와대 뒷산인 북악산이 한 폭의 수채화처럼 아름답다고도 했다.

그런데 신문이 배달된 12일 아침, 이 기사를 읽은 박 대통령이 노발대발했다. "북의 땅 송악이 보인다"면 "송악에서도 이 시설이 보인다는 것 아니냐"는 것이었다. 수석비서관 회의가 긴급 소집되어 여러 가지 대책이 숙의되었다. "송악이 보인다"는 이 기사에 대해 박 대통령이 과잉반응을 보인 데는 다음과 같은 이유가 있었다.

첫째, 북한이 장거리대포를 생산하여 서울이 그 사정거리 안에 들어간다는 것이 하나의 상식처럼 되어 있었다. 송악에서 남산타워가 보인다면 그것은 장거리포를 쏘는 데 중요한 기준이 될 수 있다는 인식이었다.

둘째, 1972년 10월 17일에 국회를 해산, 이른바 유신헌법이라는 것을 선포하여 독재권력을 한결 더 강화한 이후로 대통령과 미국과의 관계가 대단히 껄끄러워져 있었다. 미국 CIA가 청와대를 도청한다느니 하는 풍문이 돌고 있을 때였다. 서울타워 전망대에 오르면 북악산이 발 아래로 내려다보인다니 만약에 고성능의 총포 몇 자루만 가지고 올라간다면 청와대쯤은 한꺼번에 파괴될 수 있지 않는가라는 것이었다.

대통령의 지시가 있어 한국일보사에 기관원들이 직행했다. 이 기사를 쓴 기자는 물론 사회부장·편집국장까지 줄줄이 연행되어가서 호된 조사를 받았다. 이적성을 띤 내용을 기사화한 저의가 무엇이냐, 혹시 배후가 있는 것이 아니냐 하는 등의 조사였다. 신문사측으로 봐서는 전혀 뜻하지 않는 엉뚱한 필화사건이었다. 무슨 이유에서인지 한국일보사는 이 사건을 철저히 비밀에 붙이고 있다. 『한국일보 20년사』『한국일보 30년사』『한국일보 40년사』에도 이 사건은 전혀 언급되지 않고 있다.

전망대가 완공된 것은 1975년 7월 30일이었고 8월 중순에는 타워시설 전체가 준공되었다. 그런데 일간신문을 비롯한 일체의 매스컴이 그 준공기사를 보도하지 않았다. 또 1977년에 한국방송공사가 발간한 『한국방송사』는 자료편까지 합쳐서 1천 쪽이 넘는 방대한 책인데 남산타워 기공·준공에 관해서는 단 한 줄도 언급하지 않고 있다. 박 대통령의 노여움, 이 시설물에 대한 불편한 심기를 너무나 잘 알려주는 사실이다.

그런데 ≪한국일보≫ 기사로 인한 이 사건은 실로 엉뚱한 부산물 하나를 낳았다. '전망대 사용금지' '관계자 외 출입금지'라는 대통령 특별지시였다. 탑 허리부분인 지상 135m에 위치한 이 5층 전망대는 1~3층까지는 일반전망대, 4층은 노천전망대, 5층은 특별회전전망대였다. 회전전망대는 40~60분에 한 바퀴씩 도는데 식사를 즐기면서 서울의 주·야경을 만끽한다는 구상이었다. 1~5층 전망대 면적합계는 2,651㎡(약 803평)였고 한꺼번에 2천 명까지 수용할 수 있었다.

이 탑은 당초에 동아·동양·문화의 3개 민방회사에 이 탑을 건설케 한 정보기관이 대규모 전망대에서 거둬들이는 관광수입으로 탑 건설비와 유지비 일체를 건지고도 남음이 있다고 했고 민방 3개사 또한 그것을 받아들였기 때문에 건설된 것이었다. 그런데 1975년 7월에 전망대는 완공되었으나 사용금지였고 그것이 언제 풀릴지 전혀 전망도 없었다. 결국 그해 12월, 전파관리 책임부서인 체신부가 타워시설 일체를 실비로 인수했다.

전망대가 개관되어 일반에게 공개된 것은 박 대통령이 사망한 지 1년 정도가 지난 1980년 10월 15일이었다. 전망대 개방, 타워 공개의 사실을 가장 빨리, 가장 크게 보도한 것도 ≪한국일보≫였으니(1980년 8월 30일자, 사회면 9단짜리 기사) 정말 아이러니한 일이다. 이 전망대는 그동안 체신관서 공제조합이 운영해왔으나 2000년 4월 8일부터 YTN-연합통신에서 인수 운영하게 됐다. 2001년 4월 25일에는 전망대 이용객 2천만 명 돌파를 기록했다.

훗날 남산제모습찾기 100인위원회에서는 일부 위원들에 의해 서울타워 철거문제도 거론되었지만 그렇게 쉽게 철거 이전될 시설이 아니었다. 그러나 이 시설도 언젠가는 그 생명을 다할 날이 있을 것이라 생각한다. 전파관리의 기술혁신 등으로 그날은 의외로 빨리 올 수도 있다는 추측을 하면서 이 글을 쓴다.

## 동상·기념탑·시비

서울신문사(현 대한매일신문사)에 '애국선열조상건립위원회'라는 것이 설치된 것은 1966년 8월 11일이었고 초대 총재에는 김종필이 추대되었다(당시 김종필은 여당인 민주공화당 의장의 자리에 있었다). 한국의 역사를 빛낸 애국선열 및 선각자의 동상건립을 추진하는 기구였다. 저명인사 다수가 고문 또는 위원으로 위촉되었다. 동상을 세워야 할 대상인물은 누구이며 그것이 세워질 장소는 어디가 좋으냐를 선정하는 작업이 추진되었다.

원래 한국에는 동상이라는 것이 없었다. 건국에서 6·25전쟁, 전재복구 등으로 동상을 세울 겨를이 없었고 돈도 기술도 부족했다. 아마 4·19

로 없어진 우남 이승만 동상 이후 최초로 동상이 건립된 것은 장충단공원의 이준 열사상이었고, 다음이 안중근 의사상, 그리고 1966년 당시에는 백범 김구의 동상건립이 논의되고 있었다. 이 3개 동상위치가 모두 남산 위 또는 그 언저리라고 하는 점에 남산이 지닌 민족사적 위치를 다시 한 번 실감한다.

애국선열조상건립위원회는 그것이 없어지는 1972년까지 5년 동안 모두 15기의 동상을 건립했다. 아마 더 오래 지속되었다면 훨씬 더 많은 동상이 건립되었겠지만 무엇보다도 재정적 뒷받침에 어려움이 있었다. 그 위원회에서 제작한 최초의 동상인 세종로네거리 충무공상 건립비용은 박정희 대통령이 헌금했고, 두번째의 세종대왕상은 김종필 총재가 헌금한 것이었지만, 제3기부터는 서울신문사 사장 장태화가 기업체 사장들을 찾아다니며 성금을 간청했는데 거기에도 한계가 있어 결국 15기를 끝으로 막을 내릴 수밖에 없었던 것이다. 그런데 이 조상건립위원회가 세운 15기의 동상 중 3분의 1인 5기가 남산에 세워졌다는 점에 문제가 있다고 생각한다. 왜 굳이 남산이었어야 하느냐는 것이다.

남대문에서 출발하여 남산어귀에 다다르면 맨 처음 칼을 들고 말을 탄 김유신 동상을 만날 수 있고, 동쪽에 있는 가파른 계단을 오르면 오른손을 번쩍 든 백범 김구의 입상, 그리고 그 바로 앞에 서쪽을 보고 앉아 있는 성재 이시영의 상을 만나게 된다. 거기서 길을 건너고 또 계단을 오르면 안중근기념관과 그 옆에 깃발을 든 안중근 의사상을 만나며 남쪽으로 약간 틀어서 5분 정도 걸으면 남산시립도서관이 나오는데 이 도서관을 끼고 좌우에 퇴계 이황상과 다산 정약용상이 나란히 서서 맞이한다. 걸음을 서쪽기슭으로 옮겨 장충단에 이르면 유정 사명대사상, 일성 이준 열사상, 유관순상, 김용환 지사상을 차례로 만나게 된다.

굳이 남산이어야 할 아무런 이유가 없다. 사실 김유신상이나 유관순상은 처음부터 남산에 건립된 것이 아닌데 약간의 차질이 있어 남산으로 옮겨진 것이다. 서울의 경우, 어떤 인물의 동상을 세우고 싶어하는 측에서 가장 희망하는 자리의 첫째가 남산이다. 남산식물원 앞이나 팔각정 앞이 최상이라고 생각하는 것이다. 실랑이를 거듭한 끝에 타협하는 장소가 장충단공원이었는데, 장충단이 만원이 되자 도리 없이 어린이대공원으로 밀려가야 했다. 지금은 어린이대공원도 만원상태라 더 수용할 수 없다.

현재 한국에 모두 몇 기의 동상이 있는지 알 수 없지만, 중복된 것을 빼고 계산하면 전체 동상수의 3분의 2 정도가 남산과 어린이대공원에 집중되어 있다. 다행히 유관순상은 서대문 독립공원으로 옮겨갈 계획이라고 한다. 지금의 자리는 제2터널 입구라서 하루종일 자동차의 왕래만 바라보고 있다.

일본 도쿄의 우에노공원은 넓이가 17만 평 정도로 남산보다는 그 규모가 훨씬 작기는 하나 그곳에 있는 동상은 사이고 다카모리 단 하나뿐이다. 사이고와 더불어 명치유신 당시 최고의 선각자로 알려진 사카모도 료마 상은 그의 고향인 고지현 바닷가에 서 있는 것뿐이다. 그렇게 수적으로 적으니 더욱 더 돋보이는 것이다.

또 장충단에 가면 기념비들이 늘어서 있는 것을 볼 수 있다. 왜 굳이 이 자리여야 하는 의문을 품게 하는 것들이 대부분이다. 3·1독립운동기념탑, 반공청년운동비, 외솔 최현배 선생비, 순국열사 이한응 선생비, 파리장서비, 제일강산태평비 등. 장충단이라는 이름을 있게 한 장충단비는 높이가 2m로서 그 존재가 한없이 겸손하면서 오히려 장엄함을 느끼게 하는 데 대해, 거부감이 느껴질 정도로 장대한 비석도 있다. '큰 것이 좋은 것'이라는 시대도 있기는 했다.

그러나 여의도 KBS 뜰의 구석에 소리없이 자리한 홍난파의 흉상이나 신문로 한글회관 입구에서 주시경의 흉상을 대할 때 모두가 숙연해지는 감동을 느끼게 되는, 그런 시대가 되었음을 실감한다. 동상이나 기념비에 반해 시비는 아직도 남북기슭에 각각 한 개씩, 두 개밖에 없다는 사실에 안도감을 느낀다. 김소월의 「산유화」는 말할 필요도 없지만 조지훈의 「파초우」 중의 한 시구가 한없이 어울리는 산이 바로 남산임을 새삼 실감한다.

> 창 열고 푸른 산과
> 마조 앉아라
> 들어도 싫지 않은 물소리기에
> 날마다 바라도 그리운 산아

## 4. 남산 제모습찾기

### 권위주의 청산과 군사시설 교외이전

산은 말이 없다. 6·25도 4·19도 5·16도 말없이 바라보기만 했던 남산은 10·26도 12·12도 6·10, 6·29도 가만히 앉아 묵묵히 바라보기만 했다.

12·12, 6·10, 6·29 등의 단계를 거쳐 제6공화국 대통령이 된 노태우가 표방한 것은 '자기는 보통사람'이라는 것이었고 그것은 권위주의에서의 탈피를 뜻하는 것이라고 했다. 권위주의에서 탈피하기 위해서는 무엇보다도 먼저 권위주의적 시설들이 시민들의 시야에서 멀어져야 했다.

사람에 따라 견해의 차이가 있겠지만 서울에서 가장 권위적인 시설을 꼽는다면 청와대, 안전기획부, 보안사령부, 수도경비사령부를 우선 꼽을 수밖에 없을 것이다. 그리고 이 4개 시설에는 공통점이 있다. 모두가 시내 한복판, 종로·중구에 모여 있다는 점이 그 첫째이고, 그 모두가 최고통치권과 밀접한 관계를 맺고 있어 공적 기관인 동시에 통수권자의 사병(私兵) 같은 성격을 띠고 있다는 점이 둘째였다. 그리고 이들 4개 기관 중 2개가 북악산 언저리에 있고 나머지 두 개는 남산에 있어 흡사 북악산(주산)과 남산(안산)이 서로 마주보면서 으르렁거리는 형국이었다. 그렇다고 북악산 언저리의 2개, 남산에 있는 2개가 끼리끼리는 사이좋게 지내는 것도 결코 아니었다. 틈만 생기면 서로 물어뜯고 할퀴고 하는 사이였다.

그런데 10·26대통령시해사건, 12·12쿠데타 이후로 4개 권력기관간 위상에 변동이 일어났다. 즉 첫번째로 중앙정보부는 박 대통령 시해사건의 가해기관이 되어버렸다. 중정부장 김재규와 그 부하 중 일부가 가해자가 된 때문이었다. 둘째로 12·12쿠데타는 결국 보안사령부(전두환 장군) 대 수도방위사령부(장태완 장군) 간의 싸움이었고, 전자가 후자에 이김으로써 성공한 사건이었다. 그러므로 수경사는 결과적으로 패자기관이 된 셈이었다. 중앙정보부·수도경비사령부가 남산을 떠나게 된 데에는 우선 2개 기관의 위상변화가 그 원인 중 하나라는 데 별로 이의가 없을 것으로 생각한다.

두번째 요인은 군용시설의 교외이전이라는 것이었다. 6·25한국전쟁 이후 대다수 군용시설은 서울·부산·대구·광주·대전 등 대도시의 도심이나 그 이웃에 위치하고 있어 도시발전에도 적잖이 지장이 되었고 군사작전 및 보안상에도 문제가 있었다. 그리고 무엇보다도 염려가 된 것은 북한 장거리포의 사정거리 안에 있어 만약에 제2의 한국전쟁이 일어나면 일시에 포격이 되어버릴 위험성마저 안고 있었다.

국토이용의 효율성 제고와 노후된 시설의 개선을 이유로 1966년부터 시작한 군용시설 교외이전은 1990년경에는 가히 절정에 달해 있었다. 그리고 그 대표적인 것이 서울에 있던 육군본부·공부본부의 계룡대 이

전이었고 그것은 1989년 7월 22일에 실현되었다. 남산에 있던 안전기획부 및 수도경비사령부의 이전 또한 진작부터 거론되고 있었을 것이다. 아마도 안기부의 경우는 중앙정보부가 그 이름을 안전기획부로 바꾼 1980년대 초부터, 그리고 수경사도 1980년대 후반기부터는 자리를 옮길 계획을 하고 있었던 것이 아닌가 추측한다. 그렇게 생각하는 것은 그와 같은 '기관'이 수도 서울의 중심에 위치하고 있는 데 대한 시민의 반응 또는 분위기가 결코 달갑지 않아 한다는 것을 기관원들 각자가 깨닫지 않을 리 없었기 때문이다.

오랜 기간 내무부에서 근무하다가 전라남도 지사, 교통부·농수산부·내무부 장관 등을 역임한 고건이 서울특별시장에 임명된 것은 1988년 12월 5일이었다. 앞서 여러 번 언급된 바 있는 강홍빈이 서울특별시 시정연구관에 임명된 것은 1990년 5월이었다.

강홍빈이 시정연구관이 된 지 한두 달이 지났을까, 아마도 1990년 7월초의 일이었을 것이다. 국무회의에서 돌아온 고건 시장이 강홍빈을 부르더니 느닷없이 "남산 제모습찾기 같은 그런 운동을 전개하면 어떨까" 했다. 너무나 뜻밖인 시장의 말에 오히려 당황한 강홍빈이 "안기부나 수방사 같은 기관은 어떻게 하고요"라고 되물었더니 "수방사는 나가게 돼 있어. 지금 계약조건이 협의 중일 거요. 안기부도 조건만 맞으면 못 나갈 것도 아닌 것 같아. 오래 끌 성질도 아니니 빠른 시일 내에 연구해보시오"라고 했다.

부랴부랴 작업에 착수했다. 시정연구원들을 모두 동원해도 모자라 대학교수들 여러 명의 응원도 받았다. 매일 밤늦게까지 계속된 일이었지만 신바람나는 작업이었다. 정작 지시를 내린 고건 시장은 수서사건 때문에 그해 12월에 자리에서 물러나 야인이 되었지만 남산 제모습찾기는 한두 해로 끝이 날 작업이 아니었다. 고건을 이은 시장들의 입장에서도 남산

제모습찾기란 둘도 없는 자랑거리였다. 마침 1994년에 있을 서울정도 600년 사업과 맞물려 있었으니 더욱더 신바람나는 일이었다. 100인 위원회 구성, 홍보영화 제작, 기자회견 등에 호들갑을 떨었다.

그러나 냉정하게 생각해보면 제모습찾기운동은 결국 외인아파트의 인수 파괴와 안기부 및 수방사 이전의 세 가지로 압축되고 만다. 결코 작은 일이 아니었다. 실로 큰 일인 만큼 엄청난 비용이 들었다. 그만큼 시민부담이 늘었다는 것이다. 차례로 고찰하면 다음과 같다.

## 외인아파트 폭파 철거

1990년에 광화문네거리를 걸어가는 서울시민 100명에게 "남산의 모습을 해치고 있는 시설 5개를 들라고 하면 아마 외인아파트·서울타워·동국대학교·숭의학원 등은 틀림없이 들어갔을 것이다. 신라호텔이나 타워호텔 같은 것은 이미 남산의 범주에 들어가지 않는다고 생각하는 사람이 적잖게 있었을 것이다. 이어서 남산 제모습찾기 사업으로 가장 먼저 철거해야 할 시설 1개를 들라고 하면 아마 100명 중 50명 이상이 외인아파트라고 대답했을 것이다. 남산이 제 모습을 찾으려면 우선 외인아파트를 헐어야 한다는 것은 하나의 상식이 되어 있었다.

동국대학이나 숭의학원은 그 덩치 때문에 엄청난 보상비가 소요되는 시설이 되어 있었다. 서울타워는 흉하기는 하지만 국가적 통신망 유지상 필요 불가결한 시설이라는 것도 대다수 시민들이 인식하고 있었다. 그렇다면 남는 것은 외인아파트뿐이었다.

외인아파트는 그것이 서 있는 위치에 문제가 있었다. 해발 100m도 더 넘는 산 중턱인 데다가 경부고속도로에서 정면으로 바라보이는 위치에 있었으니 비난의 대상이 될 수밖에 없었고 그것은 바로 주택공사에 대한 비난이기도 했다. 제모습찾기 실무책임자였던 강홍빈은 서울시 시정연구관으로 부임하기 이전 5년간(1985. 2~90. 5) 대한주택공사 부설 주택연구소 소장 자리에 있었다. 그러므로 주택공사는 그의 친정집이었다.

외인아파트 2개 동이 준공된 것은 1972년 11월 30일이었으니 벌써 20년의 세월이 흐르고 있었다. 주택공사는 이 아파트를 자평하여 "외국인들에게 한국의 건축기술수준과 서비스정신을 알려주는 외교아파트"라고 자랑하고 있으나(『주택공사 20년사』, 371쪽), 그것이 대다수 서울시민들로부터는 조롱과 비난의 대상이 되어왔음을 주공 간부들이라고 모를 리가 없었다. 무엇보다 준공 후 20년이 지났으니 관리상에도 여러 가지 문제가 일어나고 있었다. 보상비를 얼마로 책정하는가만이 문제가 되었다.

협상하는 데 그리 오랜 시일이 걸리지 않았다. 1991년 12월에는 계약이 체결되었다. 16·17층짜리 아파트 2개 동과 그 서쪽에 있는 외국인 단독주택 50동 및 총부지 3만 1천 평의 보상금을 1,535억 원으로 하고 1997년 말까지 분할 상환한다는 내용이었다. 1,535억 원이라는 거금이 도출된 근거는 '공공용지의 취득 및 손실보상에 관한 특례법'(1975년 12월 31일자 법률 제2847호)에 의해 건물값과 땅값에 대한 감정가액이었다. 따져보면 주택공사는 외인아파트 착공 당시인 1969년에 국유지였던 부지 3만여 평을 재무부로부터 5억 원으로 불하받은 데다가 건축비용은 겨우 35억 원밖에 들지 않았다. "20년 세월이 흘렀고 그동안에 부동산 값이 천정부지로 올랐으니 1,500억 원의 보상가격은 당연한 것이 아닌가"라는 의견도 있을 수 있다. 그러나 반대로 시민들이 그동안에 겪은 답답함에 대한 보상은 어떻게 하느냐, 감가상각 연한도 모두 지나지 않았는가, 주공측은 그동안 입주자로부터 받은 임대료 등으로 충분한 수익을 올리지 않았는가라는 반론이 제기될 수 있는 예민한 문제였다.

주택공사 입장에서는 보상금 문제가 결렬되어 철거를 해도 그만 안

폭파 철거되기 전의 남산 외국인아파트

해도 그만인, 느긋한 흥정이었는데 대해 서울시 입장에서는 "서울정도 600년 기념일인 1994년 11월 29일 이전에 철거 완료되어야 한다"라는 초조함이 있었다. 이 느긋함과 초조함이 보상금액 결정의 갈림길이 되었다고 생각한다.

서울시는 이 방대한 보상금액을 널리 알리지는 않았지만 그러나 결코 비밀이 유지될 내용도 아니었다. 몇몇 언론기관이 보상비가 너무 지나쳤다고 비난했다. 예컨대 ≪조선일보≫는 철거가 끝난 지 한 달 남짓이 지난 1994년 11월 24일에 '시민은 봉인가'라는 표제로 이 문제를 다루어 "기부채납 등을 유도했어야 할 낡은 건물에 1천 5백억이라는 시민의 혈세를 들였으니 무감각한 예산집행이었다"는 내용으로 통렬히 비난했다.

양자간의 계약이 체결되고 그 사실이 각 입주자에게 통고되자 이주는 빠른 속도로 진행되었다. 충분한 이주보상비가 지급되었으니 이주를 주저할 아무런 이유도 없었다. 1993년 12월 말에는 약 50%가 이주했고 1994년 4월 말 이주가 완료되었다. 50동의 단독주택은 포크레인과 대형 쇠망치 등을 이용한 재래식 방법으로 철거하고, 2개 동의 아파트는 폭파 철거한다는 것이 진작부터 정해진 방침이었다. 작업효율과 비용절감 등 모든 면에서 재래식 철거보다 월등히 유리하다는 것이 서울시 주장이었지만 그보다 훨씬 더한 것이 있었다. 전시민이 주시하는 가운데 순식간에 허물어버림으로써 얻어지는 전시효과가 그것이었다.

1994년 8월 24일에 폭파작업에 관한 입찰이 있었다. 연면적 1만 8천 평이나 되는 2개 동 아파트 폭파를 위해 서울시가 제시한 내정가격은 39억 5천만 원이었다. 그것을 코오롱건설이 응찰한 금액은 겨우 14억 원이었다. 내정가격의 36%밖에 안 되는 금액이었다.

코오롱 건설은 미국의 CDI와 기술제휴가 되어 있었다. CDI라는 회사는 1947년에 설립되어 1,200여 건의 고층건물을 포함해서 무려 6천여 건, 17억 6천만㎡의 철거공사를 수행해온 세계 최고의 폭파철거 전문업체였다. 그리고 코오롱건설측은 외인아파트 폭파로 아무리 적게 잡아도 20억 원 정도의 손실을 보게 되지만 엄청난 홍보효과를 계산에 넣으면 오히려 남는 장사라는 것이었다.

1994년 10월 20일 오후 3시. 마침 일요일이라서 2~3시간 전부터 하얏트호텔 근처에서 한남동 단국대학교 앞에 걸쳐 수만 명의 시민이 운집해 있었고 인근 지방에서도 구경꾼이 모여와 있었다. 일대의 도로는 서울뿐 아니라 경기·충남·강원도 등 지방의 차량까지 몰려들어 마치 주차장을 방불케 했다. 오후 3시 정각, "쾅" 하는 굉음을 울리며 우선 왼쪽의 A동이 쓰러졌다. 분진이 하늘을 뒤덮었다. 그리고는 시간이 흘렀다. 분진이 가라앉아 시계가 밝아오는데도 B동은 그대로 서 있었다. "혹 실패한 것이 아니냐" 하면서 숨을 죽이고 쳐다보고 있는데 또 "꽝" 하면서

B동이 쓰러졌다. 그간에 흐른 시간은 약 3분 정도.

남산 중턱을 22년간이나 가로막고 있던 2동의 아파트가 온데간데없이 사라지고 시원스런 남산의 전경이 전개되었다. 고건 시장이 '남산 제 모습찾기'를 지시한 지 4년 반 정도가 지나고 있었고, 시장은 고건에서 시작하여 박세직·이해원·이상배·김상철·이원종·우명규·최병렬 등 여덟 사람째가 되어 있었다.

## 수방사 이전, 남산골 조성

아마도 남산 제모습찾기운동의 도화선이 된 것은 수도방위사령부의 교외 이전이었을 것이다. 일제가 필동2가 84번지, 약 2만 4천여 평의 땅을 점령하여 일본주차군 사령부로 한 것이 1904년 8월 29일이었다. 이어 용산에 100만 평의 땅을 점령하여 주차군사령부가 이전해간 1908년 이후는 일제의 헌병대사령부 자리가 되었다는 것은 이 글의 앞부분에서 언급한 바 있다.

지하철 3호선 충무로역에서 남쪽으로 나오면 오른쪽에는 중앙대학교 의과대학 부속병원이 있고, 왼쪽에는 한국의 집과 대한극장이 있다. 한국의 집이라는 것도 일제강점 초기에는 조선총독 관저였고 총독이 북악산 밑으로 옮겨간 이후는 정무총감 관저로 사용한 건물을 개조한 것이다. 한국의 집 옆길을 따라 남쪽으로 약 50m 정도 걸으면 일반인의 접근이 철저히 금지된 군사시설이 있었다. 그 내부가 얼마나 넓은지 어떻게 되어 있는지 전혀 알 수 없는 금기의 공간이었다.

일제시대에는 일본군의 헌병사령부였고, 대한민국 정부수립 후에는 한국군 헌병사령부가 차지하고 있다가, 수도방위사령부(약칭 수방사) 창설 후에는 수방사 건물이 되었다. 수방사가 창설된 것은 5·16 군사쿠데타 직후인 1961년 6월 1일이었다. 쿠데타에 성공한 박 대통령이 누구보다 서울의 허술함을 깨닫고 수도방위 겸 '권력방위'를 위해 창설했다는 것이었다.

수도방위라고 하면 그 범위가 광범해지지만 우선 그 초점이 되는 것은 청와대의 방위였다. 특히 1968년 1월 21일 무장공비 31명 침입사건 이후는 수방사의 기능이 강화되었고 그에 따라 사령관의 비중도 커졌다. 군사문제에는 전혀 문외한인 나 같은 사람도 수방사 역대 사령관 중에서 윤필용·장태완·노태우·박세직·최세창·이종구 등의 이름을 외울 수 있으니 그 존재의 대단함을 알고도 남음이 있다.

수방사는 또 보안사령부(현 기무사령부)와 힘 겨루기 면에서 서로 견주어지는 경우가 많았다. 윤필용 사건을 보안사령관 강창성이 조사한 점, 12·12 때 보안사령관 전두환과 수방사령관 장태완이 정면에서 대립한 점, 수방사령관 박세직이 제거될 때 보안사령관 박준병이 앞장선 점 등 때문이었다. 그러나 그렇게 모든 점에서 대립관계에 있었지만 보안사와 수방사는 그 성격이 다른 부대였다. 한편이 정보기관인 데 대해 다른 한편은 경비업무, 즉 전투부대이기 때문이다. 수방사가 그 본질에 있어 전투부대였으니 일찍부터 교외이전의 대상이 되었다. 그리고 이전되어 갈 자리도 정해져 있었다. 서울과 경기도 과천시 접경에 남태령이라는 고개가 있다. 그 고갯마루의 오른쪽이 수방사가 옮겨갈 자리였다. 1970년대 초에 이미 튼튼한 지하시설이 완성되어 있었다.

문제는 이전비용이었다. 토지 1만 8,950평과 그 위에 서 있는 51동(연건평 1만 299평)의 건물을 서울시에서 감정가격으로 인수해주면 떠나가겠다는 것이었다. 서울시가 국방부에 지불한 보상비 총액은 476억 원이었고, 그 중 토지 4,037평분은 관악·서대문·성동 각 구내에서 국방부가 사용 중인 시유지와 교환하는 형식을 취했다. 계약일은 1989년 9월 25

일이었고 1990년 말에 전액 보상이 끝났다.

수방사가 옮겨간 것은 1991년 3월 2일부터 약 1개월간에 걸쳐서였고 주로 밤시간, 이웃주민들도 전혀 모르는 사이에 감쪽같이 떠나가버렸다. 수방사 뒤터, 시유지까지 합쳐진 일대의 땅 7만 9,937㎡(2만 4,780평)의 조성사업은 '남산골 제모습찾기'라는 이름으로 추진되었다. 세 가지 내용이었다.

첫째는 지형을 가급적 원형대로 복원하여 전통 정원을 조성한다는 것이었다. 둘째는 중요 민속자료로 지정되었으면서도 시내 여러 곳에 흩어져 그 관리가 소홀한 전통한옥들을 집단이주시킨다는 것이었으며, 셋째는 정도 600년 기념일에 맞추어 정도 1,000년째 되는 2394년 11월 29일을 개봉일로 하는 타임캡슐을 매설한다는 것이었다.

지형복원 및 전통정원 조성공사에 37억 7,600만 원, 민속자료 한옥 이전에 설계용역비 8,320만 원, 복원공사비 47억 3,524만 원 등 모두 86억 원이 든 남산골 조성이 끝나서 개관된 것은 1998년 4월 18일이었다. 타임캡슐이 매설된 1994년 11월 29일로부터도 3년 반이 더 흘러 있었다.

## 안기부 이전

'중앙정보부법'이라는 것이 제정 공포된 것은 5·16군사쿠데타가 일어난 지 20여 일이 지난 1961년 6월 10일자 법률 619호였다. "국가 안전보장에 관련되는 국내외 정보사항 및 범죄수사와 정부 각부 정보수사활동을 조정 감독하기 위하여 국가재건최고회의 직속하에 중앙정보부를 둔다"(동법 제1조)는 것이 이 기구 설치의 목적이었다.

국가정보기관의 대명사로 흔히 미국의 CIA라든가 소련의 KGB 같은 것이 거론되었다. 그러나 지난날 한국의 중앙정보부만큼 엄청난 권력을 휘두른 기관이 또 있을까를 생각해본다. "국가 안전보장에 관련되는 국내외 정보사항 및 범죄수사" "정부 각부 정보수사활동의 조정 감독"이라는 것은 실로 어마어마한 기능이었다.

그리하여 역대 중앙정보부장이라는 자리는 사실상 대통령 다음가는 제2의 권력자였다. 개중에는 그 권한을 제대로 발휘하지 못한 자도 있기는 했지만 김종필·김재춘·김형욱·김계원·이후락·신직수·김재규·전두환 등의 이름은 분명히 대통령 다음가는, 경우에 따라서는 대통령보다 더 우위에 있는 이름들이었다. 정치인·경제인과 공무원 모두가 그 앞에 무릎을 꿇었다. 입법부·사법부도 그 앞에서는 맥을 추지 못했다.

1981년 1월 1일부터는 그 이름을 안전기획부라고 바꾸었다. 1979년 10월 26일의 박 대통령 시해사건 이후로 정보부라는 이름이 풍기는 이미지가 별로 좋지 않았기 때문에 이름을 안기부로 바꾼 것이었다. 이름을 바꾼 뒤부터는 군 출신이 아닌 자도 부장 자리에 올랐다. 그러나 대통령에 다음가는, 또는 다음다음가는 대단한 권력자이고 권력기관임에는 틀림없었다.

그런데 이 중앙정보부의 본거지는 어디였던가.

중앙정보부가 처음 탄생했을 때 그 주소지는 동대문구 이문동이라고 했다. 그러나 그것은 그들이 의도적으로 발표한 잘못이었다. 정확히는 '성북구 석관동 산 1의 5번지 사적 제204호 의릉 터'였다. 그들이 그곳을 동대문구 이문동으로 발표한 것은 그 능터 입구가 이문동과 석관동의 경계였기 때문이다.

의릉은 조선왕조 제20대 경종(1720~24년)과 그 계비 선의왕후의 능이며 사적으로 지정된 넓이는 11만 4,658평의 광역이었다. 중앙정보부는 그 발족과 더불어 의릉터 전역에다 그 이웃 토지의 일부까지 포함하여

13만 평의 광역을 점령, 정보부 청사터로 사용했다. 그리하여 대외적으로는 이곳이 중앙정보부였다.

그런데 서울의 동쪽 교외에 위치한 석관동의 의릉터와는 별도로 남산 중턱, 정확히는 중구 예장동 4번지의 5 자리에 또 하나의 정보부가 있다는 것을 세상사람들이 알게 된 것은 정보부 발족 후 얼마 되지 않아서의 일이었다. 그리고 석관동 청사는 자료의 수집보관, 교육훈련, 해외관련 등 주로 배후적·2선적 기능을 담당한 데 반해, 대공 및 국내정치의 첨예한 문제는 남산 정보부가 담당한다는 것도 알게 되었다. 아마도 부장·차장 등 간부들의 석관동 청사 근무는 거의 없었거나 있었다고 해도 그 수는 아주 적었을 것이다.

그러나 남산의 청사는 그것이 그곳에 있다는 것만 알려졌을 뿐 정확히 어느 위치에 어떤 모습으로 있는지를 아는 사람은 아주 드물었다. 특별히 불려가거나 연행되지 않으면 아무도 접근을 하지 않는 금기의 자리였기 때문이다. 남산은 정보부의 대명사가 되었다. "남산에 불려갔다 왔어" "남산에 끌려간 후로 소식이 없대" "남산에서 그렇게 정했대"라는 식이었다.

오랜 세월 동안 '남산'은 인간성이 파괴되는 공포의 지대로 여겨졌다. 제3공화국에서 시작하여 제6공화국까지 장장 34년간이나 이어졌다. 시국·필화사건뿐 아니라 비밀 속에 묻혀버린 무수한 연행·고문 속에서 여야 정치인·언론인·학생을 막론하고 정권에의 도전자·반대자들은 그 음습하고 살벌한 지하실로 끌려가 발가벗겨진 채 매질을 당했다. 상상만 해도 등골이 오싹한 공포의 시절이었다. 정보부는 두 개의 얼굴을 가진 국가기관이었다. 국내정치는 그러했지만 밖으로는 많은 공을 쌓기도 했다.

북한 테러부대가 청와대를 습격하는 상황에서 동베를린거점 대규모 간첩단을 적발했고, KAL기 폭파범을 전광석화처럼 잡아내는 실력을 과시하기도 했다. 일부 대통령과 권력자들은 정보부를 개인과 정권의 이익을 위한 도구로 사용했다. 그러나 안기부 직원의 대부분은 "음지에서 일하고 양지를 지향한다는 부훈(部訓)을 충실히 이행하면서 국익을 위해 묵묵히 일해온 것이었다"(「안기부 남산 34년」, ≪중앙일보≫ 1995년 9월 26일자, 8면).

1970년대 말에서 1980년대를 거치면서 세상이 바뀌고 있었다. 정보부도 지난날의 구습을 탈피하여 새로운 모습으로 거듭나야만 했다. 그러나 이름을 안전기획부라고 바꾸는 정도로 쌓이고 쌓인 이미지가 달라지는 것은 아니었다. 이미지의 전환을 위해서 가장 시급한 것은 남산을 떠나는 일이었다. 한편 서울시가 남산 제모습찾기를 달성하기 위해서도 남산의 정보부가 떠나야만 했다. 즉 남산에서 남산이 떠나야 했던 것이다. 이미지 전환을 바라는 안기부의 요구와 제모습을 찾아야 하는 서울시의 요구가 맞아떨어진 것이다. 언제 어떤 조건으로 어떻게 떠나느냐 하는 것만이 남아 있었다.

1990년 당시의 안전기획부장은 검찰총장 등을 지낸 서동권이었다. 고건 시장보다는 나이도 많고 학교도 다르지만 고건이 전라남도지사로 있을 때 광주고등검찰청 차장검사로 있었던 관계로 전혀 모르는 사이가 아니었다. 두 사람간에서 "안기부가 빠른 시일 내에 적지를 물색하여 교외로 나가고 그 비용의 상당부분을 서울시가 부담한다"라는 원칙적인 합의를 했다. 다음은 실무자들 몫이었다.

강홍빈이 안기부를 찾아간 것은 1990년 7월경의 어느 날이었다. 호출된 것도 연행된 것도 아니면서 남산 안기부를 찾아간 최초의 고급공무원이었을 것이다. 정보부가 공무수행상 고급공무원을 소집하여 지시도 하고 회의를 한 일도 많이 있었지만 그 장소는 항상 이문동 청사였지 남산으로 부르지는 않았다.

서울시와 안기부는 1991년 말에 2만 4천 평 정도 되는 남산 안기부 부지 및 그 안에 지어져 있는 41개 동의 건물대금으로 700억 원을 지불키로 하는 계약을 체결했다. 철거보상금이라는 명목이었지만 솔직히 말해서 보상금이 지급될 성질의 것이 아니었다. 2만 4천 평의 땅은 국유지 공원인 것을 정보부가 함부로 점령한 것이었고 그 위에 지어진 41개의 건물이라는 것은 모두가 건축허가를 받지 않고 지은 무허가건물이었다. 2만 4천 평이라는 넓이도 정확히 측량한 것이 아니었고 41동 건물도 한 개씩 그 가격을 따져 매긴 것이 아니었다. 안기부가 교외로 나가는데 그만한 비용이 들고 그것을 서울시가 부담해달라는 요청을 그대로 받아들인 것이었다.

안전기획부가 옮겨가기로 결정한 자리는 서초구 내곡동, 사적 제194호로 지정된 헌인릉의 서쪽 일대, 구 영릉이 있었던 약 20여만 평의 땅이었다. 구 영릉 자리는 원래 세종대왕 능이었는데 여주로 이장해간 뒤로는 능터 자리만 남아 문화재관리국에서 관리하다가 1960년대 말에 단국대학교에 불하된 것이었다. 그동안 개발제한구역으로 묶여 단국대에서 전혀 이용하지 못하고 있던 것을 안기부가 인수한 것이다.

서초구 내곡동으로의 이전을 결정한 안기부는 1992년 초부터 새 청사 건립을 시작하여 1995년 9월 하순에는 본관 건물이 준공되어 이전할 수 있을 정도가 되었다. 정확히 9월 25일부터 본격적인 이전을 시작했다. 이전을 모두 마친 안기부가 41개 동 건물을 포함한 뒤터 전부를 서울시에 인계한 것은 1995년도 저물어가는 12월 27일이었다. 그리고 이틀이 지난 12월 29일 오후에 시간부 몇몇을 대동한 조순 시장은 안기부 뒤터를 순시하면서 일반에게 공개했다. 시청 출입기자, 건축가, 시민단체 간부 등 다수가 시장과 함께 지난날의 권부(權府)를 둘러볼 수 있었다.

서울시가 인수한 것은 예장동 4의 5, 5의 84, 5의 85 등 모두 2만

4,933평이었고, 그 부지 안에 띄엄띄엄 41개의 건물이 서 있었다. 그 중에는 지하 2층 지상 6층의 본관건물처럼 제대로 된 건물도 있었지만, 면회실·펌프장·주유소·김치탱크 등 그때그때의 필요에 의하여 함부로 지어진 조잡한 건축물이 여럿 포함되어 있었다. 서울시가 이 시설을 완전 인수하는 데는 정확히 5년의 세월이 걸렸고 고건에서 시작해서 조순에 이르기까지 9명의 시장에 걸쳤으며 여러 차례에 걸쳐 모두 853억 원의 거금을 지불했다. 안기부 또한 서동권·이상연·이현우·김덕·권영해 등 5명의 부장이 거쳐갔다. 또 이문동 부지 13만 평은 문화공보부가 인수하여 영상예술센터 등 산하기관이 들어가게 되었다.

인수한 건물을 어떻게 하느냐도 논의거리였다. 당초에는 본관, 1별관 등 주된 건물은 외인아파트 철거 때와 같은 방법으로 폭파 철거하고 작은 건물들은 중장비를 동원하여 모두 철거해버릴 것을 계획하였으나 "지나친 명분론에 사로잡힌 정치쇼는 그만하라"는 의견, "폭파 철거는 그만했으면"이라는 내용의 신문사설 등 때문에 본관건물 등 쓸 만한 것 몇 개는 남았고 나머지는 순차적으로 철거되었다. 본관은 시정개발연구원이 쓰고 있으나 2003년부터는 종합방재센터가 쓴다는 것이고 그 밖에도 교통방송국, 건설안전관리본부 등이 쓰는 입구 쪽의 몇 개 건물은 그대로 남아 있다.

안전기획부라는 이름을 국가정보원으로 바꾼 것은 1999년 1월 1일부터의 일이다.

## 5. 길이길이 건강하라

이 글을 쓰기 위해 두 번 남산을 올랐다. 첫번째는 동상·기념비·시비 등을 보기 위해서였고, 두번째는 식물원과 두 개의 타임캡슐, 그리고 남산골 한옥마을 등을 관찰하기 위해서였다. 남산식물원은 1968년 9월에 착공하여 그해 12월에 1·2호관이 준공되었고 1971년 6월경에 확장공사를 시작하여 그해 9월 10일에 3·4호관을 개관했다. 3·4호관은 선인장식물원으로서 전세계에서 수집한 신기한 선인장 2,115종, 1만 4,858그루로 이루어져 있었다.

나는 당시에 서울시 간부로서 이 기부행위를 관장한 실무책임자였다. 나는 지금도 양택식 서울시장의 권유에 따라 자기가 평생에 걸쳐서 모은 선인장 1만 5천 그루를 선뜻 서울시에 기증했던 재일교포 실업가 김용진의 그 진솔했던 인품을 잊을 수가 없다. 그의 나이는 49세라고 했다. 교포실업가라고 했지만 양복을 단정하게 입은 노무자에 불과했다. 경북 대구 근교에서 태어나서 일본에 건너가 온갖 노동에 종사하면서 돈만 생기면 아프리카·멕시코 등지로 가서 진귀한 선인장을 모았다고 했다. 말하자면 선인장 모으기에 젊음을 모두 바쳤고 그것을 서울시에 기증했을 때는 이미 초로의 나이가 되어 있었다.

일본 이바라기현 스지우라에 사는 그의 기증품 중에서 특별히 내 마음에 드는 것이 있었다. 금호(金琥)라는 이름이 붙여진, 마치 가시 돋친 황금 항아리 같은 것이었다. 수십 그루의 금호는 옛날 그 자리에 그 모습대로 있으면서 30년 만에 찾아간 나를 따뜻이 환영해주고 있었다. 30년의 연륜이 쌓여 훨씬 더 크고 더 당당하게 보였지만 솔직히 그만큼 늙어 있었다.

1985년 10월 17일에 중앙일보사가 창간 20주년 기념으로 서울타워 밑 동쪽구석에 매설하여 2485년에 개봉예정인 타임캡슐은 규모도 알맞고 자리도 적당하여 무척 호감이 가는 것이었다. 그러나 서울시가 600년 정도기념일인 94년 11월 29일에 남산골 전통정원 안에 매설한 '서울

1,000년 타임캡슐'은 내경 27m, 외경 42m라는 규모면에서, 또 한층 더 구석으로 갔으면 더 좋았을 것이다. 위치면에서 저질 공무원의 속기(俗氣)가 그대로 나타난 것 같아 별로 기분 좋은 것이 아니었다. 그러나 그것은 어디까지나 나 개인의 판단일 뿐, 오히려 멋지게 만들었다고 칭찬하는 사람들이 훨씬 더 많을지도 모를 일이다.

2002년 현재 남산공원의 넓이는 295만 9천㎡, 평수로 환산하면 90만 평에 약간 모자란다. 여의도윤중제 안과 비슷한 면적이다. 높이는 265m, 산책하기에는 높고 등산하기에는 낮은 높이이다. 그런 남산을 둘러보면서 절실히 느낀 것이 있다. 남산은 결코 백두산이나 한라산과 같은 영봉이 될 수는 없다. 금강산이나 설악산 같은 수려함도 지니지 않는다. 그러나 남산은 그것이 수도 서울의 한복판에 자리한다는 위치 때문에 높이와 둘레가 그렇게 크지 않지만 결코 작은 것도 아니고, 규모의 적절함 때문에 그 누구도 가볍게 다룰 수 없는, 한민족 공동의 성지임에 틀림없다.

그렇다면 지금의 남산은 그런 관점에서 깊이 있는 성찰이 필요한 시점에 있는 것이 아닌가 싶다. '서울시민을 위한 공원'이라는 입장이 아닌, 그보다 훨씬 높은 차원에서 남산을 돌아보면 없애버릴 것은 대담하게 철거해버리고 꼭 두어야 할 최소한도의 시설은 다시 유치하는, 그런 시점이 온 것이 아닌가 한다. 우선 지난날의 어린이회관 건물(현재의 서울시과학교육원)이라든가 국립극장을 지으면서 병설했다가 지금은 다른 용도로 쓰고 있는 국립국악학교 건물은 중앙정부가 솔선해서 무상으로 철거해버리는 대신에 과천에 있는 국립현대미술관 같은 것을 옮겨온다는 등의 방안이 그것이다.

1990년에 고건 시장이 불을 지핀 남산 제모습찾기운동은 결국 2,864억 원이라는 거금을 들여 그때까지 암적 존재였던 외인아파트·수도방위사령부·안전기획부를 내보내고 외인아파트 뒤터는 야외식물원으로, 수방사 뒤터는 남산골 전통마을로 가꾼 공적은 엄청나게 크다고 생각한다. 그러나 그것은 동시에 훨씬 더 큰 업적을 남길 수 있었다. 남산이 결코 더 이상은 훼손되지 않게 된 기틀을 마련했다는 점이다.

뱀을 비롯한 야생동물 일체와 이끼 같은 것이 사라진 지 이미 20년 가까이 된다고 한다. 그러나 내가 돌아본 바에 의하면 더 이상 훼손되지 않는 상태가 앞으로 20~30년 계속되고 야생동물·이끼 같은 것을 옮겨 놓는 노력만 계속한다면 그것은 반드시 회생되리라고 생각된다.

나의 서울생활을 함께해오면서 항상 보람과 용기를 주었던 산이 남산이었다. 마지막이 될지도 모른다는 생각으로 굽이진 산자락을 내려오면서 영겁의 미래까지 길이길이 건강할 것을 빌고 또 빌었다.

(2002. 7. 12. 탈고)

## 참고문헌

京畿道 편. 1937,『京畿道の名勝史蹟』京畿道.

京城府. 1934~41,『京城府史』1·2·3, 京城府.

국립극장. 1980,『國立劇場 30年』, 국립극장.

국립중앙극장. 1993,『國立劇場新築移轉 20年史』, 국립중앙극장.

국립중앙도서관. 1983,『국립중앙도서관사 자료집』, 국립중앙도서관.

_____. 1992, 1993,『국립중앙도서관 요람』, 국립중앙도서관.

국회사무처. 1987,『國會事務處 38年史』, 국회사무처.

대한민국 공보처. 1992,『第6共和國 實錄』1~6, 대한민국 공보처.

대한민국재향군인회. 1997,『12·12, 5·18 實錄』, 대한민국재향군인회.

大韓住宅公社. 1979,『大韓住宅公社 20년사』, 大韓住宅公社.

동국대학교. 1976,『東國大學校 70年史』, 동국대학교.

_____. 1986,『사진으로 본 東國大學校 1980년』, 동국대학교.

_____. 1996,『東國大學校 90年史』, 동국대학교.

박병윤. 1982, 『재벌과 정치』, 한국양서.

서울신탁은행. 1989, 『서울신탁은행 30년사』, 서울신탁은행.

서울특별시. 1960, 『서울시 市勢一覽』 1959년판, 서울특별시.

_____. 1991, 『남산 제모습찾기 종합기본계획안』, 서울특별시.

_____. 1998, 『남산골 한옥마을』, 서울특별시.

서울특별시사편찬위원회. 1990, 『南山의 어제와 오늘』, 서울특별시.

손정목. 1982, 『韓國開港期 都市社會經濟史研究』, 一志社.

_____. 1996, 『日帝强占期 都市社會相研究』, 一志社.

日本居留民團役所. 1912, 『京城發達史』, 日本居留民團役所.

在鄕軍人會. 1982, 『在鄕軍人會 30년사』.

_____. 1992, 『在鄕軍人會 40년사』.

조흥은행 기업문화실. 1997, 『조흥 100년 숨은 이야기』, 조흥은행 기업문화실.

호텔신라 편. 1994, 『호텔新羅 20年史』, 호텔신라.

당시의 관보·신문 등

# 책을 마치며

세상에 완전 또는 완벽이라는 것은 없다고 생각한다. 그러므로 서울 도시계획 50년의 역사도 이 정도까지 정리하면 거의 완벽에 가까울 것이라고 생각되기에 여기서 붓을 놓기로 했다.

1995년 12월 중순부터 쓰기 시작했으니 7년간의 작업이었다. 그동안 마음놓고 쉬는 날은커녕 제대로 된 휴식시간도 없는 그런 세월이었다. 더 없이 즐겁고 보람된 작업이기는 하였으나 엄청나게 힘든 나날이었다. 특히 봉급이나 연구비 같은 것이 전혀 없는 상태에서 취재를 하고 연구실을 꾸려간다는 것이 여간 어려운 일이 아니었다.

대학에서 정년을 맞은 지 벌써 9년이란 세월이 흘렀다. 여생을 보내는 데는 훨씬 수월한 방법도 있었을 텐데 굳이 그렇게 어려운 나날을 보낸 것은 그것이 하늘의 뜻이라고 생각하기 때문이었다. 죽기 전에 이 작업을 끝내고 오라는 것이 나에게 내려진 천명이라고 생각한 것이다.

그런 하늘도 무한정 쌓여가는 스트레스를 끝까지 견딜 수 있는 강인한 체력까지는 주시지 않았다. 일제시대사를 쓰다가 1988년에 쓰러져서 대장암 수술을 받았듯이 이번 작업의 막바지에도 위암 수술이라는 시련을 겪었다.

2001년 6월 초순에 퇴원을 하고 약 반년에 걸쳐 작업 전반에 대한 군살 빼기를 했다. 과감하게 군살을 뺐는데도 결과적으로는 방대한 분량이 되었다. 이렇게 방대한 분량이 과연 어떤 모습으로 세상에 나가게 될지 자못 걱정스럽기는 하나 그것도 하늘의 뜻이려니 하는 생각밖에 다른 방법이 없다.

그동안 자료수집·원고정리·사진처리·잡지연재 등에 얼마나 많은 분의 신세를 졌는지 일일이 헤아릴 수가 없다. 그 중에서도 서울시립대학교 도서관 직원 여러분, 특히 이연옥·박선하·박수임 세 분의 도움에는 그저 두손 모아 고개를 숙일 뿐이다.

이 책에서 미처 다루지 못한 부분들을 골라 「한국 도시 50년사」라는 것을 잡지 ≪도시문제≫에 연재했다. 아마 앞으로 3~4년 정도 지나면 그것도 세 권쯤의 책으로 엮일 것이다.

부귀영화나 편안한 노후 대신에 항상 바쁘고 시간에 쫓기면서 자료를 뒤지고 글을 쓰는, 그런 인생을 살게 된 것을 깊이깊이 감사드린다.

2003년 8월 1일

손정목

■지은이

## 손정목

1928년 경북 경주에서 태어나 경주중학(구제), 대구대학(현 영남대학교) 법과 전문부(구제)를 졸업하였다. 고려대학교 법정대학 법학과에 편입하자마자 6·25 전쟁이 발발하여 학업을 포기하고 서울을 탈출, 49일 만에 경주에 도착하였다. 1951년 제2회 고등고시 행정과에 합격하여 공직 생활을 시작하고 1957년 예천군에 최연소 군수로 취임하였다. 1966년 잡지 ≪도시문제≫ 창간에 관여, 1988년까지 23년간 편집위원을 맡았다. 1970년부터 1977년까지 서울특별시 기획관리관, 도시계획국장, 내무국장 등을 역임하였다. 1977년 서울시립대학(당시 서울산업대학) 부교수로 와서 교수·학부장·대학원장 등을 거쳐 1994년 정년퇴임하였다. 중앙도시계획위원회 위원, 서울시 시사편찬위원회위원장 등을 역임하였다. 한국의 도시계획 분야에 큰 발자취를 남기고 2016년 5월 9일 향년 87세를 일기로 타계하였다.

저서
『조선시대 도시사회연구』(1977),
『한국개항기 도시사회경제사연구』(1982),
『한국개항기 도시변화과정연구』(1982),
『한국 현대도시의 발자취』(1988),
『일제강점기 도시계획연구』(1990),
『한국지방제도 · 자치사연구』(상· 하)(1992),
『일제강점기 도시화과정연구』(1996),
『일제강점기 도시사회상연구』(1996),
『서울 도시계획이야기』(1∼5)(2003),
『한국도시 60년의 이야기』(1·2)(2005),
『손정목이 쓴 한국 근대화 100년』(2015)

1982년 한국 출판문화상 저작상,
1983년 서울시문화상 인문과학부문 등 수상

**서울 도시계획 이야기 5**

**서울 격동의 50년과 나의 증언**



지은이 | 손정목
펴낸이 | 김종수
펴낸곳 | 한울엠플러스(주)

초판 1쇄 발행 | 2003년 8월 30일
초판 12쇄 발행 | 2023년 2월 6일

주소 | 10881 경기도 파주시 광인사길 153 한울시소빌딩 3층
전화 | 031-955-0655
팩스 | 031-955-0656
홈페이지 | www.hanulmplus.kr
등록번호 | 제406-2015-000143호

Printed in Korea.
ISBN 978-89-460-3733-5 03980

* 가격은 겉표지에 있습니다.